黄土高原丘陵区典型草原植被土壤对人工修复的响应

马红彬 韩丙芳 等 著

科学出版社

北京

内 容 简 介

本书以黄土高原丘陵区退化典型草原为对象,基于多年研究与实践,对禁牧封育、水平沟和鱼鳞坑三种退化草地人工修复措施影响下的草地植被、土壤特征进行了全面阐述,主要包括绪论、黄土高原草地类型,人工修复过程中黄土高原丘陵区草原植物群落演替、植物群落特征、种群格局及生态位、土壤种子库特征、土壤理化和生物学性状变化、土壤水分特征、草地小气候和植物蒸腾变化,以及不同修复措施下的生态修复效应评价及草地资源可持续发展等。

本书可供草学、生态学、水土保持学和畜牧学等领域从事科研、教学与生产的广大科技人员和师生参考,还可作为政府有关部门制定草地规划和草地保护政策、实施草地生态恢复的科学依据。

图书在版编目(CIP)数据

黄土高原丘陵区典型草原植被土壤对人工修复的响应/马红彬等著. —北京:科学出版社,2023.3
ISBN 978-7-03-075116-4

Ⅰ.①黄… Ⅱ.①马… Ⅲ.①黄土高原–丘陵地–草地植被–土壤–影响–生态恢复–研究 Ⅳ.①S812.2

中国国家版本馆 CIP 数据核字(2023)第 040758 号

责任编辑:李 迪 付丽娜 / 责任校对:刘 芳
责任印制:吴兆东 / 封面设计:无极书装

科学出版社 出版
北京东黄城根北街 16 号
邮政编码:100717
http://www.sciencep.com
北京中石油彩色印刷有限责任公司 印刷
科学出版社发行 各地新华书店经销
*
2023 年 3 月第 一 版 开本:720×1000 1/16
2023 年 3 月第一次印刷 印张:15 1/2
字数:313 000
定价:180.00 元
(如有印装质量问题,我社负责调换)

前　　言

　　黄土高原丘陵区位于 35°N～40°N、102°E～114°E，约占黄土高原总面积的 64%，是我国生态关键区和生态脆弱区。典型草原是欧亚草原植被的一种类型，其植物主要为旱生和广旱生多年生丛生禾草，是我国温带草原中一种有代表性和典型性的类型，在黄土高原丘陵区分布广泛。但是，长期以来的自然和人为因素，致使黄土高原丘陵区典型草原植被严重破坏，该区植被修复引起了历届政府和众多学者的高度关注。

　　随着国家退耕还林还草、天然草原退牧还草等工程的相继实施，黄土高原丘陵区草原植被得到了一定程度的恢复。由于干旱少雨，地形起伏大，黄土高原丘陵区典型草原生态修复中采取了禁牧封育、开挖水平沟（环山沟）和鱼鳞坑等地表扰动方式，以期能拦蓄坡地径流，促进植被的快速恢复。但是，这些地表扰动措施不仅改变了坡地径流，也改变了典型草原土壤性状，进而影响了地上植被的恢复，引发了该区草原生态修复中需要进一步探讨和研究的问题。

　　长期以来，黄土高原丘陵区土壤性状和植被研究主要集中在影响土壤性状的相关重要因子，以及土地利用方式、封育等对植被及土壤性状的影响方面。在一个较长时间尺度上，对于水平沟、鱼鳞坑等地表扰动植被修复措施对典型草原土壤性状影响的报道较少，在修复措施实施后典型草原土壤性状变化效应以及对植被恢复的影响方面还缺乏深入系统的研究。为此，著者及其团队在国家科技攻关计划"西部开发"重大项目（2004BA901A18）、国家自然科学基金项目（31001032、31460632）、宁夏科技创新领军人才培养项目（KJT2018003）的支持下，在对黄土高原草地分类的基础上，对黄土高原丘陵区典型草原退化草地在封育、水平沟和鱼鳞坑等人工修复措施下的土壤、植被变化特征进行了系统深入的研究。内容涉及草地类型，植物群落特征及演替、种群格局及生态位、土壤种子库，土壤理化和生物学性状、土壤水分、草地小气候和植物蒸腾，以及生态修复效应综合评价和草地资源可持续发展等。因此，本书是多年研究的积累，以期为黄土高原丘陵区草地生态建设和草地管理提供依据。

　　本书是宁夏大学草学一流学科建设项目组织撰写的系列专著之一，在出版过程中得到了草学一流学科建设项目和学科同仁的大力支持与帮助。特别要感谢宁夏大学谢应忠教授对本书内容的指导和帮助。此外，宁夏云雾山国家级自然保护区管理局张信研究员及其保护区相关人员、宁夏彭阳县草原工作站李云高级畜牧师及其相关人员在野外工作中给予了大力支持；刘亚兵、张存、陈亚伟、蔡育荣、闫鹏科、魏巧花、许红明、王佳丽、张学娟、刘库、柯杰、杨志瑞、张诗慧、张华娟、陈佳宝、吴宛萍、朱琳等宁夏大学草业科学专业研究生和本科生参与了试验工作，在此一并表示谢意！

限于著者水平，书中难免存在某些不妥和不足，恳请读者批评指正。

著 者

2022 年 12 月于银川

目　　录

第1章 绪 论

1.1 背景和意义

黄土高原,这块中华民族古文明的发祥地,曾是中华民族的摇篮,在中国文化和经济发展中发挥了重要作用。它承东启西、卫南济北,原经纬度为东西跨越14个经度(100°E～114°E),南北跨越8个纬度(33°N～41°N),战略地位十分重要。李博(1996)认为,我国北方40多亿亩(1亩≈666.7m²)草地中,潜力较大的是农牧交错带,该区从东北往西南沿大兴安岭、吕梁山、六盘山一线呈带状分布。黄土高原则正位于这个交错带上。

但是,在长期的历史过程中,由于自然、社会经济活动的叠加影响,特别是不合理的砍伐、滥耕、过牧和单一的作物经营,黄土高原被置于人类的掠夺之下(任继周,1992)。致使该区长期以来经济落后,贫困面广。新中国成立以来,国家对黄土高原地区的治理与开发一直十分重视,做了许多工作。许多专家学者进行了大量的考察和研究,取得了明显成效。

黄土高原丘陵区是我国黄土高原的主要地貌形态,位于35°N～40°N、102°E～114°E,坡度一般为10°～35°,面积约2.5万km²,约占黄土高原总面积的64%,地势起伏较大,山高沟深,海拔多在1400m以上,水土流失严重,是我国生态建设关键区和生态脆弱区。宁夏黄土高原丘陵区位于宁夏南部山区,地带性植被为典型草原,主要由旱生多年生长芒草(*Stipa bungeana*)和大针茅(*S. grandis*)为建群种的群落组成,盖度为30%～70%,是宁夏主要的生态屏障和牧业基地。但是,由于自然因素和人为不合理利用,宁夏典型草原生态环境恶化,植被遭到严重破坏,水土流失严重,该区植被恢复与重建引起了众多学者和历届当地政府的高度关注。因此,研究该区的草地生态建设和草地资源可持续发展具有深远的理论意义和重要的现实意义。

草地农业种植模式从一出现就表现出良好的生态效益和经济效益。根据美国资料,草地农业的经济效益比单一农业高6～10倍,在澳大利亚、加拿大、美国和法国等有良好发展,尤其在半农半牧区更适合发展这种种植模式(胡自治,1989)。王宁和姚爱兴(1993)、任继周和王宁(1999)等对草地农业在半农半牧区的建立与发展做了大量研究,取得了丰硕成果,在对黄土高原进行了深入的研究和考察后,提出了草地农业系统应是黄土高原农业系统主体的观点,认为典型草原（斯太普草地）农业系统是该区生态环境治理的重点。

随着国家退耕还林还草、天然草原退牧还草等工程的实施，黄土高原丘陵区实施了禁牧封育，以及开挖水平沟、鱼鳞坑、反坡梯田等工程措施来促进草原植被快速修复。目前，宁夏黄土高原丘陵区典型草原已全部实施了禁牧封育措施，水平沟和鱼鳞坑总扰动面积占当地丘陵草原面积的 20% 以上。这些地表扰动措施的实施可能使草原植物群落结构、种群格局和生态位、土壤种子库、土壤理化性质和土壤生物学特性等植被特性发生变化，使天然降水得到了再分配，使土壤水分发生了变化，而且这种变化又受降水、地形、蒸发、土壤、地上植被等多种因素的影响。

黄土高原丘陵区多地处半干旱地区，降水少、生境脆弱，如何使退化草地生态得到恢复与重建，农、林、牧以怎样的比例发展，才能在现有的条件下建立一个结构与功能相对稳定、持续发展的草地农业系统，这也是本研究的内容之一。因此，在半农半牧区的黄土高原丘陵区，开展生态修复措施对典型草原植被群落、土壤种子库和土壤特征的影响、草地资源的可持续发展等研究对该区草地管理具有重要意义。一方面，可以直接反映该区草地生态建设效应；另一方面，可为国家和有关部门实施黄土高原生态环境治理与农业可持续发展提供决策依据。

因此，在宁夏黄土高原丘陵区典型草原大面积实施水平沟、鱼鳞坑和封育措施进行植被恢复的背景下，以任继周（1995）所倡导的土地-植物-动物-社会产品"四位一体"的草地农业生态系统工程理论为依据，在对黄土高原草地进行分类研究的基础上，以宁夏黄土高原丘陵区典型草原中实施的不同地表扰动方式为对象，对各措施实施后不同恢复年限的植物群落特征、物种多样性、种群空间格局、生态位、土壤种子库、土壤理化性质、团聚体特征、生物学特性、土壤水分特征和草地小气候变化等开展研究，探讨不同生态恢复措施下草地植被演替序列及特征、演替趋势，土壤种子库组成、大小和时空变化特征；研究植物群落特征变化，分析植物群落与土壤环境因子，以及种子库与地上植被及土壤因子的关系；揭示这些措施对天然草地水分分配和植被恢复的作用及机制，以达到协调水土关系、最优利用水资源；评价封育、水平沟和鱼鳞坑三种措施的生态恢复效果，提出该区退化草地生态恢复适宜措施和草地资源可持续发展对策。本研究紧密结合宁夏黄土高原丘陵区乃至周边地区草原植被建设实践，旨在为该区草地生态建设和草地科学管理提供理论依据和实践指导，对丰富恢复生态学理论有积极意义。

1.2　研　究　现　状

1.2.1　草地分类

草地类型是指在一定的时间、空间范围内，具有相同自然和经济特征的草地单元。草地分类是草地类型学理论的具体实践。由于世界上的草地类型纷纭杂沓，生产力发展水平及草地科学研究处于年轻的发展阶段，因此，草地类型观点存在诸多差异，并产生了许多各具特色的草地分类系统。

1.2.1.1　国外情况

国外的草地分类系统大致可以分为植物群落学分类法、土地-植物学分类法、植物地形学分类法、气候-植物学分类法、农业经营分类法五大类（胡自治，1994）。

1）植物群落学分类法

植物群落学分类法是按照草地植物群落特征来划分草地类型的。Sampson（1952）将美国的天然牧地划分为草地植被类、荒漠灌丛植被类和森林植被类三大类 12 个型。Stoddart 和 Smith（1956）将美国西部放牧区划分为 9 个区、18 个放牧地形，1975 年他们又将世界范围内的天然放牧地划分为 7 个植被型。Holechek（1989）将美国天然牧地划分为四大类 15 个亚类。苏联草地植物分类法代表 A. II. 谢尼科夫（Шениķов）于 1983 年认为草地畜牧业生产中作为主要形式存在的是草本植物型，根据生态条件可划分为草本草原、草本荒原、草甸、水生草本植物、喜腐殖质草本植被、一年生和短命草本植被 6 个型。B. Б 索恰娃（Соचава）于 1979 年根据植物成分、生态关系和伴随的景观独特性，将苏联的草地分为 12 个基本区类型（胡自治，1994）。Knapp（1979）把温带欧洲草地划分为 9 个群纲，并对每个群纲的生产性能给予了概述。Van Wyk（1979）认为非欧大陆草被（grass cover）的大部分是由于扰动形成的次生植被，热带稀树草原是依靠外力火来维持的，因此草被代表了具有很大异质性的演替系列的所有不同阶段。据此观点，他将非洲草地划分为 24 个类。

2）土地-植物学分类法

土地-植物学分类法的特点是高级分类单位根据草地的土壤或地形条件划分，低级单位根据植被条件划分。该方法最早由著名生态学家 Tansley（1939）提出，并将英国草地划分为 5 类。此后 Wells（1974）将英国草地划分为 4 类 25 亚类，Ward（1974）将英国灌丛草地划分为 4 类 14 个群落型。土地-植物学分类法在地域狭小、气候条件单一的地区具有方便的使用价值（胡自治，1994）。

3）植物地形学分类法

植物地形学分类法是苏联饲料研究所经数十年研究提出的天然饲料地分类法。最早用这一方法划分类草地（草甸）的是 B.P. 威廉斯（Вилвямс），此后，A. M. 德米特里也夫（Дмитриев）在划分森林带和草原带的草地类型时发展了这一方法。Л. Г. 拉明斯基（Раменскнй）和 H. A. 查岑肯（Цаценкин）1940 年将全苏联的天然草地划分为 20 类。1961 年 H. A. 查岑肯提出"天然饲料地的分类原则应在地形和地带上确定其最主要的实质"，他根据这一原则将苏联天然饲料地划分为 25 类。1987 年苏联饲料研究所又在上述分类基础上提出新改进方案，将苏联全境划分为 1500 个基础分类单位（胡自治，1994）。

4）气候-植物学分类法

气候-植物学分类法是以气候和植物条件作为指标划分草地高级单位的一类方法。Moore（1973）认为草地分类的基础是气候、植物群落的外貌和可利用植物种的特征。Numato 于 1979 年根据气候条件将亚洲草地划分为 4 大类。Harrington等（1984）根据气候、植被以及地形等综合条件将澳大利亚的草地划分为 9 类。著名的草地生态学家 Spedding 于 1974 年指出，世界上草地的分类方法有多种，但主要是依据气候进行分类，因为气候是决定草地分布的主要因素。

5）农业经营分类法

农业经营分类法是西欧学者常使用的草地分类方法，其主要特点是根据人类对草地的培育、经营程度及其农业经济价值加以分类。Davies（1954）根据草地的培育与否将英国的草地划分为两大类，即未培育草地和培育草地。Waston 和 More（1956）根据人类对草地的培育程度将英国草地划分为半自然草地、改良的永久性草地和人工草地三大类。Heden 和 Kerguelen（1966）认为，草地分类应建立在群落生态学和个体生态学研究的基础上，气候和土壤是草地分类的重要指标，经营管理条件也是草地分类的指标。按这一分类原则他们将法国草地划分为粗放经营的放牧地和集约经营的草地两大类。

1.2.1.2　国内情况

我国草地分类学的研究工作起步较迟，基本上是在新中国成立后才开始的。20世纪 50 年代中期，我国著名草地学家王栋教授根据草地分布的地势、气候、土质和牧草生长状况，率先提出我国天然草地的分类。60 年代初期，先后有许多学者提出过各自不同的草地分类原则和分类方案。经过不断的实践与发展，最终形成具有代表性和广泛应用的两大草地分类法：植物-生境分类法和综合顺序分类法。在两大分类法日趋完善的同时，刘起（1996）又提出了我国天然草地分类的新原则和体系，并确定了该体系的划分标准。胡自治（1995）提出了人工草地分类的新方法。

1）植物-生境分类法

1964 年贾慎修提出植物-生境分类法和类、组、型三级分类原则，并将中国草地划分为 13 类，后经过补充与完善，到 1980 年，又增加为 18 类（贾慎修，1980）。20 世纪 60 年代末中国科学院内蒙古宁夏综合考察队运用植物-生境分类法，完成了内蒙古自治区及毗邻地区完整的草地分类。此外，许鹏（1985）对新疆、内蒙古和宁夏等地区的草场进行了分类。

1979 年农业部确定采用植物-生境分类法开展全国草地资源调查。此后，许多学者提出了各自关于中国草地的分类原则。许鹏（1985）对草地的成因、分类原则和各级分类标准提出意见。1988 年，植物-生境分类法在吸收了多人修改意见后，最终完善形成，并用于 20 世纪 80 年代全国草地资源调查汇总的草地分类系统。采用植物-生境分类法，苏大学（1986）对南方草地进行了分类；梁祖锋等（1984）对沿海滩涂草地进行了分类；赵爱桃和郭思加（1996）对宁夏草地进行了分类，并对草地特性进行了评述，提出了合理开发利用的途径。

2）综合顺序分类法

在植物-生境分类法发展的同时，综合顺序分类法也在发展和完善。任继周于 1965 年提出了中国草原类型第一级分类的气候指标，后几经改进，1980 年任继周等对草原分类的原则进行了深刻地探讨，完整论述了综合顺序分类法的原理与方案，同时还说明了检索图所表示的草原发生学意义，将我国和世界的草地划分为 48 类。1995 年，胡自治和高彩霞根据全国 2352 个气象站 30 年以上的气象资料，对草原综合顺序分类法第一级——类的热量级、湿润度级、类别及其检索图进行了修订。此外，还利用收集的草原分类气象资料在计算机上建立了一个较为完善的数据库，并设计了计算机检索软件，实现了综合顺序分类法第一级——类的计算机检索功能，使综合顺序分类法更趋完善。

许多学者先后用综合顺序分类法进行了实践。1974 年，任继周等将青海省草地划分为 9 类。胡自治等（1978）将甘肃省草地划分为 27 类，并评述了甘肃省草地的自然特点与草原畜牧业生产特性，完成了甘肃省草原类型图。张普金和王春喜（1987）对西藏羌塘地区的草地进行了分类；张永亮和魏绍成（1990）将内蒙古草地划分为 8 类；杜铁瑛（1992）将青海省的天然草地划分为 11 类；马红彬和王宁（2000）对宁夏的草地进行了分类，并提出了可持续发展途径。

3）关于中国两大草地分类法

（1）植物-生境分类法与综合顺序分类法各有优点。相同之处是：在分类方法上两者都综合考虑气候、土壤、植被、地形等多种因素；两者都是采用了分类指标进行划分；都遵循发生学分类原则。不同之处是：综合顺序分类法中类的划分依据是量化的气候指标——≥0℃的年积温（$\sum\theta$）和温润度（k），而植物-生境分类法中类的划分标准是以水热为中心的气候、植被特征；综合顺序分类法中强调分类的指导原则和分类属性，能包括整个世界草地，而植物-生境分类法只能包括中国草地；植物-生境分类法较直观，根据野外调查得出结论，而综合顺序分类法较抽象，体现了科学的预见性。

（2）植物-生境分类法与综合顺序分类法各有缺点。植物-生境分类法对草地范畴理解较窄，对大面积实际利用的森林草地没有作为类一级的划分；一些类的划分与原则不相符合；生态经济类群划分较粗；在实际应用中重复较多，不够清晰等，尚需进一步考虑。综合顺序分类法在大面积没有气象资料的地区，类的确定出现困难（胡自治，1994）；在地形复杂、水平地带性分布不明显、垂直地带性差异较大的地区，综合顺序分类法在实际应用中存在的困难是大类界限不明显、过渡类型范围较广（张永亮和魏绍成，1990；杜铁瑛，1992）。

中国两大草地分类法虽各有特点，但在类的划分中都使用了气候指标，说明了两种方法在类一级的分类原则接近，显示了草地分类方法在不断发展中的趋同性。

1.2.2 人工修复对黄土高原丘陵区草原植被和土壤的影响

1.2.2.1 植被群落数量分类及排序

20 世纪 60 年代初，侯学煜开始探索性地研究植被分类。1980 年吴征镒对植被分类体系进行了完善，完善后的体系成为中国植被分类的基础。随后依据吴征镒的分类体系，宋永昌（2001）对"群丛"的定义重新诠释，使得中国植被分类系统达到新的高度。自 20 世纪 80 年代以来，随着数量生态学的发展，数量分类和排序已成为认识一定区域内植被分布格局特征的重要手段，它们在群落分析中的使用可进一步揭示植物种、植物群落与环境间的生态关系，被广泛应用于植被群落研究（秦建蓉，2016）。目前，植物群落数量分类应用最普遍的方法有双向指示种（TWINSPAN）、除趋势对应分析（DCA）、除趋势典范对应分析（DCCA）、典范对应分析（CCA）等（贾希洋等，2018），这些方法为更加客观、准确地反映植被与环境之间的生态关系提供了有效途径（张峰和张金屯，2000）。

采用数量分类和排序，秦建蓉（2016）、张先平等（2006）、代雪玲等（2015）、王景升等（2016）分别对宁夏东部风沙区荒漠草原植物群落、庞泉沟国家级自然保护区森林群落、敦煌阳关自然保护区湿地植物群落、藏北高原草地群落等进行了划分，探讨了各区域群落分布和环境因子之间的关系，分析了植被的演替规律。另外，周欣等（2015）、何小琴等（2007）、方楷等（2011）运用数量分类和排序分析方法，分别对科尔沁沙地、子午岭地区、宁夏盐池荒漠草原等退化地区植被恢复过程中植被分布格局与环境因子间的关系进行了探讨。这些研究表明，在退化草地恢复过程中采用数量分类和排序，均能较好、定量地揭示植被分布格局与环境因子间的关系，数量方法的运用对于退化生态系统及其生态功能的恢复具有重要的科学意义（周欣等，2015）。

目前，有关黄土丘陵区典型草原植被特征已有较多研究，也有少部分学者对黄土高原不同利用方式下的植物群落进行了数量分类尝试。焦菊英等（2008）对陕北丘陵沟壑区 174 个撂荒地自然恢复植物群落进行了数量分类。聂明鹤等（2018）应用双向指示种（TWINSPAN）和除趋势对应分析（DCA）将宁夏典型草原区 12 个不同退耕年限的草地划分为 5 个群落类型。但有关水平沟、鱼鳞坑措施下植物群落数量分类和演替的报道较少。

1.2.2.2 植物群落特征

1）物种组成和特征

物种组成及其数量特征是植物群落的重要特征之一（曲仲湘，1983）。群落物种组成、高度、盖度、地上生物量与土壤理化性状及周边小环境等因素息息相关。

人为干扰强度和方式的不同，对物种组成和变化的影响各异（郑宇等，2007）。王国梁等（2003）在黄土沟壑区的研究中指出，短期封育能使群落物种数、盖度和生物量得到明显增加，封育到中期群落盖度、生物量继续呈增加趋势，但提高幅度与封育初期相比明显减小。从王国梁等（2003）的研究中也可以看出，同一植物群落在不同的演替阶段，其盖度、地上生物量也会出现不同差异。萨仁高娃等（2010）的研究表明，放牧强度的高低，直接影响典型草原草群盖度、高度及地上生物量等，随着放牧强度的增加群落数量特征均呈下降趋势。张晓娜（2018）研究发现，封育会增加草地中优良牧草重要值比例，与季节封育、放牧措施相比，完全封育措施对植被群落高度、盖度、密度和地上生物量的增加较为明显。刘海威等（2016）在黄土丘陵区退耕 1～35 年草地中发现，由最初一年生、两年生短命植物群落逐步演替为多年生草本群落，且物种总数比退耕初期增加了 20%。温仲明等（2005）指出在自然状态下，黄土高原森林草原区退耕地植被趋向于向该区原有植被类型演替，但经过 40～50 年演替后群落依旧未形成灌丛化。刘永进等（2013）对云雾山典型草原进行火烧干扰后发现，植物群落组成相比火烧之前，火烧对匍匐型植物（如百里香等）生长影响最大，火烧过后明显增加了杂草物种总数，却对地上生物量无影响。李媛（2012）指出火烧干扰可以增加样地物种数，改变物种组成；火烧初期，群落高度、地上生物量显著减小；而到后期，群落盖度、生物量显著增加，高度无显著变化。

不同生境条件下，植物群落物种组成和数量特征差异明显（蔡育蓉等，2018；罗琰等，2018）。很多研究表明，群落高度、密度、地上生物量等数量特征与土壤含水量呈正比关系（韩玲等，2017；李冬梅等，2014）。而在高海拔地区，一些学者认为，温度是决定植物群落地上生物量的主要环境因子（王长庭等，2004）；也有一些学者认为，植被地上生物量受海拔影响显著（刘哲等，2015），且多年生草本植物种类比例随海拔升高呈下降趋势（张文等，2011）。也有人发现不同地表水水位下群落物种组成和数量特征差异明显，同时二者也会随季节变化而发生改变（李树生等，2015）。

可见，不同人为干扰措施、不同放牧强度、不同利用方式及不同生境条件下，植物群落物种组成和数量特征均会发生不同改变。

2）植物群落多样性

生物多样性是生物及其组成的系统的总体多样性和变异性（王伯荪等，2005），其包含三部分：①物种的基因多样性（即遗传多样性）；②群落内部的物种多样性；③景观中的群落多样性（即生态系统多样性）（秦建蓉，2016）。相比其他层次，对物种多样性层次的了解相对容易、直接且便于观察（王永健等，2006），因此，它成为研究生物多样性最适合、历史研究较多的层次。

植物群落多样性是指一个群落中的物种数目和每个物种数目及其均匀度（张保刚和梁慧春，2011）。它不仅反映了群落中物种的丰富度、均匀度或变化程度，也能表征群落或生态系统结构的复杂性（许晴等，2011）。研究植物群落物种多样性对了解退化生态系统的恢复与重建（周欣等，2015）、草地资源保护与持续利用和指导人类科学合理地利用草地资源等有着极为重要的生态意义。一直以来，草地生态系统群落多样性的研究是国内外学者研究的热点之一（Hedlund et al.，2010）。

研究表明，物种多样性随干扰程度的不同而发生相应的改变（江小蕾等，2003）。在各草地类型中，学者对荒漠草原（沙地）植物群落多样性的研究已有大量相关报道（秦建蓉等，2015），关于内蒙古及陕西北部地区典型草原不同利用方式下植物群落多样性的研究也有不少报道。其中，马建军等（2012）对内蒙古典型草原区 3 种（放牧场、割草场及公共草场）不同草地利用模式下植物多样性变化进行探究，发现割草场丰富度指数和多样性指数均最高，放牧场最低。谷长磊等（2013）研究发现，不同退耕方式对草本层植物多样性的影响显著，多样性指数均表现为：退耕还草＞退耕还林＞退耕还灌。李永强等（2016）以内蒙古草甸草原不同年限下撂荒地为研究对象，研究了该区植被多样性变化情况，结果表明随撂荒年限的延长，除辛普森多样性指数（Simpson's diversity index）呈线性增加外，其他多样性指数无明显变化规律。郝红敏等（2016）对陕西省西部长武县典型草原开垦弃耕后不同年限群落植物多样性进行研究发现，退耕方式下，随着恢复年限的延长群落多样性指数显著增加，而均匀度指数显著降低。

针对宁夏南部典型草原，李媛（2012）发现火烧干扰 1 年后均匀度指数显著减小，丰富度指数则呈增加趋势，且随着火烧年限的增加，均匀度、丰富度指数均无显著差异。赵菲等（2011）认为物种丰富度和多样性指数均随恢复年限的增加呈现先增后降规律，围封年限对群落物种多样性影响显著。单贵莲等（2008）研究表明，围封 14 年后物种丰富度虽达到最大，但物种均匀度及多样性呈下降趋势。而关于水平沟和鱼鳞坑措施干扰下物种多样性变化的报道较少（蔡育蓉等，2018）。

3）植物群落的相似性和稳定性

群落相似性是指不同群落结构特征的相似程度，而相似系数则是测度植物群落（生境）相似程度的常用手段之一（姜汉侨，2010）。在群落生态学中，计算相似系数常用杰卡特（Jaccad）、索雷申（Sorensen）和芒福德（Mountford）相似系数等方法。

自然状态下，受海拔梯度（张文等，2011）、地理距离及局地生境异质性（赵鸣飞等，2017）等因素差异，群落间相似水平差异突出。不同封育措施下，季节封育草地、完全封育草地、未封育草地群落间的相似性程度较低（张晓娜，2018）。单贵莲等（2008）指出围封样地间相似性较高，而围封与放牧地间相似系数较低。李永强等（2016）指出随着时间的延长，草甸草原撂荒地与天然草地相似系数呈增加趋势，群落结构也趋于复杂化。人类对用材林的砍伐，直接导致洪家河流域植物群落间相似系数降低（艾训儒和马友平，2006）。封育、鱼鳞坑和水平沟措施干扰下，宁夏黄土丘陵区典型草原土壤种子库与地上植被的相似性较低，相对来看在鱼鳞坑中相似性最高（张蕊等，2018）。综上研究结果说明，人为干扰不仅会影响植物群落相似性，也会影响原有的植物群落结构。

植物群落稳定性是生态系统最基本的功能之一，研究群落稳定性可以较为直接地了解植被本身稳定性的特征和规律（沈艳等，2015）。在退化草地生态系统恢复过程中，稳定的群落结构是检验植被群落是否恢复的重要指标之一（赵成章等，2011）。测定植物群落稳定性的方法颇多，如综合评价法、演替与比较相结合的方法、稳定度指数法、主成分分析法等，其中，经郑元润改进后的高顿（M. Godron）稳定性测定法具有操作简单、可信度高等优点，应用较为普遍（沈艳等，2015），在具体研究中应该根据实际情况来确定最适宜的研究方法（徐坤等，2004）。

目前，对森林生态系统稳定性的研究显然多于草原生态系统，人工植被林地稳定性普遍较差（徐坤等，2004）。希拉穆仁荒漠草原在季节封育、完全封育和未封育 3 种封育措施下，草原群落结构均不一致（张晓娜，2018）。赵成章等（2011）对高寒山区退耕地植物群落稳定性进行测定后发现，该区退耕草地未形成密丛型禾草从而导致群落极不稳定。薛萐等（2009）在侵蚀环境撂荒地中发现，随着退耕撂荒地植被恢复演替的进行，植被结构稳定性呈阶梯状逐步增强。王博杰等（2016）在农牧交错区旱作条件下，对苜蓿和冰草人工草地稳定性进行了研究，认为控制建植后第 2 年田间杂草对维持豆禾混播人工草地稳定性最为关键。可见不同利用方式下草地群落结构稳定性并不一致。

不同土地利用方式下，有关宁南黄土丘陵区植被恢复过程中土壤团聚体稳定性已有报道（周瑶，2018）。针对该区水平沟、鱼鳞坑干扰后植物群落稳定性的研究亦有报道。马红彬等（2013）研究表明，封育、水平沟和鱼鳞坑 3 种整地措施实施 5 年后植被群落均处于不稳定的演替阶段。蔡育蓉等（2018）研究表明，该区放牧草地、封育草地和鱼鳞坑整地 1 年、3 年、6 年、10 年及 15 年草地植物群落均处于不稳定阶段，各群落仍处于演替阶段。

1.2.2.3 种群空间格局

种群空间格局是指在一个生态系统中种群个体所处的地位和所占的空间位置（乔丽红，2016）。植物种群的空间分布格局是研究种群特征、种群间相互作用以及种群与环境关系的重要内容。种群的空间分布格局在一定程度上反映了种群在水平空间的配置状况或分布状态，为了解群落内部机制及群落研究提供了科学依据（张璞进等，2017；徐坤等，2006）。种群分布格局是土壤、气候、地形因素等环境因子综合作用产生的结果（秦建蓉，2016）。种间关系指不同物种种群之间相互作用所形成的关系，是植物种群间相互联系、相互影响的反映。研究种间关系既能明确群落边界（李潮等，2013），又能揭示物种在空间上共同出现或结合的程度（崔丽娟等，2012）。

对植物种群空间分布格局和种间关系的研究一直是国内外学者关注的热点之一（Perelman et al.，2010）。种间竞争和干扰对种群空间格局的形成具有重要的影响，如竞争会使植物由集群分布向随机分布转变，干扰会影响主要优势物种的分布类型（黄晓霞等，2013），诸多研究认为，种群格局的形成一方面与物种自身的生物学特性有关，另一方面与所处环境或种群间的效应息息相关（邓东周等，2017；张强强等，2011）。生境差异会直接影响种间关系，进而影响种群的分布格局（尉秋实等，2005），不同植被恢复过程中分布格局及种间关系差异明显（徐坤等，2006；赵成章等，2011），草本群落分布格局及种间关系与灌木群落亦不相同（张璞进等，2017；徐坤等，2006），放牧、围封和刈割等扰动方式会使植物种群空间分布格局和种间关系产生变化（陈宝瑞等，2010），撂荒地和弃耕地下植物种群空间分布格局及种间关系亦有所不同（陈正兴等，2018；李军玲和张金屯，2006）。可见，生态恢复方式或土地利用模式对植物群落和生境的扰动程度不同，进而使植物种群空间分布格局和种间关系发生不同的改变。

1.2.2.4 种群生态位

生态位是指一个种群在生态系统中在时间空间上所占据的位置及其与相关种群之间的功能关系与作用。生态位研究主要集中在生态位宽度和生态位重叠系数的估算与分析上，这两个指标不仅能反映种群对资源的利用能力以表征其在群落中的功能位置，也可揭示种群对生境水、肥、气、热等自然资源的利用能力及其在群落结构上的演替方向（李军玲和张金屯，2006）。

1984 年，Streere 在研究鸟类物种分离时首次提到了该思想，1910 年 Johnson 首次在生态学论述中提出生态位这一名词（王国庆，2018）；20 世纪中后期，Levins、Pianka 与 Schoener 等国外学者对昆虫和鸟类的生态位特征进行了研究，并建立了生态位宽度和生态位重叠的模型，制定了相应的计算公式，沿用至今（庞立东，

2006）。Whittaker 等（1973）首次将生态位理论应用于森林生态学研究中，发现群落植物种群与生态系统环境有着密切的联系。20 世纪 80 年代，国内开始全面介绍生态位理论，并开展相关研究（王凤等，2006）。近些年来，生态位模型在生命科学领域得到广泛的推广和应用，尤其是在物种入侵、描绘传染病和疾病传播路线、濒危物种保护、气候变化对生物多样性的影响评估等方面（朱耿平等，2013；Bartel and Sexton，2010；章旭日，2011）。

目前，诸多学者利用生态位理论对森林生态系统进行了大量研究，其中方全（2016）、汤景明等（2012）、田宇英（2014）、叶铎等（2009）、臧润国等（2003）、张远东等（2001）等分别对针叶林群落、常绿落叶阔叶混交林、落叶阔叶林、常绿阔叶林、热带雨林和灌木林群落等进行生态位测度研究，发现多脉青冈、黄山松、杉木等的生态位宽度较大，香榧和枫香的生态位重叠值最大；随着恢复演替的进行，优势落叶树种群落生态位宽度呈下降趋势，优势常绿树种群落表现为上升趋势；峨嵋峰亮叶水青冈群落中，生态位宽度较大的树种与其他树种可能产生较大的生态位重叠；由于生境破碎化和空间异质性共同作用，因此较小生态位宽度物种与其他物种之间的生态位重叠值较大；热带山地雨林中水平生态位宽度的变化应该与各树种的水平分布格局密切相关；红砂和梭梭间生态位重叠值较大，而偶见种和其他种的生态位重叠值较小。

另外，也有部分研究者将生态位理论应用于草地生态系统。赵成章等（2013）研究了人工混播草地群落生态位对密度的响应，谭永钦等（2004）等对 20 种草坪杂草生态位宽度和生态位重叠进行了计测。张晶晶和许冬梅（2013）、程中秋等（2010）和张德魁等（2007）等探讨了荒漠草原植物群落生态位特征。井光花等（2015）、赵天启等（2017）等研究了不同干扰方式下典型草原植物群落生态位特征。此外，一些学者对半干旱草原（李中林等，2014）、高寒草地（王伟伟等，2012）、沼泽湿地（王香红等，2015）等其他类型草地植物群落的生态位进行了研究，认为生态位理论既是分析种间关系的重要方法也是探究植物群落的主要手段。

分析发现，对群落生态位的研究大多集中于森林群落，而关于草本种群生态位的研究相对较少（王伟伟等，2012），对黄土丘陵区典型草原各生态恢复措施下的植物生态位特征报道更为少见。

1.2.2.5　植被和土壤理化因子间的关系

在植被-土壤系统中，植被具有拦蓄降雨、保持水土、防止侵蚀、改良土壤和改善生境等作用（李文斌和李新平，2012）。土壤为植被提供生长所需养分的同时，植被也会反作用于土壤，植被根系及其凋落物可防止土壤肥力流失，对土壤起到保护作用。可见，二者是相互统一的有机体。植被和土壤理化因子间的关系是生态学研究的重点内容（徐涛等，2018），关于二者之间的关系已开展了大量的研究。然而，受不同植被类型、立地条件和演替阶段等因素的影响（彭东海等，2016），植物和土壤之间的关系较为复杂，不同研究者对不同地域的试验结果也不尽一致（张海涛等，2016；盛茂银等，2015）。

王春燕等（2018）对黄土高原弃耕地地上生物量与土壤理化性质进行研究，结果表明，土壤有机质和全氮对群落生物量产生负效应，且地上生物量和土壤容重无相关性。彭东海等（2016）在金尾矿废弃地植被恢复过程中发现，物种多样性与容重、pH 呈显著负相关，与大部分土壤养分指标呈极显著或显著正相关。郝文芳（2010）研究发现，土壤全氮、有机质、土壤呼吸量和碱性磷酸酶是影响撂荒地植物群落演替的关键因子。王原等（2016）对林地火烧干扰后发现，土壤毛管孔隙、灰分层有机质二者的增加，在很大程度上促进了林地植被迅速恢复。叶绍明等（2010）对连栽桉树人工林植物多样性与土壤理化性质进行关联分析后得出，随着林下植被多样性的增加，土壤通气、透水性和土壤 N、P、K 含量均有所提升。通过以上分析可见，不同土地利用方式下植被和土壤理化因子之间的关系各有所不同。

1.2.2.6 土壤种子库及研究方法

1）土壤种子库发展

土壤种子库是指存在于土壤上层凋落物和土壤中全部有活力种子的总和（邵琪等，2008）。植物所产生的种子通过不同的传播方式散落在土壤中，没有丧失活力的种子在适宜的环境下便会发芽生长，成为地上植被更新的物质基础（Mayor et al.，1999）。土壤种子库与地表植被、土壤关系密切。土壤种子库是草地植被恢复的基础，对维护草地生态系统平衡（Lunt，1997；Qi and Scarratt，1998）、加快退化草地植被恢复、维持物种多样性等具有重要作用（Stark et al.，2008）。生态恢复过程中土壤种子库大小、时空变化等成为生态学研究的热点（Chaideftou et al.，2009）。

国外最早于 1859 年开始对土壤种子库进行研究，一般将达尔文采集池塘淤泥进行萌发作为种子库研究开端（Holmes and Cowling，1997）。国内在 20 世纪 70 年代后开始了土壤种子库有关研究，涉及湿地、森林、农田、草地等生态系统。大多研究报道都是关于有效种子库的研究，即包括各种时段各种空间条件下具有形成潜种群可能性的种子库的研究（张志权，1996）。研究发现人为干扰下森林区草本植物和灌木层的覆盖度、高度与物种丰富度下降，但种子库的物种数量和总物种丰富度明显提高（Amrein et al.，2005）。在人类干扰下湿地草本植物种子丰富度较低，种子库与现存植被之间物种组成的相似性较高，土壤种子库能促进湿地植物再生（Greet，2016）。

随着人们对退化草地生态恢复和建设的日益重视，草地生态恢复中土壤种子库特征成为关注的重点（Ma and Liu, 2008）。研究发现，随着地表植被退化程度的加剧，塔里木河下游土壤种子库密度和物种丰富度下降，但表层种子库比例升高（董杰, 2007）。不同干扰情况下喀麦隆热带雨林的三个林区土壤种子库与地上植被的相似性较低，但在砍伐森林中，土壤种子库可以促进树木的再生（Daïnou et al., 2011）。丹江口水库消落带在人类干扰下种子库密度、多样性指数具有异质性，种子库与现存植被之间物种组成的相似性差异较大，土壤种子库没有更好地促进消落带植物的再生（袁岸琼, 2012）。金沙江干热河谷山坡草地中放牧地、沟谷地、坡地和阶地的种子库与地上植被之间的相似程度较高，而种子库密度和地上植被密度差异显著（Luo and Wang, 2006）。当草地植被生长良好时，土壤种子库植物种数和科属种数较多，放牧使种子库中多数物种密度和物种多样性降低，但使个别植物的种子数量得以提高，土壤种子库密度随着草地封育年限的延长而增加（刘华等, 2011；白欣, 2017）。但也有文献表明，不同封育年限草地土壤种子库的动态变化及季节性变化特征不尽相同，土壤种子库密度随封育年限增加呈现先增加后下降变化，种子库物种多样性受坡位、坡向影响明显（苏楞高娃等, 2007；黄欣颖等, 2011；白文娟等, 2007a）。当草地退化时，土壤种子库植物种数和科属种数一般会减少，退化草地土壤种子库与地表植被间有较高相似性，但改良草地和退耕地的相似性较低（孙建华等, 2005）。可见，当前有关草地土壤种子库研究主要集中在种子库大小、物种构成、动态变化及与地上植被的关系等方面。

2）土壤种子库取样

土壤种子库取样影响种子库试验结果的准确性，取样时主要要考虑取样时间、取样方法和取样量。从取样时间上看，实际研究工作主要集中在 4～5 月或 10 月，这样可以观测到整体土壤种子库情况（Ma and Liu, 2008）。由于土壤中种子一般是随机散落的，物种的个体大小和密度不尽相同，种子库取样目前并无统一的方法（Ma and Liu, 2008），不同情况下取样方法也有所不同，主要有小支撑多样点法、随机法和样线法（Wiles and Schweizer, 2002；Verweij et al., 1996）。国内外文献中，一般采用样线法作为种子库取样方法的论文比较多，即在样地上设置一条或几条平行样线，等距离在样线上设置一个小样方并取几组土样（Maliakal et al., 2000），其在野外操作较为方便，可行性高。

种子库取样量包括样方数量、样方面积大小、土层深度三个方面。不同大小的取样量会直接影响种子库试验结论中物种数量和种类。减少种子库在水平空间分布取样的随机误差、提高取样精确性是野外取样的首要目标（吕世海等, 2005）。目前，大多数研究者在试验设计时很少考虑取样面积和取样时间等因素是否适合所研究的植被类型或生态系统（池芳春等, 2007）。但到目前为止，并没有一个统一的方法。大数量的小样方法、小数量的大样方法、大单位内子样方再分亚单

位小样方法是试验设计中较常用的三种方法（何召琬，2009）。对于地形和土壤
类型差异较大的样地，通过试验比较，采用大数量的小样方法获取的数据的精确
性更高（闫巧玲等，2005）。

种子的水平和垂直分布在土壤中极不均匀，因此样方大小在一定程度上影响
着取样深度，在国内外研究的文献中，大部分土壤表层取样深度为 5cm 或 2cm，
其次一般以 5cm 为高度垂直增加，分为 2～3 层，即 0～5cm 和 5～10cm 或 0～2cm、
2～5cm 和 5～10cm（杨磊等，2010）。土样直径一般采用 1.85cm、3.2cm、5cm、
7cm 和 8cm（王晓荣等，2010）。此外，在实际取样时常根据研究目的和土质特
点确定是否分层取样，刘华等（2011）对黄土丘陵典型草原的取样分 2 层，上层
为长 10cm×宽 10cm×深 5cm，下层为长 10cm×宽 10cm×深 10cm；武晓菲（2013）
对丹江口水库消落带的土壤种子库取 10cm×10cm×5cm 的土柱，白文娟等（2007b）
对黄土丘陵沟壑区退耕地土壤种子库取土体积为 10cm×10cm×5cm，下层为
10cm×10cm×10cm，吕世海等（2005）对呼伦贝尔草地风蚀沙化地的土壤种子库
用 10cm×10cm×5cm 取样器取原状土，赵丽娅和李锋瑞（2003）在科尔沁沙地土
壤种子库试验中取 20cm×20cm×5cm 的原状土。

3）种子库物种鉴定

种子鉴定是土壤种子库研究的关键环节，鉴定的方法有物理分离法（简称直
接统计法）和种子萌发法。其中物理分离法包括筛选法、水洗法、在解剖镜或显
微镜下观察并分离等（于顺利和蒋高明，2003），从而鉴定统计从土壤中获取的
种子种类组成及数量特征（王会仁等，2012）。但对粒径较小的种子采用物理方
法来进行种类鉴定难度很大，所以 90%的研究采用种子萌发法。种子萌发法是在
适宜的水热环境下对土壤样品进行萌发，通过萌发出幼苗来确定种子库的种类，
统计幼苗数目以估算种子数量（徐海量等，2008）。

在种子萌发前一般对采集的土样进行浓缩处理，并将土样过筛以去除植物
残留部分与杂物，然后根据土壤质地选取适合的铺设层高，必要时用蛭石和无
种子的沙土进行铺垫（索风梅等，2017）。种子萌发时设置适宜的湿度和光照
条件，出苗后仔细观察并记录幼苗种属数量，当植物种可被鉴别出时拔去植株，
连续观测数周盆中无种子萌发，则认为土样中种子已完全萌发（闫瑞瑞等，
2011）。土样浓缩是选取不同孔径的孔筛对土样进行筛选，一般先用大网孔筛
筛去杂物，再用小网孔筛以防止过小的种子漏出（杨小波等，1999）。浓缩
处理过的土样，可以节省萌发时的工作量（袁莉等，2008）。对土壤先用 5mm
孔筛筛除石块与植物残体，再用 0.2mm 孔筛筛去不含种子的部分土壤，然后用
0.1mm 的尼龙网袋水洗、风干，采用这种方式对土样进行处理大大节省了鉴别
种子的时间（刘济明等，2006）。

1.2.2.7　土壤种子库特征

1）土壤种子库密度

土壤种子库密度（即土壤种子库的储量大小）是表示单位面积内土壤中有活力种子的数量（Zobel et al., 2007）。不同土地利用类型和植被环境中土壤种子库的密度有明显差异，在同一植被和不同土地利用类型下土壤种子库密度也存在明显差别（曹子龙等，2006）。这会直接影响研究者取土柱时面积的大小，并在结果中直接反映土壤中储存种子的数量。赵凌平等（2008）对黄土高原草地封育与放牧条件下土壤种子库特征的研究表明，放牧地上坡、中坡、下坡种子密度分别为 1645.4 粒/m^2、2059.3 粒/m^2、2667.2 粒/m^2，封育地上坡、中坡、下坡种子密度为 2792.9 粒/m^2、2737.9 粒/m^2、3193.8 粒/m^2。在同一生境不同恢复措施下土壤种子库密度和物种组成均会增加，研究发现围栏禁牧样地土壤种子库的密度为 4433.3 粒/m^2，围栏外放牧地为 855.6 粒/m^2（程积民等，2006）。

2）土壤种子库空间分布规律

从空间分布看，土壤种子库分为水平分布和垂直分布两种格局，表明储存在土壤中的种子开始和未来的分布与运动状态，是幼苗种群以及种群群落分布格局形成的重要基础来源（莫训强等，2012）。长期研究中，对土壤种子库的水平分布研究较多，不同土地利用类型的土壤种子库中种子的水平分布一般表现为随机分布、均匀分布、集群分布三种主要类型（李洪远等，2009），其中大量研究表明 50%以上的物种种子水平分布呈随机分布（尚占环等，2009）。土壤中种子传播距离的长短主要受到生物入侵、环境因子与其空间的异质性、物种搬运迁移等因素影响，但对于土壤种子库空间格局来说，种子分布范围的大小表明其传播能力的强弱（赵成章和张起鹏，2010）。土壤种子库的水平与垂直分布是物种对空间环境变化做出的反应，种子种群的分布格局及其变化规律具有很高的空间异质性（韩彦军，2011）。

土壤中的种子受到自身的重力作用、动物及人类活动等因素影响，使得土壤种子库具有明显的垂直结构，这些因素作用于植被与种子库的运动变化的各个阶段。刘济明等（2006）对喀斯特封山育林区土壤种子库的研究表明，不同封育年限的土壤，随着土壤深度的加深，种子数量逐渐减少。多数研究表明，在演替早期阶段恢复和重建的草地，种子含量最高位于 0～5cm 土壤表层，而演替后期种子含量则随土层加深而升高，形成植物种群的天然基因库（仝川等，2009；Brown et al., 2003）。

3）土壤种子库动态研究

土壤种子库动态研究主要包括空间和时间两方面，其中在时间动态方面研究较多（高芳，2017）。时间动态常与植物种子所处的生理环境和本身的生理特性有关，种子库时间动态的变化规律受植物种子保存、输入和输出的影响（马红媛等，2012）。研究者将种子库时间动态的影响因子分为 4 类：第一为环境因素，包括气温、水分、光照、土壤条件等；第二为种子本身的生理特性；第三为生物因素，包括动物采食行为、外来物种入侵和细菌等导致种子的霉变等；第四为人为因素，包括放牧、耕作、火烧等（于顺利和蒋高明，2003）。众多学者对土壤种子库的动态因子进行研究，旨在进一步地探索土壤种子库生长规律（马红媛等，2012）。研究认为，植物种的生长和适应周期并不完全相同，统一温控下，土壤中较大比例植物种可在较短时间内萌发，而另一部分植物种中只有小部分继续萌发，剩下的部分处于休眠状态（林金宝，2006）。

还有学者的研究表明，夏冬两季采回和萌发的土壤种子库由于种子自身的生理特性和所处环境的影响，种子库密度、物种组成和多样性不尽相同（孙鹏飞等，2015）。研究发现，植物种的萌发得益于水分合理控制，干旱状态下种子库密度比湿润状态下种子库密度要小（孙鹏飞等，2015；郑云玲，2008）。郑云玲（2008）、白欣（2017）等对不同封育年限草地的研究表明，种子密度随封育年限的增加呈现逐渐上升趋势，地表覆盖物作用于土壤种子库，但种子库的植物种与封育年限无关。陈芙蓉（2012）、何晴波（2017）等研究了干扰方式对土壤种子库的影响，发现相对于人工造林，火烧草丛降低了种子库的密度和物种多样性，优势物种类型单一，但火烧草丛能提高退化草坡种子萌发，有利于促进地表植被的恢复与演替。

1.2.2.8 土壤种子库与地上植被的关系

土壤种子库与地上植被关系一直是种子库研究的重点（池芳春等，2007）。通过对土壤种子库密度、物种组成和物种多样性，以及种子库与地上植被的关系进行研究，可为植物多样性的保护及植被的管理提供理论依据。一些研究发现，土壤种子库和地上植被的关系密切（谭世图，2015），这与地表植被是土壤种子库所含种子的直接来源、植物种能够直接或间接影响地表植被的更新有关（王晓荣等，2010）。当植被生长良好、物种丰富度指数高时，种子库种子数量和种类较多（张建利等，2008）。种子库种子可直接影响地上植物群落结构、组成及物种多样性（程积民等，2008）。青藏高原黑土滩退化草地土壤种子库与地表植被相似性较高（盛丽和王彦龙，2010）。随草地退化程度的加深，禾草种子库密度降低直至消失，不同退化梯度下种子库多样性指数波动趋势基本一致（赵成章和张起鹏，2010）。马全林等（2015）对干旱荒漠白刺灌丛土壤种子库的研究发现，各演替阶段与地表植被的相似系数趋势为先增大后减小，其中稳定阶段的相似性达到极高水平，约为 0.80。吕世海等（2005）对呼伦贝尔草地土壤种子库进行研究发现，不同程度退化沙地土壤种子库群落组成具有一定程度相似性，变化范围为 0.61~0.94。

　　但是一些研究发现，土壤种子库构成与地上植被构成的相关性不大。刘瑞雪等（2013）对丹江口水库消落带土壤种子库研究发现种子库萌发的物种数少于地上植被中的物种数，与地上植被相似性很小。关于衡阳紫色土丘陵坡地土壤种子库的研究表明，不同土地利用模式下土壤种子库相似性较低，指数为 0~0.39（杨宁等，2014）。一些研究发现植被演替后期土壤种子库的组成与其地上植被组成之间相似性较小（李锋瑞等，2003）。周先叶等（2000）对次生演替阶段常绿阔叶林土壤种子库的研究发现，演替初期土壤种子库物种组成与地表植被相似性较高，而演替的其他阶段土壤种子库与地表植被差异较大，仅为 0.10~0.30，造成这种现象的原因可能与土壤种子库的来源和它的记忆功能有关。目前，土壤种子库与地上植被物种组成间的关系还未得出统一结论（张玲和方精云，2004）。

　　综上所述，土壤种子库作为植物存储不可或缺的一部分，能减少植物种群的灭绝，在植物群落的保护、恢复和演替中具有重要作用（吕世海等，2005）。目前，我国关于土壤种子库的研究主要集中在森林、湿地、农田等生态系统，对草地土壤种子库的研究报道较少（杨磊等，2010；王国栋等，2012）。有关草地土壤种子库研究主要集中在种子库大小、物种组成、时空分布与动态变化、种子库与地上植被的关系等方面。生态恢复措施对土壤种子库的影响是通过改变地上植被、土壤理化性质等直接或间接地对土壤种子库的种类组成、空间分布和动态格局产生影响的，但目前对土壤种子库与地上植被物种组成间关系还未做出统一结论（曾彦军等，2003）。随着人们对退化草地研究的深入，有关草地生态系统土壤种子库特征还需进一步研究。

1.2.2.9　不同土地利用方式对土壤物理性质的影响

　　土壤的物理性质是影响土壤肥力的内在条件，是综合反映土壤质量状况的重要组成部分，因此了解不同土地利用方式下土壤物理性质的差异是合理利用土地资源、优化土地利用方式的前提（张源沛等，2009；任婷婷等，2014）。

　　土壤容重是土壤主要的物理性质之一，对土壤的透气性、持水性能以及土壤的抗侵蚀能力有着重要的影响（周李磊等，2016；郑纪勇等，2004；耿韧等，2014）。Bennett 等（2000）研究表明，随着土壤容重的增加，细沟土壤的可蚀性降低。不同土地利用方式对土壤容重有显著的影响（刘讯等，2014），且随着年限的增加显著下降（张晋爱等，2007）。高慧等（2010）对不同种植年限土壤耕作层容重进行研究，结果表明，随着年限的增加，土壤容重呈现下降趋势。张学权（2017）对不同植被恢复措施下土壤容重进行研究，结果表明不同植被恢复类型对土壤容重的改良效果明显不同。李侠（2014）对不同封育年限宁夏荒漠草原土壤容重进行研究，结果表明不同封育年限对土壤容重差异的影响不明显。

土壤颗粒组成不仅是土壤养分、水分截留和运转的决定因素，也影响植被生产力和生态恢复进程，是土壤最基本的物理性质之一（Zhao et al.，2016）。定量描述土壤颗粒组成是土壤形成过程和土壤结构的重要内容，因此，分形理论的提出为研究土壤异质性提供了重要方法（阎欣和安慧，2017）。分形维数是判断土壤质地的重要因素，可以反映土壤的肥力、侵蚀和退化程度（杨培岭等，1993；王德等，2007；吕圣桥等，2011）。在水蚀较严重地区，土壤中的细颗粒容易受水蚀而流失，不同土地利用方式对水土流失的拦截作用不同（Basic et al.，2014），因此土壤粒径分布特征可以反映土地利用状况对土壤的侵蚀。刘梦云等（2005）以宁夏固原上黄为研究对象，研究了灌木林地、农地、天然草地、果园和人工草地 5 种不同土地利用方式下土壤颗粒组成及其分形特征，结果表明不同土地利用方式下土壤黏粒含量与土壤分形维数呈极显著正相关，即黏粒含量越高，其分形维数就越大；不同土地利用方式下土壤颗粒分形维数天然草地最高，人工草地最低。阎欣和安慧（2017）研究了宁夏荒漠草原沙漠化过程中土壤粒径分形维数的变化特征，结果表明草原沙漠化对土壤分形维数的影响显著。王德等（2007）以黄土丘陵沟壑区为研究对象，研究了林地、灌木地、退耕还林地、梯田和草地 5 种不同土地利用方式下土壤颗粒组成的分形发现：土壤颗粒组成的分形维数与土壤细颗粒含量呈正相关关系。巨莉等（2011）对三峡库区林地、果园、菜地和水田 4 种不同土地利用方式下土壤颗粒分形维数进行研究，结果表明不同土地利用方式之间的分形维数存在差异，表现为林地最低。

土壤孔隙度是土壤重要的物理性质之一，对土壤的质地、紧实度和通透性具有影响。土壤孔隙度是土壤潜在的蓄水能力和调节降水能力的有力表现，孔隙度的增大有利于土壤水分的渗透（程光庆，2016）。土壤的持水性是指土壤吸持水分的能力。在能被植物利用的有效水分范围内，土壤所吸持的水分是由土壤孔隙的毛管引力和土壤颗粒的分子引力所引起的，这两种力统称为土壤吸力，或基质吸力，它相当于土壤总水势中的基质势。土壤吸力与土壤水分的关系，可由土壤水分特征曲线（又称为土壤持水曲线）来表征，它既可以表现土壤保持水分的状况，又反映了土壤水分的数量与能量之间的关系（雷自栋等，1988；杨弘等，2007），是研究土壤持水特性的重要资料。土壤的持水性也可用土壤饱和持水量、毛管持水量、田间持水量等水分常数进行定性描述（雷自栋等，1988）。土壤有机质含量、黏粒含量、比表面积及孔性等是影响土壤持水性的重要因素（武天云等，1995），同时它们又受到诸多因子的影响，如地表植被覆盖、地形、人为或自然的扰动等。

刘艳丽等（2015）对黄河三角洲不同土地利用方式下土壤物理性质进行研究，结果表明，不同土地利用方式下土壤孔隙度差异显著。孙昌平等（2010）对甘肃祁连山祁连圆柏林、高山灌丛林、青海云杉林和牧坡草地 4 种不同林地类型土壤孔隙度和持水量进行研究，结果表明青海云杉的总孔隙度最大，牧坡草地的最小；

最大持水量表现为高山灌丛林最高；不同林地类型土壤非毛管孔隙度持水量差别较大，依次为青海云杉林>高山灌丛林>祁连圆柏林>牧坡草地。李翔等（2016）研究了不同水土保持措施下土壤孔隙度的变化，结果表明不同处理下 0~40cm 土壤孔隙度和持水量差异不显著。

1.2.2.10　不同土地利用方式对土壤团聚体的影响

土壤整体上是一个分散多孔体系，在植被生长过程中作为多孔的生长介质，用来供应植被生长所需的水分、养分和空气（刘文利等，2014）。土壤团聚体是指直径为 0.053~10mm 的疏松多孔、类似球形、具有水稳定性的小团块和团粒，其数量和稳定性易受环境变化和人为活动的影响（刘梦云等，2005；梁爱珍等，2009）。土壤团聚体是土壤结构的基本组成单元（Cosentino et al.，2006），其含量、分布和稳定性影响土壤孔隙度和水分在土壤结构体中的运动方向与途径（Yoder，1936）。有研究表明土地利用方式对土壤结构稳定性有一定的影响（周萍等，2008）。

土壤是具有不规则形状和自相似结构、具有一定分形特征的介质（刘文利等，2014）。土壤团聚体的状况是影响土壤肥力的重要因素，是土壤肥力的中心调节器，在一定程度上影响土壤的通气性和抗蚀性（吴承祯和洪伟，1999；骆东奇等，2003）。团聚体的形成和变化过程是由多种因素综合作用的结果，有研究表明土壤团聚体性状有明显的分形特征（Young et al.，2001）。分形维数能够深层次地描述、研究和分析自然界中普遍存在的不规则与随机的现象（缪驰远等，2007）。土壤团聚体分形维数能够反映团聚体含量对土壤结构稳定性的影响趋势（赵勇钢等，2008）。一般情况下，团聚体分布的分形维数越小，土壤越具有良好的结构和稳定性（Gao et al.，2007）。刘文利等（2014）研究不同种植年限下果园土壤团聚体的分布特征，结果表明随着年限的增加，土壤机械团聚体和水稳性团聚体分形维数均呈下降趋势。李阳兵和谢德体（2001）研究不同土地利用方式对岩溶山地土壤团聚体的影响，结果表明不同土地利用方式下土壤水稳性团聚体差异显著。蔡立群等（2012）研究了不同退耕模式对土壤团聚体分形特征的影响，结果表明坡耕地模式下土壤团聚体分形维数显著高于其他模式。平均重量直径（MWD）和几何平均直径（GMD）是反映土壤团聚体大小分布状况的指标，MWD 和 GMD 值越大，土壤团聚度就越高，土壤结构稳定性就越好，抗侵蚀能力越强。刘文利等（2014）研究表明，随着种植年限的增加，土壤平均重量直径（MWD）和几何平均直径（GMD）增大。

土壤团聚体是土壤有机碳的主要存在场所，其稳定性影响土壤有机碳的循环（Evelyn et al.，2003）。由于土壤覆盖物的增加，减少了土壤有机碳及其他养分的流失，随着时间的积累，土壤小团聚体经过复杂的物理化学反应形成大团聚体，因此大团聚体的有机碳含量占绝对优势（谢锦升等，2005）。孙杰等（2017）研究退化草地植被恢复对土壤团聚体有机碳含量的影响，结果表明，土壤有机碳主要集中在大团聚体中，只有 7.2%～14.0%存在于微团聚体中。Schwendenmann 和 Pendall（2006）对巴拿马森林土壤团聚体有机碳进行研究，结果表明团聚体有机碳主要集中在 250～2000μm 粒级的团聚体中。

1.2.2.11　不同土地利用方式对土壤化学性质的影响

土壤有机质是土壤重要的物质组成基础，是植物有机营养和矿物营养的源泉，虽然不能直接被植物吸收，但是是营养元素的主要场地。有机质可改善土壤的物理性质，促进土壤团粒结构的形成，改善土壤结构（岳庆玲，2007）。土壤有机质可直接影响土壤保水保肥能力，是良好的土壤缓冲剂（单秀枝等，1998），对有机质的早期预测有利于土壤质量的管理。李东等（2009）对紫色丘陵区旱地、撂荒地、人工林和水田 4 种不同土地利用方式下土壤有机质进行研究，结果表明不同土地利用方式下土壤有机质含量不同，其中旱地最低。张法伟等（2009）对青藏高原高寒草甸不同土地利用格局下土壤有机质含量进行研究，结果表明放牧和人工种植降低了土壤有机质含量。王清奎等（2005）通过对地带性常绿阔叶林、农田、杉木人工林和竹林等不同土地土壤有机质含量的研究，发现土地利用方式对土壤有机质含量影响差异显著。

氮是植物所必需的营养元素，是土壤肥力的重要物质基础之一，主要来源于动植物残体的分解和土壤中微生物的固定（岳庆玲，2007）。土壤全氮包括所有形式的有机氮与无机氮，综合反映土壤氮素状况。有研究表明土壤中的氮素含量不仅与腐殖质含量有关，还与植被状况、土壤质地和利用方式有关（岳庆玲，2007）。放牧草地实施禁牧封育后，全氮含量显著提高（高君亮等，2016；Mekuria and Aynekulu，2013）。刘文娜等（2006）研究了不同农业用地方式下土壤全氮含量，结果表明不同利用方式下土壤全氮含量差异显著。王平和孙涛（2014）研究了围栏、禁牧和毒杂草防除等 3 种不同恢复措施下土壤理化性质的变化，结果发现不同恢复措施下土壤全氮含量差异显著。

土壤磷素是影响土壤肥力的重要因子之一，在土壤形成过程中，土壤磷素的风化、富集和淋溶受多种因素共同影响，其中土壤有机质含量为重要影响因子，有机质含量较多时，土壤磷素含量一般也较丰富。肖波等（2011）研究表明，退耕地复垦后，土壤全磷含量降低。王凯博等（2012）对不同植被恢复类型黄土高原土壤理化性质进行研究，结果表明不同恢复措施下全磷含量差异明显。黄宇等（2004）研究不同人工林生态系统土壤质量，结果表明不同模式下土壤全磷含量无明显差异。

土壤钾在植物中有重要的作用，与植物的碳化合物形成及光合强度的高低有着密切的关系，同时钾对蛋白质的合成有很大的影响，可以促进氮素进入植物体内（张健等，2007），耕作等措施能改变钾素的供应水平。张健等（2007）对区域土地利用方式下土壤钾进行研究，结果表明不同土地利用方式下土壤速效钾含量差异显著。陈祖雪和谢世友（2009）对流沙河流域不同生态恢复措施下土壤钾素进行研究，结果表明土壤速效钾含量为耕地>林地>园地。

　　土壤有机碳和全氮是土壤养分的重要组成部分，全球土壤碳库中，有机碳储量占62%，约为大气碳库的2倍、为陆地生物量的2.5倍（潘根兴等，2002；Lal，2004）。草地土壤有机碳和全氮可直接影响整个草地生态系统碳、氮的稳定性和持续性，对全球碳循环及氮循环、缓减温室效应有深远的影响（杨帆等，2016）。已有报道发现草地利用方式对土壤有机碳和全氮含量影响显著（钟华平等，2005），耕地演替为草地后，土壤有机碳和全氮储量显著提高（Mensah et al.，2003）；晋西北黄土丘陵区人工林可显著提高土壤碳氮储量（董云中等，2014）。放牧是对草原影响最广泛的土地利用方式，长期连续放牧使土壤有机碳和全氮储量降低，导致土壤有机碳、全氮流失，草地土壤生产力下降（李文等，2016）。封育是退化草地植被恢复的主要措施之一，有研究表明封育后植被恢复可使草地土壤有机碳和全氮得以累积，长期封育下，典型草原土壤有机碳和全氮储量明显提高（李建平等，2016b）；封育、浅翻耕等恢复措施下退化草原土壤有机碳和全氮储量均有明显提高（李雅琼等，2016）。

　　土壤碳固持是缓解化石燃料燃烧和植被转化而造成大气 CO_2 浓度增加的有效的自然策略（Lal，2004），因此加强草地土壤有机碳固持过程和机制的研究对理解草地生态系统碳平衡非常关键。何念鹏等（2011）研究了长期封育对不同类型草地碳氮固持速率的影响，结果表明，长期封育明显提高了草地碳氮固持量；李建平等（2016a）研究表明，封育和弃耕地均明显提高土壤碳氮固持量。

1.2.2.12　不同土地利用方式对土壤生物学特性的影响

　　土壤微生物和土壤酶是土壤中具有生命力的重要组成部分，虽在土壤中占的比例很小，但对土壤中的物质转化和能量流动有着重要影响（张海燕等，2006），是土壤养分的储存库和肥力的活指标（赵彤等，2013），常被作为判断土壤质量和土壤性状恢复的重要指标（蔡晓布等，2007）。土地利用作为人类管理土地各种活动的综合反映，是影响土壤性状的最普遍因素（徐敏云等，2011；赵锦梅等，2012）。在全球草地生态退化的背景下，生态恢复过程中草地土壤性状的变化引起了广泛关注（韩新辉等，2012）。土壤微生物不仅受地上植被的影响，还通过自身性质的改变反作用于植被，与植被形成相互作用（Shipra et al.，2009）。

　　土壤微生物类群主要包括放线菌、细菌和真菌三大类，有研究发现细菌数量最多，放线菌次之，真菌最少（高雪峰等，2007；姚拓等，2006）。不同土地利用方式下由于土壤水热条件、肥力状况和生产力不同，因此土壤微生物区系组成和数量也有所不同。放牧、封育和水平沟等生态恢复措施对草地植被的干扰不同，导致了土壤性状和微生物特征存在差异（沈艳等，2012）。内蒙古锡林郭勒的退化草地经过围栏封育后，土壤微生物数量明显提高；适度放牧有利于微生物生长（苏明等，1997）。闫晗等（2011）研究了海州露天煤矿在人工林地、天然草地和工程复垦 3 种不同修复措施下土壤微生物数量，结果表明修复地土壤微生物数量显著高于荒裸地，人工林地土壤微生物数量高于其他处理。

有研究表明，微生物各类群生物量比例明显不同于数量比例，东北羊草草原土壤细菌占绝对优势，但其微生物生物量很小，真菌生物量所占比例最大，约为49.52%（郭继勋和祝廷成，1997）。因此，仅用土壤微生物数量来衡量其在草原土壤中的作用可能有点片面（张成霞和南志标，2010）。土壤微生物生物量是土壤转化和循环的动力，能够参与有机质的分解、腐殖质的形成等过程，对了解土壤肥力、养分有重要的意义（薛菁芳等，2007）。川西北不同恢复年限沙化草地土壤微生物生物量碳含量差异显著（彭佳佳等，2014）；呼伦贝尔羊草草甸草原在放牧、围封和刈割利用方式下，土壤微生物生物量差异显著（郭明英等，2012）；黄土丘陵区在撂荒地、人工草地、天然草地和灌木林地 4 种不同恢复措施下，微生物生物量有明显差异（从怀军等，2010）；成毅等（2010）对宁夏固原农地、天然草地、撂荒地和不同年限柠条林地的土壤微生物生物量进行了研究，结果表明 23 年的柠条林地土壤微生物生物量较高。

土壤酶是土壤微生物及动植物活体分泌、残体分解而释放在土壤中的催化剂，其活性能体现土壤中各种生化反应过程的程度和方向（朱丽等，2002）。早在 1963年，德国学者就把土壤酶活性作为衡量土壤活性和生产力的指标（Herbert，1975）。目前，对土壤酶活性研究较多：相对于裸地自然恢复模式，滇东石漠化地区采取的灌丛、针叶林、阔叶林生态恢复模式使土壤酶活性增加（舒树淼等，2016）；围封措施显著提高了鄂尔多斯高原温性荒漠草原土壤微生物数量和土壤酶活性（罗冬等，2016）；露天矿排土场通过工程复垦、人工种植林地和天然草地恢复措施后，土壤酶活性显著提高（闫晗等，2014）；王光华等（2007）研究了休闲裸地、黑土自然恢复和种植作物 3 种不同土地管理方式下土壤酶活性的变化，发现试验区 0～10cm 土层土壤酶活性均以自然恢复最高，且在自然恢复处理下，土壤酶活性均随着土层的加深呈下降趋势。薛萐等（2011）对干热河谷 7 种不同土地利用方式下土壤酶活性进行研究，结果表明土地利用方式对土壤酶活性影响显著，且脲酶、蔗糖酶和磷酸酶的总体变化规律相似。可见，不同土地利用方式对土壤微生物和酶活性影响显著。

1.2.2.13 非饱和土壤水分运动参数

非饱和土壤水分运动参数主要包括非饱和导水率（K）、水分扩散率（D）和比水容量（C）。导水率又称为水力传导度，是指单位水力梯度下的土壤水分通量。土壤水分扩散率是指不计重力影响时，水流通量与含水量梯度的比值，亦即单位含水量梯度下的土壤水流通量。比水容量是指土壤含水量随土壤基质势的变化率（雷自栋等，1988）。

非饱和土壤水分运动参数均与含水率有关，为土壤含水率的函数，常分别写作 $K(\theta)$、$D(\theta)$ 和 $C(\theta)$。目前，确定参数的方法主要有直接测定法和间接推求法。直接测定法在概念上较为清晰，但耗时、昂贵，且精度取决于测量手段和测量人员的熟练程度；间接推求法可以较为容易地获取整个土壤含水量范围内的导水等特性，能够提供参数不确定性信息，但存在的收敛性及参数唯一性问题，也限制了这些方法的广泛应用（邵明安等，2000）。除含水率外，影响非饱和土壤水分运动参数的因素还有土壤质地、结构、植被等。

1.2.2.14 土壤入渗

土壤水分入渗是指落到地面上的雨水从土壤表面渗入土壤形成土壤水的过程，它是降雨-径流循环中的关键一环，也是水在土体内运行的初级阶段（蒙宽宏等，2006）。研究这一问题在减少地表径流、增加土壤入渗、防止土壤侵蚀和搞好生态环境建设等方面具有重要的理论意义和现实意义。入渗过程是非饱和土壤水分的运动过程，属于入渗流理论的研究范畴，其基础为法国工程师 Darcy 提出的达西定律。目前，土壤水分入渗动态研究主要集中在 Green-Ampt 模型的修正以及 Philip 和 Parlange 入渗方程的求解两方面。

我国在土壤入渗方面也做了大量的研究。刘贤赵和康绍忠（1997）对黄土高原沟壑区小流域土壤入渗分布规律进行了研究，探讨了不同地貌耕作措施、初始土壤含水率、积水深度等因素对土壤入渗的影响。野外土壤积水入渗过程中，土体内任一深度处土壤含水量的变化一般经历稳定不变、缓慢上升、急剧上升和再稳定 4 个阶段（李裕元和邵明安，2004）。不同土地利用类型的土壤每一阶段所经历的时间长短不同，积水深度越大，土壤剖面含水率、入渗量变化越明显，湿润锋的推移也越快。刘贤赵和康绍忠（1998）研究发现土壤入渗含水率在垂直剖面上有明显的拐点，即有明显的土壤水零通量面存在，随时间推移零通量面位置下移（刘贤赵和康绍忠，1998）。

土壤利用方式不同，其入渗速率存在较大差异（杨艳生等，1984；Eigle and Moore，1983）。黄土高原丘陵区实施的鱼鳞坑、水平沟整地措施对原状土进行了不同程度的扰动，改变了地形特征，进而影响土壤水分入渗性能。张永涛等

（2001）报道工程措施（水平沟、修筑隔坡梯田等）可明显影响土壤入渗，且不同类型的坡地入渗速率也有差异（老梯田>坡耕地>新梯田）（张永涛等，2001）。水平梯田大豆地、沟垄耕作地的入渗性能比普通耕作地要好（康绍忠等，1996）。强化降水入渗和削减坡面产沙量强弱顺序是水平梯田>隔坡梯田>水平沟种草>水平沟草粮等高带状间作>水平沟种植谷子>传统种植谷子>休闲地（石生新和蒋定生，1994）。赵西宁等（2004）研究表明，耕作管理措施可明显增加坡面土壤的水分入渗，在相同入渗时间情况下，土壤稳渗速率大小顺序为等高耕作>人工掏挖>人工锄耕>直线坡，在中小坡度和中小雨强条件下，这种特征表现更为显著。

影响土壤入渗的因素还有土壤质地、容重、含水量、地表结皮、水稳性团粒含量等。马雪华（1993）报道影响森林土壤渗透性的因子大小顺序依次是非毛管孔隙度、土壤初始含水量、坡度和水稳性团聚体，而与土壤容重和总孔隙度相关性很小（马雪华，1993）。苏联学者认为土壤渗透系数与土壤容重关系最为密切，其次是土壤总孔隙度，土壤初期含水量对土壤渗透速率有很大影响。蒋定生和黄国俊（1984a）认为土壤入渗能力主要与土壤机械组成、水稳性团粒含量、土壤容重有关。土壤质地愈粗，透水性能愈强。Helalia（1993）认为土壤结构因子与稳渗率的关系明显，特别是有效孔隙率与稳渗率的相关性非常显著，达极显著水平。

结皮可使土壤的入渗能力急剧衰减。Eigle 和 Moore（1983）的研究表明，土壤结皮对裸地入渗的影响超过了其他因素的影响。江忠善（1983）、王燕（1992）认为雨滴动能是影响土壤表层结皮的重要因素。Baunhardt 在 1990 年建立了以 Richards 方程为基础的假定结皮厚度为 5cm 的数值模型。王玉宽（1991）认为随着雨强的增加，稳定入渗速率有增大的趋势。土壤初始含水率的状况，直接影响着降雨后土壤水分入渗状况。Bodman 和 Colman（1944）认为在入渗初期，随着含水率的增加，土壤入渗速率减小，随着时间的延续，含水率对入渗的影响变小，最终可忽略。解文艳和樊贵盛（2004）认为土壤累积入渗量随土壤含水量的增加而减小。关于土壤水分入渗与坡度的关系，不同学者得出的结论不尽相同（蒋定生和黄国俊，1984b；吴钦孝和韩冰，2004）。

1.2.2.15 SPAC 中的水分运动

1960 年 Gardner 开始将土壤-植物-大气作为统一整体来研究。1966 年 Philip 将该系统定名为土壤-植物-大气连续体（soil-plant-atmosphere-continuum，SPAC），并认为水流总是从高位能流向低位能，"水势"概念在土壤、植物及大气中同等有效。由于采用统一的能量表示方式，推动了对 SPAC 中水分传输和能量转化动态过程及相关内容的研究工作。目前 SPAC 中的水分问题已经成为土壤物理、土壤化学、植物生理、水文地质、环境生态及盐碱地改良等研究的重要组成部分。目前田间土壤水分循环和平衡、土壤-植物水分关系及 5 水（地下水、土壤水、地

表水、植物水和大气水）转化的研究都以 SPAC 理论为基础。我国学者在 SPAC
研究方面也做了大量工作，如刘昌明和窦清晨（1992）关于 SPAC 系统的蒸散发
计算，康绍忠和刘晓明（1992）关于 SPAC 水分传输的计算机模拟，随着物理模
型的概括导出了本质上一样、形式上有所差别的各种方程等（冯广龙和罗远培，
1998；吴擎龙和雷志栋，1996）。水分在 SPAC 各子系统内部及各子系统间的联
系等研究成果层出不穷（康绍忠和刘晓明，1992；刘昌明和丁护宁，1996；罗远
培和李韵珠，1996；邵明安和黄明斌，2000）。Englehardt 和 Stromburg（1992）
建立了一系列水文-植被模型，来预测干旱区水分变化时植被特征的变化。
Bastiaanssen 等（1997）结合野外试验和遥感技术对干旱区近地面层的水分运动
进行了研究。Wang 和 Takahashi（1999）将一个陆地水亏缺模型应用于一个大尺
度下的异质性干旱和半干旱地区，利用它模拟了潜在及实际土壤水分蒸散量的
季节和空间变化，还发现了一些地区正面临荒漠化的威胁。土壤-植物-大气连续
体系在干旱区水分循环研究中的应用（John et al.，2003；Martha et al.，2003；
徐军亮等，2003），为生态退化地区的植被恢复提供了理论依据。

1.2.2.16 坡地产流和土壤水分再分配

土壤水分是作物生长、植被恢复和生态环境建设的关键性限制因素
（Rodrigue，2000）。在严重土壤侵蚀和频繁干旱并存的黄土高原地区，如何有效
拦蓄径流、促进降雨入渗是该地区生态环境建设和农业可持续发展的关键（陈洪
松等，2005a；陈洪松和邵明安，2003）。

1）坡地产流

围绕坡面降雨入渗产流，国内外众多学者做了大量的相关研究，在降雨产流
机制、降雨-入渗-产流过程的影响因素及模拟等方面取得了许多重要的成果
（Philip，1991；Jackson，1992；张光辉和梁一民，1995；黄明斌等，1999）。坡
度、土壤初始含水率、降雨强度等因素影响着坡地产流。陈洪松等（2005b）研究
表明裸地因降雨易产生地表结皮，产流时间主要取决于降雨强度；荒草地产流时
间主要取决于土壤初始含水量；与裸地相比，荒草地能延缓产流，并有效拦蓄径
流；裸地形成地表结皮后，产流提前，平均入渗率降低；坡面覆盖杂草能有效拦
蓄径流、延缓产流、增加入渗、促进土壤水分向深层运移。高军侠等（2004）利
用人工模拟降雨试验，统计分析了黄土高原坡面超渗径流特征。初始含水率越高，
产流越快，平均入渗率越小，达到稳定入渗率的时间也越短（陈洪松等，2006）。
王占礼等（2005）对黄土裸坡降雨产流过程的研究表明坡度、坡长及降雨强度对
坡面径流深的综合影响可用多元线性相关方程进行描述，其中，降雨强度对坡面
径流深的影响远大于坡长及坡度因子。Sauer（2002）在人工径流场利用水量平衡
方法分析了坡地单元的地表特征、暴雨特性等因素与产流的相互关系。郑子成等

（2006）报道，在相同降雨作用下，坡度对土壤侵蚀的影响表现为光滑地表>中等粗糙地表>粗糙地表，但在不同地表条件下，坡度与侵蚀和径流的相关性表现不同。贾志军等（1987）研究了土壤含水率对坡耕地产流入渗的影响。

　　土地利用也会对坡地径流产生影响。由于植被的存在，改变了土壤的理化性质，土壤容重减小，孔隙度增加，团聚体含量升高，从而使土壤的渗透性能和抗冲性能得到提高（Waldron and Dakessian，1981；Reid and Goss，1987；Cresswell and Kirkegaard，1995）。草地利用方式下，由于地面植被和地下根系的作用，增加了水分渗透，并固持了土壤，从而减少了径流量和侵蚀量（字淑慧等，2005；邓玉林等，2005）。熊运阜等（1996）通过分析黄土丘陵区野外径流资料得出土壤流失率随着草地覆盖度的减少呈指数增加趋势，尤其是平水年较丰水年和枯水年增加趋势更为显著。据赵焕胤等（1994）对内蒙古黄土区林地、牧草地和裸露地径流量 4 年实测资料的分析，得出三者的年径流系数分别是 3.0%、4.0%、18.2%，说明草地对径流的调控拦蓄作用明显。马三宝等（2002）通过测定黄土丘陵区不同草类径流小区的径流量得出，与裸露地相比，不同草类覆盖可使径流量减少1/2～2/3。水保耕作法的减水效益较大，在 50%以上（郝建忠，1993；陈中方，1985），并且可提高土壤稳定入渗率、增加土壤含水量、延缓地面产流时间、降低坡面径流流速（李鸿杰和黄冠，1992；石生新和蒋定生，1994；张兴昌和卢宗凡，1994；王健和吴发启，2005）。Basic（2001）分析了不同耕作方式下的径流及土壤流失。周立花等（2006）研究了淤地坝对土壤含水量及地表径流的影响。张永涛等（2001）研究表明，在相同条件下，坡改梯后坡地径流总量的69%被梯田拦截，坡改梯后降低土壤侵蚀量的作用明显。吴家兵和裴铁璠（2002）报道坡改梯后，可拦蓄 70%～95%的地表径流。梯田对径流的影响除与当地特定的地形地貌条件有关外，还与当地的降水量和降水强度、产汇流条件，以及水保措施的质量等因素有关（康玲玲等，2006）。李淼等（2005）认为加快实施黄土高原沟壑区水土保持措施对于保水减沙具有明显的效益，有利于黄土高原生态环境建设和农业可持续发展。

　　2）土壤水分再分布

　　陈洪松等（2005a）研究了上方来水对坡面降雨入渗、湿润锋运移以及土壤水分再分布的影响。结果表明对于初始含水量很低的土壤，上方来水时降雨入渗过程中入渗率有一个上升的阶段，但平均入渗率反而降低；在降雨入渗初期，上方来水对坡面湿润锋运移的影响较大，湿润锋的运移主要与基质势梯度有关，土壤水分沿坡面呈"波浪形"分布是坡面径流的波动性、上方来水（径流）的沿程入渗以及侧向沿坡向下流等综合作用的结果。李毅和邵明安（2006）在典型黄土坡地以雨强为主要影响因素，分析了降雨入渗及水分再分布过程中水土物质迁移的定量关系，发现雨强变化对黄土坡面降雨入渗及土壤水分再分布的微观水分运动过程具有重要影响, 再分布湿润锋与时间也存在定量关系, 雨强越大, 坡面再分布过程中的土壤含水量在各层的差异和递减趋势越明显。当初始含水率均匀分布时, 降雨入渗和再分布过程中湿润锋面平行坡面垂直向下整体运移, 当初始含水率非均匀分布时, 初始含水率越高, 再分布过程中湿润锋的运移速率越大, 且土壤水分再分布过程中有沿坡向下运移的趋势(陈洪松等, 2006)。对于梯田, 其横断面的水分分布规律为, 近地面部分的土壤水分较中部内部少, 土壤含水量的变化受坡向、坡位、降水和蒸散变化等因素影响, 阴坡梯田土壤含水量高于阳坡梯田, 切土部位高于填土部位(叶振欧, 1986; 曲继宗等, 1990; 杨开宝和李景林, 1999)。

在坡地非饱和土壤中, 由于土壤透水性随深度增加逐渐减少, 入渗雨水可能沿土层界面流动而形成壤中流。壤中流是指入渗水分在土壤中的流动, 包括垂直下渗和侧向沿坡下流, 对土壤水分再分布和流域径流的产生过程有重要作用(陈洪松等, 2006; 邵明安等, 1999), 研究其运动与转化规律具有重要的现实意义。在有径流产生的情况下, 水平沟可获得比封育草地明显多的水分, 水平沟土壤水分就会与其上下两侧的封育草地土壤水分形成水势梯度, 水势梯度和重力等因素的作用会对水平沟土壤水分再分布产生影响, 但有关水平沟拦蓄径流后土壤水分再分布的研究报道较少, 还需进一步研究。

1.2.2.17　土壤水分动态和平衡

在干旱地区草地生态系统中, 水分与植物的大多数性质和过程都有密切关系, 水的时空有效性是决定生态系统结构与动态的重要因素(Sela, 1992)。充分合理地利用有限的水资源, 对提高生物多样性、防止草地退化及合理开发利用草地资源有着重要意义, 而研究草地生态系统水资源状况、水分特点以及水量平衡规律等一系列问题则是关键。

黄土高原土壤水分季节性变化受该地区降雨的强烈影响, 从总趋势上看, 土壤水分季节性变化与当地气候的季节性变化, 尤其是降雨的季节性变化基本是一致的。同一地区不同年份降水及降水期的长短都有差别, 从而造成年际土壤水分动态变化的差异, 总体上土壤平均含水量年际变化与年降水量年际变化一致(Yang et al., 2001)。黄土高原土壤含水量明显分为干、湿两季, 土壤水分年内变化可划分为 4 个时期: 春季土壤水分缓慢蒸发期、旱季土壤水分严重亏缺期、雨季土壤水分补偿期、冬春土壤水分相对稳定期(贾志清和宋桂萍, 1997)。徐学选等(2003)在多点土壤水分调查数据分析的基础上, 认为降水格局是黄土丘陵区典型区域土壤水分具有南、北坡向变化特征的主导因子。热量、地貌、植被等的不同组合使得土壤水分发生地块尺度的分异。在地块尺度内, 则由于地貌、植被、土地类型等因素, 土壤水分一般表现为: 坡下部>坡中部>坡上部; 阴坡>半阴-半阳坡>阳坡；隔坡梯田好于梯田；植被不同会造成土壤水分差异。由于影响土壤水分的因素之间存在复杂的关系，其分布的差异性随季节、土壤层深度等不同而在表现程度上具有差异性。

土壤水分的存储在黄土高原不同地形有明显的分异特征。峁顶不同层次的土壤湿度一般低于峁坡相应层次的测定值，此种情况主要是由于峁顶处于地形最高部位，风力强，蒸发强烈，以及水分来源的差异。即使在同一峁坡，由于受降水沿坡面再分配的影响，坡面的上、中、下部土壤湿度也不一致。蒋定生等（1997）的研究发现，自坡顶至坡脚土壤湿度呈现出逐渐增高的趋势，在半干旱黄土丘陵区的雨季末期，坡顶部 2m 土层的储水量为 354.4mm，坡中部为 387.6mm，坡脚为 416.5mm。可见，峁坡中、下部的土壤水分条件要优于峁顶。

坡向与坡度也是影响黄土高原土壤水分存储特征的重要因素。不同坡向太阳辐射强度不同，造成能量吸收不同，从而导致土壤储水状况和失水强度的差异。根据在陕西杏子河流域的调查（邹厚远等，1994），东、西、南、北各坡向不同土层的储水量有明显差异。北坡与西坡 2m 土层的储水量明显高于南坡与东坡的测值，其中南坡相应土层的储水量最低。韩蕊莲和侯庆春（2000）测定旱季末延安地区 5m 土层平均含水量，阴坡为 9.8%，阳坡则为 6.1%，二者相差 3.7 个百分点。坡度对土壤水分储量的影响也是研究黄土高原不可忽视的因素。张继敏等（1999）、杨恒等（1999）在安塞分别对坡向、坡位的气候差异进行了系统研究，认为不同坡向坡面接收的太阳辐射能量值存在较大差异，使得阳坡较阴坡土壤蒸发强，产生土壤水分的坡向差异性，阳坡水分少于半阴-半阳坡，更少于阴坡。坡位的高低也是土壤水分产生差异的原因，由于高坡位处接收辐射能较多，空气湿度偏低，一般蒸发力大，土壤水分较低。从上述讨论可见，黄土高原坡向和坡度对土壤水分的储量影响显著。因此在林草建设中，应注意配置适宜的植被类型，以利于提高有限水分的利用率。

热量、土地利用、地貌特征等也是影响土壤水分差异性的重要因子。余新晓等（1996）、王力和邵明安（2000）、杨文治（2001）认为高生产力、高耗水植被利用水分多，土壤水分由于累积亏损，差异会很明显。杨新民（2001）分析了黄土高原灌木林地的土壤水分循环过程、大气降水分配特点，揭示了灌木林蒸腾耗水特征及土壤水分动态趋势，总结了沙棘、柠条灌木林地土壤水分平衡规律。付华（1997）研究了各类草地土壤水分的时间和垂直变化规律。张北赢等（2006）研究发现，农林草地土壤水分剖面（0～4m）存在显著差异，平均土壤含水量由高到低依次为：旱农坡地>草地>柠条灌丛>果园>黄刺玫灌丛>刺槐，与旱农坡地对照分别相差 2.04%、2.27%、4.75%、4.8%和 5.68%，不同植被类型下土壤剖面低湿层不同，乔灌地低湿层深度较农地和草地深；土壤水分剖面形态与分层特征受植被利用作用显著。刘寿东和戴艳洁（1998）利用土壤水分平衡参数模拟方法，建立了内蒙古草地 0～50cm 土层土壤水分动态监测预测模式。

一方面，土壤含水率的时空差异对土地利用有重要影响（张军涛等，2001），另一方面，土地利用方式的不同又会导致土壤含水率不同的空间变异特性（Gerd et al.，2003；Cerda，1998）。许多学者对坡面土壤含水率空间变异性进行了研究，朱首军等（2000）对农林复合生态系统土壤水分空间变异性和时间稳定性进行了研究。刘春利等（2005）用统计学方法，对黄土高原神木水蚀风蚀交错带退耕坡地土壤含水率空间变异性及其影响因子进行了研究，表明土壤含水率在垂直剖面方向、坡长方向及垂直于坡长方向均具有不同的变异特征。潘成忠和上官周平（2003）对黄土半干旱丘陵区陡坡地土壤含水率的空间变异性进行了研究，表明陡坡坡面土壤含水率在垂直方向、沿坡长方向都存在不同的变化规律，而地统计学对有浅沟微地形存在的陡坡坡面土壤含水率变异特征不能进行很好地描述。从上述研究可见，对不同土地利用方式下土壤含水率空间变异性的对比研究相对较少。

水量平衡问题历来都是水文科学研究的重要问题。由于水量平衡问题涉及几乎所有的水文要素，因此各种条件下的水量平衡确定与计算相当困难。大量水量平衡研究成果主要集中在较大区域或范围的水量平衡与水资源分析方面（曲耀光，1992），对于中小尺度水量平衡的研究是近些年来发展比较迅速的领域，已取得了一些研究成果。关于土壤水分平衡问题，特别是关于受灌木、草本影响的土壤水量平衡研究还处于开始阶段，研究成果甚少。水分是黄土高原生态环境建设中植被恢复的重要限制因子。土壤含水量是降水、冠层截留、植物蒸腾、土壤蒸发、地表径流、地下渗漏等多种因素综合作用的结果，并受土壤本身特性的影响，随时间和空间而不断发生变化。黄土高原一些地区采用了工程整地措施与灌草立体配置模式，调蓄土壤水分、促进灌草植被的恢复。在工程整地措施及植被的影响下，土壤水分平衡情况还需进一步研究。

1.2.2.18　小气候和植物蒸腾蒸发

1）小气候

通常把小范围内因各种局部因素如相对高度、地形条件、坡地方位、土壤性质及地面覆盖等影响而形成的与大气候不同的气候称为小气候（傅抱璞，1994），它是由于下垫面条件或构造特性影响而形成的与大气候不同的小范围的气候，或由于下垫面条件不同在大气候背景下所表现的小尺度气候。因此，愈接近下垫面的空气和土壤，其小气候特点也愈显著，随着离开下垫面愈远，局部小气候的特点就愈弱。近年来，对常态地貌中的森林、草原、沙漠、农田等下垫面的小气候环境及热量平衡特征已有许多学者进行了研究（容丽等，2006），发现下垫面局部情况的变化对小气候中的温度、湿度和风速等有显著的影响。土壤的温度状况是土壤热性质和热量平衡共同作用的结果。它同时受到地理位置、季节变化、热量收支等因素的制约。土壤的温度反映热能的获得和散失平衡，直接影响水分移动。土壤温度升高时，土壤水分运动加快，土壤水分变为气态水的速度上升，通过蒸发等途径消耗增加。李生宝等（2006）对宁夏南部山区"88542"集流水平沟和自然坡面土壤温度日变化的研究发现，水平沟整地和自然坡面地表温度在一天中无明显差异，但是0～40cm土壤平均温度明显低于自然坡面，较低的地温能够减缓水平沟土壤水分的运动。张学艺等（2006）通过分析宁夏西吉月亮山禁牧草场和鸦儿湾荒地近地层气温、风速、相对湿度和地温等要素的差异和日变化特征，探讨了不同下垫面下小气候的变化趋势。结果表明封山禁牧后，下垫面随之变化，会产生所谓的"绿岛效应"，尤其在植被生长旺盛的夏季，气温明显下降，空气湿度增大，说明封山禁牧这一措施对脆弱生态的恢复改造有明显效果。下垫面条件的不同影响小气候条件，小气候反过来又影响植物的蒸发蒸腾以及土壤水分含量。

2）蒸腾蒸发

植物蒸腾蒸发包括植物蒸腾与棵间蒸发，是土壤水分消耗的主要途径，一般植物吸收水分的99%以上由蒸腾作用消耗，只有不足1%的水量直接提供给植物的光合作用。蒸腾速率的测定方法主要有伊凡诺夫快速称重法、稳态气孔计法、热脉冲法和微气象法等（刘奉觉等，1997）。早期研究主要采用的是伊凡诺夫快速称重法（王孟本和李洪建，1990；魏冠东和侯庆春，1990），而近来LI-1600稳态气孔计和LI-6200、LI-6400等便携式光合分析仪成为测定和分析植物蒸腾速率的手段（秦全胜等，2002；曾凡江等，2002）。另外，热脉冲法也得到应用（Granier et al.，1994）。天然草地多数植物叶片或叶裂片较小，不适于用有固定面积的仪器测定。离体称重法虽然可以测量全株或部分枝条的蒸腾速率，但不适合测定草本植物的蒸腾，因为草本植物多数个体小，经20～30min的离体蒸腾后，其组织失水较多，导致蒸腾速率测定数值偏小，对草本植物可采用离体快速连续称重法测定植物的蒸腾速率（杜峰等，2003）。

研究表明，树种的蒸腾速率与叶水势的相关系数达到0.94以上（周海燕和黄子探，1996）。蒸腾速率随着植物发育时期及环境条件的变化而变化。影响植物耗水的生理基础是蒸腾，而蒸腾受外界条件如降雨量、气温、湿度等影响变化很大。张华等（2006）研究黄土半干旱区不同土壤水分条件下刺槐蒸腾速率后发现蒸腾速率明显受土壤水分条件的影响，蒸腾速率影响水分利用效率。植物耗水量随供水量的增加而增大，由供水量差别引起的耗水量绝对值相差可达200mm，相对值相差2倍以上。由降雨量引起的耗水量的差别在不同地点、不同植被条件下不同，在供水相对充足的半湿润黄土区，即使在降水量略低的欠水年，耗水量也不会降低很多，丰水年与欠水年耗水量差别在40%以内，而在干旱黄土区丰水年耗水量可达欠水年的3倍以上（尹忠东等，2005）。

对于蒸腾速率，长期研究获得了很多成果。但同时需要注意的是植物的蒸腾速率受其自身遗传特点、生长发育阶段及所处环境条件的影响，使测定的数据没有广泛的代表性。而且，蒸腾速率虽然是一个重要的反映植物散失水分的指标，但它不能准确地反映植株整体（整株或群落）的水分消耗量，因此不能作为评价植物耗水量的指标，只能反映植物潜在耗水能力的大小（张国盛，2000）。

在土壤-植物-大气连续体系（SPAC）中，植物蒸腾作用所散失的水量在区域性水循环和水平衡中起很重要的作用。草地生态系统的蒸散是土壤水分的主要输出变量，也是草地水量平衡中的组成部分。蒸散量是指一定时段内植物群落蒸腾量与土壤蒸发量之和。它与气象条件（太阳辐射、风速、温度、湿度等）、土壤湿度、植物种类和品种等因素有关。半干旱黄土丘陵地区，当土壤的侧渗和地表径流很少发生时，蒸散就成为土壤水分的主要支出项。黄土高原丘陵区实施的鱼鳞坑、水平沟整地和封育措施使天然降水得到了再分配，也使土壤水分发生了变化，而土壤水分的变化又受降水、地形、蒸发蒸腾、小气候环境等多种因素的影响，但是上述措施对小气候和植物蒸腾蒸发影响的研究报道较少。

1.2.2.19 不同土地利用方式下土壤质量评价

土壤是植被生长的立地条件，土壤为植物生长提供养分，同时植被又反作用于土壤性状。植被恢复在黄土高原水土流失治理和生态恢复方面发挥着重要的作用，因此探讨植被类型和土壤性状间的相关性，揭示植被类型对土壤性状的影响，对于植被建设合理布局具有重要的意义（王凯博等，2012）。植被盖度能直接反映退化草地的恢复程度，高的植被盖度能够有效地保持草原地表土壤及水分，减少风蚀和水蚀，为退化草地蓄水和土壤的改良提供保障；草原地上生物量直接反映草原供给饲草的能力，也是评价草原植被恢复状况的一个重要指标（乔荣，2014）。刘作云和杨宁（2015）研究表明，随着植被的恢复，土壤含水量上升，土壤容重减小，土壤的物理性质得以改善，使土壤的孔隙度和水稳性团聚体升高。研究表明，草原盖度大幅增加，使得植被对空气中的碳、氮固定能力越来越强，因此提高了有机质和氮素含量（乔荣，2014）。封育草地因为没有家畜的采食与践踏，地上地下生物量增加，土壤结构得到了改善，更有利于土壤微生物的生长（王晓龙等，2006）。

土壤作为陆地生态系统功能的关键组成，其质量状况是全球生物圈可持续发展的重要内容之一，土地的利用方式影响着土壤理化性质、生物过程及土地生产力，从而导致土壤质量的变化（Aksoy et al.，2017；贡璐等，2011）。土壤质量是土壤物理、化学性质和生物学特性的综合反映，是揭示土壤条件动态的敏感指标（刘美英，2009；张汪寿等，2010），是土壤环境、肥力和健康质量 3 个相对立但又有联系的组分综合体现（张学雷等，2001），可因土地利用、生态恢复措施方式不同而异（桂东伟等，2009；张嘉宁，2015）。土壤质量对维持生物性能、促进植物健康具有决定性作用，因此生态恢复方式对土壤质量的影响引起了学者的广泛关注（程光庆，2016）。对甘肃玛曲退化草地实施围封生态恢复措施 2 年后，其土壤质量明显提高（刘延斌等，2016）。沙化土壤在翻埋杨树粉碎枝条、覆盖杨树粉碎枝条、翻埋杨树粉碎枝条+覆盖未粉碎柳树枝条等生态恢复方式下理化性状和生物学特性得到改善，土壤质量综合指数以翻埋+覆盖枝条最高（李志刚和谢应忠，2015）。在青海省海北藏族自治州的典型高寒草甸研究中发现，不同土地利用方式改变了其土壤质量，评价结果表明 0～10cm 土壤质量以矮嵩草草甸得分最高，10～20cm 土壤以金露梅灌丛最高（王启兰等，2011）。对阴山北麓耕地、弃耕地、放牧草地和封育草地 4 种不同土地利用方式下 0～25cm 土壤肥力进行的综合评价表明，封育草地得分最高（高君亮等，2016）。对伊犁河谷林地、耕地、果园地、草地和荒地等 5 种不同恢复措施下土壤质量进行评价，结果表明耕地可提高土壤理化性质和生物学性质，进而导致质量评分最高（崔东等，2017）。此外，一些土壤质量评价研究还发现环渤海地区土壤质量在空间上具有明显的地带性（刘广明等，2015）；王雪梅等（2015）研究也表明不同土地利用方式对土壤质量的影响有显著的区域差异性。周贵尧等（2015）对泉州湾洛阳河口湿地秋茄、白骨壤、桐花树和互花米草 4 种红树覆盖下的土壤质量进行研究，结果表明在不同红树植被作用下存在一定差异；刘伟玮等（2017）研究了辽东山区不同林分类型下土壤质量状况，结果表明针阔混交林评分最高。

土壤质量是一个复杂的功能实体，不能被直接测定，但是可以通过土壤质量指标进行衡量，国内外的许多学者选择物理、化学和生物学指标对土壤质量进行评价（贡璐等，2012）。美国土壤保持组织建议将土壤质地、土壤团聚作用、土壤结构、持水性和通气性、毛管水等作为评价土壤质量的物理指标；有机质、全氮、全磷、速效钾、速效磷等作为化学指标；微生物生物量碳和氮、土壤呼吸、土壤微生物群落组成、土壤酶活性等作为生物指标（程光庆，2016）。土壤质量评价属于多变量评价，评价中可先从大量土壤理化、生物学参数中选取对土壤质量敏感的评价参数组成评价最小数据集，如 Li 和 Lindstrom（2001）用多元回归分析法对梯田和陡坡土壤质量进行评估；Wang 等（2003）用主成分分析法对长期再生污水灌溉农田的土壤质量进行评估；吴玉红等（2010）基于因子和聚类分析对保护性耕作土壤质量进行评价。目前，土壤质量综合评价的方法主要有综合指数法（单奇华等，2012）、模糊综合评价法（姚荣江等，2009）、主成分分析综合得分法（张子龙等，2013）和灰色关联法（张磊等，2009）。土壤质量评价十分复杂，需要考虑土壤的多重功能，涉及众多因子，所以土壤质量评价时一般筛选适宜的指标，评价结果可更直观地反映土壤质量总体状况（刘广明等，2015）。我国土壤质量评价工作起步较晚，迄今为止还没有形成一个较为统一的土壤质量评价方法，不同评价中用到的评价指标有所不同（桂东伟等，2009；刘世梁等，2006），一般认为土壤有机碳是必不可少的指标（Cotching and Kidd，2010）。

1.3　研　究　内　容

1.3.1　黄土高原草地类型

以整个黄土高原为研究对象，主要研究内容如下。

（1）采用综合顺序分类法，对黄土高原草地进行分类。对于非地带性的草甸、沼泽等，根据实地调查的土壤水分生态类型，结合中国植被，确定草地类型。其中草甸用干旱区土壤水分属于中生（水分生态类型）作指标，沼泽用地表浅层积水作指标，再通过热量等级加以分解，使之与地带性的类型统一。

（2）依据各草地类型生产条件和特性的相近性，将其进一步合并成不同类型的草地农业系统。

1.3.2　人工修复对黄土丘陵区草原植被和土壤的影响

以宁夏黄土丘陵区典型草原为研究对象，主要内容研究如下。

在宁夏固原市云雾山草原国家级自然保护区，选择未封育（放牧草地），封育 3 年、6 年、10 年、15 年草地，以及整地 1 年、3 年、6 年、10 年和 15 年水平沟和鱼鳞坑草地，进行以下研究。

1）封育、水平沟和鱼鳞坑生态修复过程中草地植被恢复演替序列和趋势

通过植被调查，借助双向指示种（TWINSPAN）聚类分析法、除趋势对应分析（DCA）排序法和除趋势典范对应分析（DCCA）排序法，对宁夏黄土丘陵区典型草原封育、鱼鳞坑和水平沟三种不同恢复措施下的植物群落进行数量分类与排序，探讨生态恢复过程中植物群落演替特征，分析植物群落分布与土壤理化因子间的关系。

2）封育、水平沟和鱼鳞坑生态修复过程中草地植物群落特征变化

调查不同扰动措施实施（0）1 年、3 年、6 年、10 年、15 年草地植物群落组成和数量特征，分析群落物种组成，对比分析了各处理间植物群落多样性、稳定性和相似性变化特征，并采用基于线性模型的冗余分析（RDA）排序结合皮尔逊（Pearson）相关分析探讨植物群落特征与土壤理化因子间的关系。

3）不同生态修复措施对宁夏典型草原主要种群空间格局的影响

根据野外测定数据，计算各处理物种重要值，根据重要值计算结果，选择长芒草、百里香、大针茅、赖草、阿尔泰狗娃花和二裂委陵菜 6 个优势物种，计算

它们的种群分布格局、聚集强度,并对各恢复措施下主要植物种间关系进行探讨。

4)不同生态修复措施对宁夏典型草原主要种群生态位的影响

基于确定的优势种,分析优势种生态位宽度及生态位重叠指数等。

5)土壤筛对典型草原土壤种子库的分离效果

比较土壤筛对典型草原土壤种子库的分离效果,寻找浓缩种子库土样适宜筛孔范围。

6)不同低温和贮藏时间对土壤种子库的影响

比较不同低温贮藏、不同贮藏时间后土壤种子库密度变化,探索典型草原土壤种子库萌发前适宜贮藏时间和温度。

7)不同修复措施对土壤种子库特征的影响

不同修复措施对土壤种子库特征的影响主要包括不同修复措施对土壤种子库萌发动态,以及种子库物种组成、密度特征、物种多样性的影响。

8)土壤种子库与地上植被、土壤性状的关系

分析不同修复措施下土壤种子库与地上植被的关系,基于土壤种子库与土壤因子的典范对应分析,分析不同修复措施下土壤种子库与土壤性状的关系。

9)不同措施对黄土丘陵区典型草原土壤物理性质的影响

主要研究封育、水平沟和鱼鳞坑措施对草地土壤颗粒组成、分形维数特征、容重、孔隙度和持水量的影响,分析颗粒分形维数与颗粒组成的相关性。

10)不同措施对黄土丘陵区典型草原土壤团聚体特征的影响

主要研究封育、水平沟和鱼鳞坑措施下草地土壤机械稳定性和水稳性团聚体组成、分形维数、团聚体平均重量直径(MWD)和几何平均直径(GMD)、土壤团聚体破坏率及团聚体碳氮含量。

11)不同措施对黄土丘陵区典型草原土壤化学性质的影响

主要研究封育、水平沟和鱼鳞坑措施对草地土壤全氮、有机质、全磷、速效钾、速效氮含量及 C/N、碳氮密度及其储量、碳氮固持量及其固持速率的影响。

12)不同措施对黄土丘陵区典型草原土壤生物学特性的影响

主要研究封育、水平沟和鱼鳞坑措施下草地土壤蔗糖酶、蛋白酶、过氧化氢酶、磷酸酶和脲酶活性,比较各措施下土壤细菌、真菌和放线菌数量以及土壤微生物生物量碳、生物量氮含量。

13)人工修复过程中草原土壤水分特征变化

主要研究土壤水分运动参数、土壤水分动态及变异、水分循环特征和水分平衡特征。

14)人工修复过程中草地小气候和植物蒸腾变化

主要研究近地面风速变化、近地面气温变化、近地面空气湿度变化、地温变化和植物蒸腾、棵间蒸发的变化。

15）不同措施下草地土壤质量评价

分析地上植被、土壤各性状间的相关性；采用隶属函数结合主成分分析法，筛选土壤质量评价指标，对不同措施下草地土壤质量进行评价，提出研究区退化草地适宜恢复措施。

1.3.3　黄土丘陵区草地资源可持续发展

以黄土丘陵区斯太普（典型草原）草地农业系统为对象，对草地资源现状进行调查分析，提出可持续发展对策。

1.4　研 究 方 法

1.4.1　研究区概况

1.4.1.1　草地分类研究地区概况

1）地理位置

黄土高原应包括山西省全部、陕西省北部和中部、甘肃省中部和东南部大部分、宁夏回族自治区南部、青海省东北部、河南省西北部以及内蒙古自治区南部和河北省西北部的少数县（张维邦，1992）。共跨 8 个省（自治区），合计 264 个县市。土地总面积为 51.7 万 km^2，约占全国总面积的 5.3%。

2）气候

该区属温带-暖温带大陆性季风气候。气候特征为：夏季暖热多雨，冬季寒冷干燥。年均温度 4℃（西北）～14℃（东南），1 月为–8℃（西北）～2℃（渭河谷地），7 月各地气温均大于 22℃。大于等于 0℃的年积温为 3000℃（西北）～5000℃（东南），大于等于 10℃的年积温为 3000℃（西北）～4000℃（东南）。年降水量 200mm（西北）～700mm（东南），多数地区为 400～500mm。年蒸发量 1000mm（西北）～2000mm（东南），无霜期 120～250d。

3）地貌

该区地貌类型复杂多样，既有山地、丘陵和平原，还有特殊的塬、台、梁、峁等各种黄土地貌和沙丘。平地主要是汾渭平原以及渭北、陇东残存的较大原面；丘陵主要是分布于全区的黄土丘陵；山地主要是太行山、吕梁山、子午岭、六盘山、五台山等；沙丘主要分布在该区的北部。总地势自西北向东南倾斜，海拔多在 1000mm 以上，平原、盆地亦在 400mm 以上。地势起伏不平，切割严重，沟壑纵横。

4）土壤

该区地带性土壤主要有褐土、黑垆土和灰钙土。褐土主要分布在该区东南部山区；黑垆土主要分布在陕北、陇东、陇中的黄土塬区；灰钙土主要分布在该区西北部。

5）植被

按照黄土高原植被自然地带分布规律，可以把该区分为4个植被带：①森林带，分布在黄土高原东南部，本带植被以落叶阔叶林为代表。②森林草原带，本带南接森林带，西北界是偏关-子午岭北端-固原-静宁-渭源一线。本带内原有森林已被破坏，仅有局部的山杨、侧柏和油松林，草原植被占较大优势。③典型草原带，本带东南接森林草原带，西北界开始于内蒙古的准格尔旗，经榆林、盐池，止于甘肃兰州以南。主要植被是百里香（*Thymus mongolicus*）、冷蒿（*Artemisia frigida*）、长芒草（*Stipa bungeana*）等。④荒漠草原带，本带分布在黄土高原的西北端，面积较小。主要植被为针茅属和灌木亚菊等。

1.4.1.2 试验区概况

1）地理位置

试验区位于宁夏固原云雾山草原国家级自然保护区，地理坐标为 36°11′N～36°19′N、106°19′E～106°28′E，海拔大部分在2000m以下，为典型的黄土低山丘陵区。地处黄河支流清水河与泾河的分水岭，山脉属南北走向，黄土层覆盖深厚，山坡较平缓，为50～80m，最厚可达150m。保护区范围全部在固原市原州区，除南端属官厅乡外，绝大部分居寨科乡。北起寨科乡吾尔朵，南至官厅乡的老虎嘴和前洼，东邻寨科乡庄洼梁，西至寨科乡沙河子。南北长13.18km，东西宽8.4km，总面积6660hm²（程积民，2014）。

2）气候

试验区属于典型中温带大陆性气候，具有干燥少雨、蒸发量大和日照充分等特点（程积民，2014）。年均气温为5℃，最热月为7月，气温为22～25℃，最冷月1月的平均最低气温为−14℃左右，年日照时数为2500h，太阳辐射总量0.52MJ/cm²，≥0℃的年积温2882℃，年无霜期短，为137d。年平均降水量为445mm，降水多集中于7月、8月和9月。年蒸发量1500～1700mm，远高于年降水量。保护区为多灾地区，其中以旱灾最严重，雹灾次之，还有霜冻、暴雨、寒流等灾害。

试验期间，2016年降水总量为242.50mm，年平均气温为6.84℃；2017年降水总量为500.83mm，年平均气温为6.76℃。2016年和2017年各月降水、气温情况详细见图1-1。

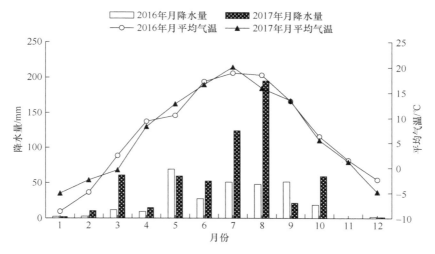

图 1-1 2016 年、2017 年试验区月降水量与月平均气温变化

3）地貌特征

试验区处于甘肃祁连山地槽东翼与内蒙古鄂尔多斯台地西缘之间，居黄河流域的中上游地区，是黄土高原的中间地带。云雾山是黄河支流清水河与泾河的分水岭，山脉属南北走向，以石灰岩为主，其次还分布有红砂岩，除个别山头岩石部分裸露外，一般山体浑圆，山坡平缓，黄土层覆盖深厚，为 50~80m，最厚可达 150m。地势南低北高，南坡平缓，北坡较陡，为黄土覆盖的低山丘陵区。

4）植被

地带性植被为典型草原，主要分布有长芒草、大针茅（*S. grandis*）、百里香、赖草（*Leymus secalinus*）、铁杆蒿（*Artemisia gmelinii*）、冷蒿、白草（*Pennisetum flaccidum*）、阿尔泰狗娃花（*Heteropappus altaicus*）、西山委陵菜（*Potentilla sischanensis*）和星毛委陵菜（*P. acaulis*）等。

多年的生态建设使该区天然草原中分布不同年限的封育草地、大量的水平沟和鱼鳞坑草地。其中水平沟是在天然草地上沿着等高线人工整地后隔带设置，沟宽 1m，上埂高 0.6m，下埂高 0.2m，沟间距 4m；鱼鳞坑在天然草地上呈“品”字形设置，坑距 3m，下埂弧长 1.5m 以上，埂高 0.5m。研究区水平沟和鱼鳞坑整地时一般将表土回填，回填深度约 0.4m。

其中，水平沟整地当年种植了沙打旺（*Astragalus adsurgens*），鱼鳞坑整地当年种植了山桃（*Amygdalus davidiana*）或山杏（*Armeniaca sibirica*），但经自然演替，整地 3 年后的沟（坑）中植被已变为自然植被。

1.4.2 试验设计

采用空间梯度代替时间梯度法，在云雾山草原国家级自然保护区，根据禁牧封育、水平沟和鱼鳞坑措施的实施年限，选择海拔、坡度、坡向和坡位尽量接近的地段，设置 15 个处理，分别为未封育草地（放牧草地），封育 3 年、6 年、10 年和 15 年草地，水平沟整地 1 年、3 年、6 年、10 年和 15 年后草地，以及鱼鳞坑整地 1 年、3 年、6 年、10 年和 15 年后草地。试验地概况见表 1-1。试验时间为 2016～2017 年。

表 1-1 试验地概况及植被状况

处理名称	代号	经纬度	海拔/m	主要植物
放牧（未封育）	F0	36°14′58.21″N、106°20′14.37″E	1950	长芒草、狼毒（Stellera chamaejasme）
封育 3 年	F3	36°11′22.46″N、106°24′43.95″E	1902	大针茅、长芒草、铁杆蒿、白草早熟禾（Poa annua）
封育 6 年	F6	36°11′56.30″N、106°24′42.16″E	1902	大针茅、长芒草、赖草、白草、百里香、铁杆蒿
封育 10 年	F10	36°12′2.34″N、106°24′9.96″E	1882	大针茅、长芒草、赖草、铁杆蒿
封育 15 年	F15	36°16′11.86″N、106°23′11.95″E	2103	大针茅、长芒草、赖草、铁杆蒿
水平沟 1 年	S1	36°18′16.42″N、106°27′6.87″E	1928	赖草、沙打旺
水平沟 3 年	S3	36°16′3.25″N、106°19′42.90″E	1918	赖草、猪毛蒿（Artemisia scoparia）
水平沟 6 年	S6	36°14′38.87″N、106°26′6.84″E	1799	长芒草、赖草、百里香
水平沟 10 年	S10	36°13′57.59″N、106°22′6.22″E	1963	赖草、百里香、委陵菜
水平沟 15 年	S15	36°12′2.34″N、106°24′9.96″E	1882	大针茅、长芒草、赖草、百里香
鱼鳞坑 1 年	Y1	36°18′16.42″N、106°27′6.87″E	1928	赖草、沙打旺
鱼鳞坑 3 年	Y3	36°13′42.92″N、106°24′52.81″E	1881	猪毛蒿、委陵菜、狗娃花
鱼鳞坑 6 年	Y6	36°14′38.87″N、106°26′6.84″E	1799	长芒草、赖草、百里香
鱼鳞坑 10 年	Y10	36°14′1.28″N、106°25′10.03″E	1800	早熟禾、百里香
鱼鳞坑 15 年	Y15	36°11′56.30″N、106°24′42.16″E	1902	赖草、铁杆蒿、百里香、大针茅、早熟禾

1.4.3 测定项目及方法

1.4.3.1 黄土高原草地类型分类方法

本研究依据改进的草原综合顺序分类法（胡自治，1995）对黄土高原草地进行分类。

收集黄土高原 264 个县市 45 年（1950～1995 年）的气象资料，整理后，计算出各县市 ≥ 0℃的年积温（$\sum \theta$）和湿润度[K，$K = r/0.1 \sum \theta$，其中 r 为年均降水量（mm）]。

在具体划分中，以量化的生物气候指标——≥ 0℃的年积温和湿润度为依据，将具有相同热量级和湿润度级的草地划分为一类（表 1-2，表 1-3）。

表 1-2　我国草原分类的热量级及相应的热量带（胡自治和高彩霞，1995）

热量级	>0℃∑θ/℃	相应的热量带
寒冷	<1300	（高）寒带
寒温	1300～2300	寒温带
微温	2300～3700	中温带
暖温	3700～5300	暖温带
暖热	5300～6200	北亚热带
亚热	6200～8000	南亚热带
炎热	>8000	热带

表 1-3　我国草原分类的湿润度级及相应的自然景观（胡自治和高彩霞，1995）

湿润度级	K 值	相应的自然景观
极干	<0.3	荒漠
干旱	0.3～0.9	半荒漠（荒漠草原、草原化荒漠）
微干	0.9～1.2	典型草原、稀树草原、干生阔叶林
微润	1.2～1.5	森林、森林草原、草甸草原、稀树草原、草甸
湿润	1.5～2.0	森林、冻原、草甸
潮湿	>2.0	森林、冻原、草甸

1.4.3.2　人工恢复下草地植被土壤变化测定项目及方法

1. 野外调查

1）植被调查及相关指标的计算

a. 植被群落调查

于 2015 年和 2016 年 8 月上旬、2017 年 7 月中旬和 8 月上旬，在各个样地详细记录植物种类组成，并用常规方法分种测定频度、盖度、密度、高度及地上生物量，样方面积 1m²（1m×1m），3 次重复。其中鱼鳞坑按实际大小布置样方，增加 2 个重复，将原始数据折算成 1m² 后进行比较分析。频度、盖度和密度依次采用样圆法、针刺法和统计单位面积株数法测定；对每个物种随机测定 30 株自然高度作为其平均高度；分种齐地刈割样方内植物，带回室内放入 65℃烘箱中烘至恒重来称取地上生物量（贾希洋等，2018；张蕊等，2018）。

b. 重要值计算（乔鲜果等，2017）

重要值=（相对高度+相对盖度+相对生物量）/3

相对高度=（某一种的高度/全部种高度之和）×100%

相对盖度=（某一种的盖度/全部种盖度之和）×100%

相对生物量=（某一种的生物量/全部种生物量之和）×100%

c. 植被多样性

计算物种丰富度、优势度、多样性和均匀度指数，公式如下（秦建蓉，2016；高艳等，2017）：

Margalef 物种丰富度指数：

$$Ma = (S-1)\ln N \tag{1-1}$$

辛普森（Simpson）优势度指数：

$$C = \sum (P_i)^2 \tag{1-2}$$

香农-维纳指数（Shannon-Wiener 多样性指数）：

$$H' = -\sum P_i \ln P_i \tag{1-3}$$

Pielou 均匀度指数：

$$J = H'/\ln S \tag{1-4}$$

上述各式中，S 为物种总数；N 为物种总个体数；P_i 为物种 i 的重要值。

d. 群落相似系数和群落稳定性

群落相似系数采用杰卡德（Jaccad）群落相似系数计算（陈文思，2016）。

Jaccard 群落相似系数：$J = a/(b+c-a)$，式中，J 为群落相似系数，a 为 2 个群落中共有的物种数，b、c 为不同群落中物种数。其中，J 值在区间[0,0.25)内，表明两个植物群落极不相似；在区间[0.25,0.50)内，中等不相似；在区间[0.50,0.75)内，中等相似；在区间[0.75,1.00]内，极相似。

群落稳定性测定采用 M. Godron 稳定性测定方法（蔡育蓉等，2018；崔石林，2015）。

将群落中植物频度由大到小排列，计算相对频度、累计相对频度百分数、总物种倒数累计百分数等指标，以总物种倒数累计百分数为 x 轴，累计相对频度百分数为 y 轴，做出以平滑曲线连接的散点图。画直线 $y=100-x$ 与曲线的交点，该交点即为所求点(x,y)。所求点越靠近稳定点$(20,80)$，说明群落越稳定；反之，越不稳定。

e. 种群格局

种群分布格局：种群扩散系数 $C = S^2/\overline{X}$，$\overline{X}$ 为种群频度的均值。当 $C<1$ 时为均匀分布；$C=1$ 时为随机分布；$C>1$ 时为聚集分布。实测与预期的偏离程度可用 t 检验来判定：

$t = (C-1)\big/\sqrt{2\big/\sqrt{n-1}}$，当 $t>t_{0.05}(n-1)$ 时为聚集分布，当 $t<t_{0.05}(n-1)$ 时为均匀分布或随机分布。

负二项参数 $K = \overline{X}^2\big/(S^2-\overline{X})$，其中 K 值越小，聚集程度越高；当 K 值趋于无穷大时（一般为 8 以上），则逼近泊松分布（Poisson distribution）。当 $K<0$

时为均匀分布，$K>0$ 时为聚集分布（张瑾等，2013）。

聚集强度：采用平均拥挤度（m^*）、丛生指标（I）、聚块性指标（PI）、Cassie 指标（CA）、Green 指数（GI）进行测定（邓东周等，2017；张瑾等，2013）。

平均拥挤度 $m^* = \overline{X} + \left(S^2/\overline{X} - 1\right)$，$m^*$ 表示生物个体在一个样方中的平均邻居数，它反映了样方内生物个体的拥挤程度，数值越大聚集强度越大，表示一个个体受其他个体的拥挤效应越大。

丛生指标 $I = (S^2/\overline{X}) - 1$，当 $I<0$ 时为均匀分布；$I=0$ 时为随机分布；$I>0$ 时为聚集分布。

聚块性指标 $\text{PI} = m^*/\overline{X}$，当 $\text{PI}<1$ 为均匀分布；$\text{PI}=1$ 时为随机分布；$\text{PI}>1$ 时为聚集分布。

Cassie 指标 $\text{CA} = \dfrac{S^2 - \overline{X}}{\overline{X}^2}$，当 $\text{CA}<0$ 时为均匀分布；$\text{CA}=0$ 时为随机分布；$\text{CA}>0$ 时为聚集分布。

Green 指数 $\text{GI} = \dfrac{\left(S^2/\overline{X}\right) - 1}{n-1}$，当 $\text{GI}<0$ 时为均匀分布；$\text{GI}=0$ 时为随机分布；$\text{GI}>0$ 时为聚集分布。

上述各式中，$\overline{X}$ 为各种群多度的均值；S^2 为各种群多度的方差；n 为基本样方数。以上分布指数都具有相同的本质或较大相似性，能够确定种群分布格局偏离随机分布的程度。

种间关系分析：通过对各处理植被样方中的 6 个优势物种密度进行 DCA 验证，结果发现：4 个排序轴的梯度最大值为 0.397~1.339，均小于 3，因此选择线性模型的主成分分析（principal component analysis，PCA）来探讨各恢复措施下主要植物种间关系（方楷等，2011）。

f. 生态位

生态位宽度：采用 Levins 生态位宽度计算公式（井光花等，2015）：

$$B_i = -\sum_{j=1}^{r} P_{ij} \log(P_{ij}) \tag{1-5}$$

式中，B_i 为物种 i 的生态位宽度；P_{ij} 为物种 i 对第 j 个资源的利用占它对全部资源利用的频度，$P_{ij} = n_{ij}/N_{ij}$，而 $N_{ij} = \sum n_{ij}$，n_{ij} 为物种 i 在资源梯度级 j 的重要值；r 为资源等级数，这里为样方数。

生态位重叠：采用 Pianka 公式（井光花等，2015）：

$$Q_{ik} = \frac{\sum_{j=1}^{r} P_{ij} P_{kj}}{\sqrt{\sum_{j=1}^{r} P_{ij}^2 \sum_{j=1}^{r} P_{kj}^2}} \qquad (1\text{-}6)$$

式中，Q_{ik} 为物种 i 与物种 k 的重叠度指数，P_{ij} 和 P_{kj} 分别为种 i 和种 k 在第 j 个样房中的频度。。

样地全部物种间生态位重叠度指数的总平均值=样地内全部物种间生态位重叠度指数总数/总种对数。

生态位总宽度（B）：采用以下公式（张帆，2014）：

$$B = \sqrt{\sum_{i=1}^{n} B_i^2} \qquad (1\text{-}7)$$

式中，B_i 是物种在第 i 个群落类型的生态位宽度；n 为群落类型数目。

2）土壤采集

a. 土壤理化生土样的采集

测定地上生物量的同时，在每个样地采取土壤样品，其中水平沟和鱼鳞坑均在沟（坑）中取样，每个样地 3 次重复。将采取的土样装在塑封袋中放入 4℃保温箱带回实验室，迅速去除植物凋落物及根系，过 2mm 筛后将土样分为 2 份，一份保存在 4℃下用于土壤生物学特性的测定；另一份风干后常温存放用于土壤理化性状测定。

b. 团聚体土样的采集

用铁锹挖出 60cm 深的土壤剖面，用环刀按土层取样，用于土壤容重、孔隙度和持水量的测定，3 次重复。同时，用铁锹取一整块大于 1kg 的土块，剥去土块表面直接与铁锹接触而变形的部分，置于封闭的保鲜盒中运回室内，用于土壤团聚体结构和土壤团聚体碳氮含量的测定。

c. 土壤种子库取样

土壤种子库取样分别于 2016 年和 2017 年 10 月底进行。在每个处理样地中设置 200m×200m 样地，采用"S"形五点法在各样地中用自制土壤种子库取样器（长 10cm×宽 10cm×高 5cm）分 0～5cm、5～10cm 和 10～15cm 三层采集土样，6 次重复。取样时清除采样点地表植物茎叶和枯枝落叶（Wang et al.，2002），将采集到的土壤装入塑封袋中带回实验室。

3）土壤水分测定

采用时域反射（TDR）探针测定各样地 0～40cm 土壤体积含水率，测定时间为 2017 年 4～10 月（每月中旬和月底测定一次），测定时以 10cm 为 1 层测定。根据土壤容重将土壤体积含水率折算成土壤质量含水率（马玉莹等，2013）。

2. 室内分析

1）土壤颗粒组成的测定

将室外采集回的土样置于室内风干，去除石块、植物凋落物及根系后碾碎过 2mm 筛。使用美国产的 Microtrac S3500 激光粒度分析仪进行土壤颗粒组成的测定，包括黏粒体积百分比、粉粒体积百分比和砂粒体积百分比。

2）土壤容重、持水量和孔隙度的测定

将室外用环刀采集回的土样，揭去环刀的无孔盖，留下垫有滤纸的有孔底盖，放入水中，加水至稍低于环刀，使其充分吸水 12h 后取出称重；然后将环刀放置在干沙土上 2h 后，立即称重；然后继续在干沙土上放置 24h，再次称重；最后将环刀置于 106℃的烘箱中烘干至恒重，称其重量（王丽，2015）。根据以下公式计算土壤容重、持水量和孔隙度：

$$土壤容重(g/cm^3) = \frac{环刀内干土重}{环刀体积} \tag{1-8}$$

$$最大持水量(饱和出水量,\%) = \frac{浸润12h后环刀内湿土重 - 环刀内干土重}{环刀内干土重} \times 100\% \tag{1-9}$$

$$毛管持水量(\%) = \frac{在干沙上放置2h后环刀内湿土重 - 环刀内干土重}{环刀内干土重} \times 100\% \tag{1-10}$$

$$田间持水量(最小持水量,\%) = \frac{在干沙上放置24h后环刀内湿土重 - 环刀内干土重}{环刀内干土重} \times 100\% \tag{1-11}$$

$$非毛管孔隙度(\%) = \left[最大持水量(\%) - 毛管持水量(\%)\right] \times 土壤容重 \tag{1-12}$$

$$毛管孔隙度(\%) = 毛管持水量(\%) \times 土壤容重 \tag{1-13}$$

$$总孔隙度(\%) = 非毛管孔隙度(\%) + 毛管孔隙度(\%) \tag{1-14}$$

3）土壤养分的测定

有机质含量采用重铬酸钾容量法测定；全氮含量采用全自动凯氏定氮法测定；全磷含量采用钼锑抗比色法测定；速效钾含量采用火焰光度计法测定；碱解氮含量采用碱解扩散吸收法测定，3 次重复（刘光崧，1996）。

4）种子库萌发试验及相关指标的计算

a. 种子萌发试验

土壤种子库组成测定：将取回的种子库土样置于室内通风处晾干，手工将土样过筛去除杂物（主要为植物残体），经充分混合后铺设在预先准备的花盆内（厚约 3cm），花盆的底部预先填充 4cm 厚度的蛭石（Wang et al.，2002）。萌发试验在人工气候室（25℃左右）进行，每天定时（18:00）浇水 1 次以保持土壤湿润并记录盆中新生幼苗数量，同时鉴别幼苗物种。当植物种类可被鉴别出时拔去植株，鉴别主要以形态特征为依据。当种子萌发数量较少时，轻轻翻动使土壤重新混合，以保证种子最大化的萌发（Wang et al.，2002；张蕊等，2018）。连续观测4 周无新幼苗出现，认为土壤中种子已经萌发完全。对个别难以鉴定的幼苗移栽到另外的花盆，让其充分生长到可以鉴别为止（Wang et al.，2002）。萌发试验时间为 2016 年 11 月至 2017 年 6 月，共持续 8 个月左右。

土壤筛对土壤种子库的分离试验：将采集自放牧草地、封育 15 年草地、水平沟和鱼鳞坑整地 15 年的 0～5cm、5～10cm 和 10～15cm 三层土样充分混合后进行筛分处理。采用土壤筛孔径分别为 0.125mm、0.25mm、0.5mm、2mm、5mm 和7mm。将<0.125mm、0.125~0.25mm、0.25~0.5mm、0.5~2mm、2~5mm 的土样放入已准备好的花盆中进行萌发，5mm 和 7mm 的土样放入 180 目的尼龙袋中进行洗涤，得到的种子放入显微镜中进行检测。萌发试验时间为 2017 年 12 月至 2018 年 3 月，共持续 4 个月左右。萌发和幼苗观测方法同前文所述。

不同低温和贮藏时间土壤种子库萌发试验：将采集自放牧草地、封育 15 年草地、水平沟和鱼鳞坑整地 15 年的 0～5cm、5～10cm 和 10～15cm 三层土样充分混合后采用四分法取 1/4 土样，分别放入 0℃、4℃和 8℃的冰箱内贮藏 20d，然后放入花盆进行萌发，以未在冰箱中贮藏（常温贮藏 20d）的种子库土样为对照。萌发试验时间为 2017 年 11 月至 2018 年 2 月，共持续 4 个月左右。萌发和幼苗观测方法同前文所述。

将采集自放牧草地、封育 15 年草地、水平沟和鱼鳞坑整地 15 年的 0～5cm、5～10cm 和 10～15cm 三层土样充分混合后采用四分法取 1/4 土样，在 0℃冰箱内分别贮藏 10d、15d、20d、25d、30d 和 35d 后，将土样将放入花盆中进行萌发。萌发试验时间为 2017 年 1 月至 3 月，共持续 3 个月左右。萌发和幼苗观测方法同前文所述。

b. 指标的计算

土壤种子库密度：密度统计将 10cm×10cm 取样面积内种子萌发数量换算为1m×1m 的种子数目，种子库密度采用单位面积内所含有的种子数量来表示（平均值±标准误）（张咏梅等，2003）。

种子库物种多样性指数采用以下公式。

Shannon-Wiener 多样性指数（马克平，1994）：

$$SW = 3.3219 \left[\lg N - (1/N) \sum N_i \lg N_i \right] \tag{1-15}$$

Margalef 丰富度指数（Traba et al.，2006）：

$$Ma=\frac{S-1}{\ln N}$$

$$(1-16)$$

Pielou 均匀度指数（张咏梅等，2003）：

$$PW=\frac{\lg N-(1/N)\sum N_i\lg N_i}{\lg N-1/N/\alpha(S-\beta)\lg\alpha+\beta(\alpha+1)\lg(\alpha+1)}$$

$$(1-17)$$

生态优势度（王伯荪和彭少麟，1997）：

$$SN=\sum_{i=1}^{s}\frac{N_i(N_i-1)}{N(N-1)}$$

$$(1-18)$$

上述各式中，N 为种子库所有物种个体总数；N_i 为第 i 种的个体数；S 为种子库（或地上植被）物种总数；β 为 N 被 S 整除后的余数（$0\leq\beta\leq N$），$\alpha=\dfrac{N-\beta}{S}$。

相似系数：土壤种子库之间及其与地上植被的相似性采用 Sorensen 指数计算（翟付群等，2013）：

$$SC=\frac{2W}{a+b}$$

$$(1-19)$$

式中，SC 为相似系数；W 为 2 个样地共有种数；a 和 b 分别为 2 个样地各自拥有的物种数。

土壤种子库与土壤因子 CCA 分析：采用 Canoco 4.5 软件辅以 Excel 进行 CCA 排序（周欣等，2015）。

5）土壤团聚体的测定及其指标计算

a. 团聚体测定

团聚体粒级的分布测定采用干筛法（中国科学院南京土壤研究所，1978）。将室外采集回的土样风干后取 0.5kg，使其通过一套直径为 20cm 的筛组，孔径依次为 10mm、7mm、5mm、3mm、2mm、1mm、0.5mm 和 0.25mm，筛组上方有盖，下方有底，用来收集<0.25mm 粒级的土样。每次筛土重量以 100～200g 为宜。筛完后收集各粒级土样，并分别计算出各级团聚体土样占总重量的百分比。

水稳性团聚体采用萨维诺夫法测定（中国科学院南京土壤研究所，1978）。由干筛求出的各级团聚体按照比例配成 50g 风干土样。将配好的土样缓慢放入 1000ml 沉降筒中，沿沉降筒壁向内缓缓加水，以除去土样中的气泡，直至土样达到饱和状态。将沉降筒灌满水，并堵住筒口静置，直至大部分土样沉降到底部为止，然后将沉降筒缓慢倒置，如此重复 10 次。然后将沉降筒放置在广口水桶内的一套筛组上，迅速打开沉降筒的筒口，缓慢移动沉降筒将土样均匀地分布在筛子上，将筛缓慢振荡 30 次，然后取出。将各级筛子上的土样用水洗入烧杯中，烘干称重。

经过处理的土样按照<0.055mm、0.055~0.25mm、0.25~2mm 和>2mm 分成 4 组进行土壤团聚体碳氮测定。土壤团聚体碳含量用元素分析仪进行测定，团聚体氮含量采用全自动凯氏定氮法测定。

b. 团聚体相关指标计算

采用土壤团聚体分形维数（D）、平均重量直径（MWD）、几何平均直径（GMD）和团聚体破坏率来衡量团聚体的稳定性。各指标的计算方法如下（刘文利等，2014；李阳兵和谢德体，2001）：

$$(3 - D)\lg\left(d_i / d_{max}\right) = \lg\left(W_{(\delta < d_i)} / W_0\right) \qquad (1\text{-}20)$$

$$\text{MWD} = \sum_{i=1}^{n}\left(\overline{x}_i w_i\right) / \sum_{i=1}^{n} w_i \qquad (1\text{-}21)$$

$$\text{GMD} = \exp\left(\sum_{i=1}^{n} w_i \ln \overline{x}_i / \sum_{i=1}^{n} w_i\right) \qquad (1\text{-}22)$$

$$各级团聚体破坏率 = \frac{大于某粒级团聚体 - 大于某粒级水稳性团聚体}{大于某粒级团聚体} \times 100\% \qquad (1\text{-}23)$$

式中，d_i 为两筛分粒级之间土粒的平均直径；d_{max} 为最大粒级土粒均直径；$W_{(\delta < d_i)}$ 为土粒直径小于 d_i 累积质量；W_0 为全部各粒级土粒的质量之和；D 为团聚体分形维数；$\overline{x}_i$ 为各级团聚体粒径的平均直径；w_i 为每级团聚体粒径的比例。利用此模型，分别以 $\lg(d_i/d_{max})$、$\lg(W_{(\delta < d_i)}/W_0)$ 为横纵坐标，结合回归法计算出分形维数。

6）土壤生物学特性的测定

a. 土壤微生物数量及生物量碳、生物量氮测定（姚槐应，2006）

采用平板涂布法，其中用牛肉膏蛋白胨琼脂培养基测定土壤细菌（稀释梯度为 10^{-2}、10^{-3}、10^{-4}），用高氏 1 号培养基测定放线菌（稀释梯度为 10^{-3}、10^{-4}、10^{-5}）、用孟加拉红培养基测定真菌（稀释梯度为 10^0、10^{-1}、10^{-2}）数量。土壤微生物生物量碳（microbial biomass carbon，MBC）和微生物生物量氮（microbial biomass nitrogen，MBN）采用氯仿熏蒸-浸提法处理后，用重铬酸钾容量法测定土壤微生物生物量碳，采用全自动凯氏定氮法测定土壤微生物生物量氮，3 次重复。

b. 土壤酶活性的测定（关松荫，1986）

采用 3,5-二硝基水杨酸比色法测定蔗糖酶活性，采用福林酚法测定蛋白酶活性，采用高锰酸钾滴定法测定过氧化氢酶活性，采用磷酸苯二钠比色法测定磷酸酶活性，采用靛酚比色法测定土壤脲酶活性，3 次重复。

c. 土壤碳氮密度及其储量（杨帆等，2016）

土壤有机碳密度 SOC_i 计算公式为

$$\text{SOC}_i = C_i \times D_i \times E_i \times \left(1 - G_i\right) / 100 \qquad (1\text{-}24)$$

式中，SOC_i 为土壤有机碳密度（t/hm^2）；C_i 为有机碳含量（g/kg）；D_i 为土壤容重（g/cm^3）；E_i 为土层厚度（mm）；G_i 为粒径>2mm 的石砾含量（%），试验区无>2mm 的石砾，所以 G_i 取值为 0。

土壤有机碳储量 SOC_t 计算公式为

$$SOC_t = \sum_{i=1}^{k} SOC_i \qquad (1\text{-}25)$$

式中，SOC_t 为土壤有机碳储量（t/hm^2）；k 为土层数。其中，封育 15 年草地碳氮固持量是封育 15 年草地与放牧草地土壤碳氮储量的差值；水平沟 15 年碳氮固持量是 15 年水平沟与 1 年水平沟土壤碳氮储量的差值；鱼鳞坑 15 年碳氮固持量是 15 年鱼鳞坑与 1 年鱼鳞坑土壤碳氮储量的差值，碳氮固持速率是碳氮固持量除以恢复年限。

土壤全氮密度和全氮储量计算方法同土壤有机碳。

7）最大吸湿水和稳定凋萎含水量的测定

最大吸湿水用米契里西的测定法，用 10% H_2SO_4（重量百分率）在 25℃时形成的相对湿度为 94.3%，测定步骤如下（徐荣，2004）。

称取通过 1mm 筛孔的风干土样 15g，放入已知质量的称量皿中，平铺于皿底。将称量皿放入干燥器中有孔的瓷板上，打开皿盖，勿贴近器壁。干燥器下部盛有 10% H_2SO_4（测 1g 土样，约在器下部放入 H_2SO_4 2ml）。将干燥器盖好后，放置在恒温箱中保持恒温 20℃。在土壤开始吸湿后一周左右，将称量皿盖上后从干燥器中取出，立即在天平上称重一次，然后将其重新放入干燥器中继续吸水，以后每隔 2~3d 称重一次，每次下部均换溶液，直至恒重或前后两次质量之差不超过 0.005g（计算时可取其大数）。将最大吸湿水达到恒重的土样，在 105℃烘至恒重，计算出土壤最大吸湿水含量。

对黄土高原，可取土壤最大吸湿水含量的 1.35 倍来计算稳定凋萎含水量（杨文治和邵明安，2000）。

8）土壤水分特征曲线的测定

a. 测定原理

土壤水分特征曲线是土壤水的能量指标（水吸力）与数量指标（含水量）的关系曲线。土壤水的基质势与含水量的关系，目前尚不能根据土壤的基本性质从理论上分析得出，因此，水分特征曲线只能用试验方法测得。为了分析应用方便，常用实测结果拟合经验公式，常用的经验公式形式有（雷自栋等，1988）：

$$S = a\theta^b \qquad (1\text{-}26)$$

$$或 \quad S = a(\theta/\theta_s)^b \qquad (1\text{-}27)$$

$$或 \quad S = A(\theta_s - \theta)^n / \theta^m \qquad (1\text{-}28)$$

式中，S 为水吸力（Pa）；θ 为含水量（%）；θ_s 为饱和含水量（%），a、b、A、n、m 为相应的经验常数。

负压计（又名张力计）是一种观测土壤水吸力的直读仪器。利用负压计测定土壤水分特征曲线是从能量角度研究土壤水分运动的实用手段。土壤愈湿，对水的吸力就愈小；反之则大。当陶土头插入被测土壤后，管中的纯自由水便通过多孔陶土壁与土壤水建立水力关系。由于仪器中自由水的势值总是高于非饱和土壤水的势值，因而，管中的水很快流向土壤，并在管中形成负压。随之，该负压值便由与管相连通的压力计表示出来。当仪器内外的势值达到均衡时，压力计表示的负压就是土壤水（陶土头处）的吸力值。

b. 测定方法

采用负压计法测定（雷自栋等，1988；李玉琪，1999），负压计采用水银负压计。试验所用土样为扰动土，分别在水平沟、鱼鳞坑和封育草地取 0～40cm 深度的混合土样与 40～80cm 深度的混合土样，土样经风干，过 2mm 筛后，按其野外容重值（平均值）装入水平土柱。然后将试样饱和，检查负压计的密封性，给试样装入两个负压计，等负压计稳定后（一般 8h 左右）读数，同时测定土壤含水量，结果采用两个负压计读数的平均值。在土样水分不断蒸发过程中，逐级稳定负压计读数并测定对应的土壤含水量，即可测得土壤水分的脱湿曲线。

9）土壤水扩散率 $D(\theta)$ 的测定

a. 实验原理

扩散率是非饱和土壤水分运动的一个重要指标。水平土柱吸渗法是测定土壤水扩散率 $D(\theta)$ 较常用的方法。该法是利用一个半无限长水平土柱的吸渗试验资料，忽略重力作用，根据一维水平流动的方程和定解条件，引入玻尔兹曼（Boltzmann）变换后，将偏微分方程转化为常微分方程，结合解析法求得计算公式，由试验资料最后列表计算出 $D(\theta)$。该法为室内测定 $D(\theta)$ 的重要方法之一（雷自栋等，1988）。

室内利用水平土柱吸渗法测定非饱和土壤水扩散率的原理为：将密度均一且有均匀初始含水率的水平土柱，在进水端维持一个接近饱和的稳定边界含水量，并使水分在土柱中进行水平吸渗运动，忽略重力作用，一维水平流动的微分方程和定解条件为

$$\frac{\partial \theta}{\partial t} = \frac{\partial}{\partial x}\left[D(\theta) \frac{\partial \theta}{\partial x} \right] \tag{1-29}$$

$$\begin{cases} \theta(x,0) = \theta_i \\ \theta(0,t) = \theta_s \\ \theta(\infty,t) = \theta_i \end{cases} \tag{1-30}$$

式中，t 为入渗时间（min）；x 为水平距离（cm）；θ_i 为初始体积含水率（cm³/cm³）；θ_s 为饱和体积含水率（cm³/cm³）；θ 为土壤体积含水率（cm³/cm³）。

该方程在上述定解条件下，求出其解析解，即可以得出 $D(\theta)$ 的计算公式。该方程为非线性偏微分方程，求解困难。故采用 Boltzmann 变换，将其转化为常微分方程求解，$D(\theta)$ 计算公式为

$$D(\theta) = \frac{-1}{2(\mathrm{d}\theta/\mathrm{d}\lambda)} \int_{\theta_i}^{\theta} \lambda \mathrm{d}\theta \qquad (1\text{-}31)$$

式中，λ 为 Boltzmann 变换的参数，$\lambda = xt^{-1/2}$（cm/min$^{1/2}$）。

进行水平土柱吸渗试验时，测出 t 时刻的土柱含水率分布，并计算出各 x 点对应的 λ 值，就可以绘制出 $\theta=f(\lambda)$ 关系的曲线。由此曲线，可求出相应的不同 θ 值的 $\mathrm{d}\theta/\mathrm{d}\lambda$ 值及相应的积分值，应用式（1-31），就可以计算出 $D(\theta)$。

b. 测定方法

野外分层取土（0～40cm，40～80cm），将风干土过 2mm 筛，装入有机玻璃槽中，槽宽 15cm，高为 10cm，长为 100cm，共分三段，水室段、滤层段各长 10cm，试样段长 80cm，装置如图 1-2 所示。将供试土样按野外容重分层装入试样段，制备成土柱。试验采用马氏瓶自动供水，以控制供水水头不变。记录试验开始时间，并采用先密后疏的时间间隔记录不同时间马氏瓶水量及其湿润锋前进距离。入渗到 60cm 时，结束试验，记录试验总历时，用烘干法测定土柱每隔 5cm 的土壤含水率。

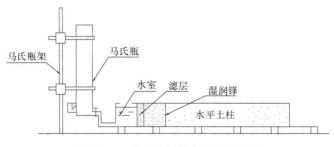

图 1-2 土壤水分扩散率测定示意图

10）土壤水分入渗性能的测定

土壤水分入渗试验采用双环法野外测定，双环法仪器构造示意图如图 1-3 所示，具体方法如下（杨文治和邵明安，2000）。

试验时，先将外圈打入土中（10cm 深），由 m 处向给水筒加水，加水前先将排气孔 a 打开，并夹住橡皮管 e，水加至玻璃管标尺最高刻度零点之上。灌足水后将 a 盖紧，保证不漏气。然后由橡皮管 e 放出 d 管内的水，使水面达到读数

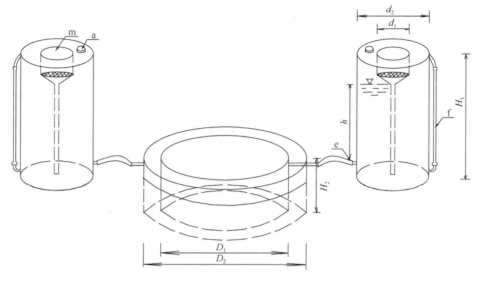

图 1-3　双环法仪器构造示意图

H_1. 入渗环高度（20cm）；H_2. 给水筒高度（60cm）；D_1. 入渗环内环直径（25cm）；D_2. 入渗环外环直径（50cm）；d_1. 给水筒注水口直径（8cm）；d_2. 给水筒直径（20cm）；m. 给水筒注水口；a. 给水筒排气孔；e. 橡皮管；f. 刻度尺

零点。将橡皮管 e 迅速接到外圈的管嘴上。左侧给水筒向外圈供水，右侧给水筒流入内圈。随着放水，圈内水位可维持不变，渗透量由给水筒自动补给。从试验开始的瞬间起，每隔一定时间记录一次渗透量，根据渗透量可计算每一时段平均渗透率，绘制渗透率与时间之间的关系曲线。

　　在封育草地上测定时选择地势较为平坦的地段进行测定。测定时为更好地控制侧渗，筑一土环围绕外环，距离外环 20cm，采用人工加水，保持水层高度与外环一致。

　　11）棵间蒸发量、牧草蒸腾速率的测定和小气候的观测

　　a. 棵间蒸发量的测定

　　棵间蒸发量采用自制的小型棵间蒸发器进行测定。蒸发器由 PVC 管制成，分内、外筒。内筒内径为 10cm，壁厚 5mm，高度为 15cm，外筒内径为 12cm。每次取土时将内筒垂直压入植物间土壤取原状土，用塑料胶带封底称重，然后放入固定于植物间的外筒中，顶部与地面平齐。用精度为 0.1g 的电子秤称重，两天内重量的差值即为日棵间蒸发量。为保证蒸发器内的土体水分含量同样地土壤相似，每隔 3d 更换器内的原状土体。另外，降雨后立即换土。

　　2006 年 6～9 月每月测定数天棵间蒸发量，测定的具体日期为 6 月 9～11 日、7 月 12～21 日、8 月 25 日到 9 月 2 日。测定时每个样地埋设 2 个蒸发器，利用蒸发器的测定值计算日棵间土壤蒸发量。采用所有测定天数的平均值进行数据分析。

b. 牧草蒸腾速率的测定

采用英国产 CIRAF-1 型便携式光合测定系统和离体快速称重法测定不同措施下长芒草、糙隐子草、冷蒿、达乌里胡枝子和铁杆蒿 5 种主要牧草的蒸腾速率。采用便携式光合测定系统测定蒸腾速率时在各样地内随机剪取上述牧草的数个叶片立即平铺于叶室，使各叶片之间无空隙且叶片无重叠，3 次重复。采用离体快速称重法测定蒸腾速率时，每次在各样地内随机剪取一定数量的上述牧草叶片，剪取后立即用电子天平（感量 0.01g）称鲜重，然后放入原环境中 3～5min 内再次称重，记录前后称重的间隔时间。然后将叶片带回实验室 65℃烘干称重（杜峰等，2003）。蒸腾速率：6～9 月每月测定 1 次（与测定棵间蒸发同步，日内在 8:30～11:00 测定），采用所有测定天数的平均值进行数据分析。

c. 小气候的观测

除降水、水面蒸发等直接采用试验点附近的气象站资料外，试验还在各样地内进行了地温、气温、空气湿度、风速等小气候因子的观测。考虑到各样地间距、愈接近下垫面小气候特点愈显著及植被高度等因素，试验确定测地上 20cm 处的气温、空气湿度和风速。地温测定了地表、地下 5cm 处和 15cm 处的温度。小气候指标 6～9 月每月测定数天，测定日期与棵间蒸发测定同步，测定日内观测的时间点为 2:00、8:00、14:00 和 20:00（李智广，2005），具体观测方法如下。

用 TRH-AZ 型便携式温湿度计测定各样地离地面 20cm 处的气温、湿度。用 QDF 型热球式电风速计测定离地面 20cm 处的风速，由于风速变动较大，瞬时观测值代表性差，因此试验测定 2min 内多个值，然后求其平均值，即风速值（李智广，2005）。用地温计测定土壤表层（0cm）、5cm 和 15cm 的温度日变化。采用所有测定天数的平均值进行数据分析。

12）水平沟拦蓄径流和土壤水分再分布的测定

a. 径流小区设置

在山坡中下部（海拔 1526m）植被一致的地段设置 A、B、C 3 个 3.26m×4.38m 的径流小区，小区下接水平沟蓄水，小区的其余三面用砖砌起，并用水泥抹平，以减少挡水堤对小区内水分的吸附作用，砌砖下部位于地下 20cm，砌砖上部高出地面 20cm，以隔绝小区内外的径流互通。径流小区内为原始植被。

在 A 小区下接的水平沟内设置一个 0.5m×0.5m×1m 的径流池，并将水平沟和集水池内侧表面用水泥抹面防渗，收集径流小区和水平沟内的雨水，为防止集水池内水满溢出，在集水池上部，距池顶 0.2m 的部位，接 5 个位于同一高度的分水管，其中 4 个分水管外漏，只有 1 个分水管通往第二个同样大的集水池，分水池也做防渗处理，并用盖封口，以防降雨和周围径流进入（图 1-4A）。

B 小区下接的水平沟不做处理，但在水平沟下方做一个与水平沟同长的溢流池（3.26m×0.5m×1m），用来收集降雨过程中水平沟蓄满后溢出的水，池内做防

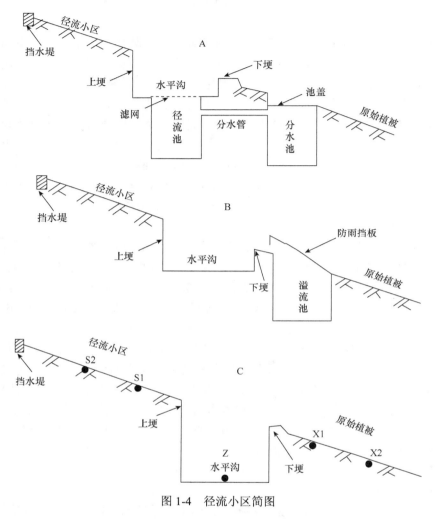

图 1-4　径流小区简图

渗处理，上方做一架空的防雨挡板，只允许水平沟溢出的水进入溢水池，不允许降雨落入（图 1-4B）。

　　C 小区不做任何处理。在 C 小区中选择 Z、S1、S2、X1 和 X2 点作为径流产生后土壤水分动态变化的观测点（图 1-4C）。这 5 个点选择的方法是 Z 点位于水平沟中心，S1 点位于距水平沟上埂 10cm 处，S2 距水平沟上埂 20cm 处，X1 距水平沟下埂内侧 10cm 处，X2 距水平沟下埂内侧 20cm 处。要求选择的 5 个点在一条直线上且方向与水平沟方向垂直。除 3 个径流小区外，试验同时在附近选择植被与径流小区相同的封育草地为对照（CK），对照不做任何处理。

　　b. 野外人工模拟降雨装置

　　野外人工模拟降雨采用自制组合的人工降雨器。降雨喷头采用短射程全圆微喷头（SLPG-8015），喷头高度 2m。人工模拟降雨前，先在室内调整供水压力或喷头数量以获得较为均匀的降雨，掌握供水压力、喷头数量和降雨强度的关系，然后再进行野外降雨试验。

c. 人工模拟降雨试验

试验中共进行了 3 次人工降雨，其中 2006 年 9 月 17 日在径流 A、C 小区各降雨一次，9 月 19 日在径流 A 小区降雨一次。为了减少风对降雨的影响，人工降雨选择无风时进行，三次降雨历时均 2h。降雨开始前，在降雨小区均匀放置 9 个自制的量雨筒，然后开始降雨试验并计时。

d. 数据观测

试验期间（6～9 月），当天然降雨有径流产生时，雨后立即测定小区 A 下方的径流池和分水池的水量，如小区 B 下方溢流池有溢流进入也测定其中的水量。人工降雨记录降雨历时，并在降雨结束后立即测定每个量雨筒的降雨量。在径流小区 A 人工降雨结束后还需立即统计小区下方径流池和分水池的水量。

试验分别在 2006 年 8 月 25 日和 9 月 17 日用烘干法分层测定了雨前 Z、S1、S2、X1、X2 点和对照（封育草地）的土壤含水率，测定时按 Z 处、S1 处、X1 处、S2 处、X2 处的固定顺序依次测定，测定深度为 0～100cm，每 10cm 为一层。同时，这两次降雨的雨后（两次降雨均有径流产生）用同样方法连续测定 Z、S1、S2、X1、X2 点和对照的土壤含水率。雨后连续测定的具体时间为雨后 0h、2h、15h、39h、73h、87h、115h、144h、165h。考虑到测定期间降雨对土壤含水率的影响，试验准备了塑料布，当测定期间有降雨时给小区 C 和对照区盖上塑料布以防新的雨水进入，雨停后取掉塑料布。

参 考 文 献

艾训儒, 马友平. 2006. 洪家河流域植物群落相似性与聚类分析. 湖北民族学院学报(自然科学版), 24(4): 339-342.

白文娟, 焦菊英, 张振国. 2007a. 安塞黄土丘陵沟壑区退耕地的土壤种子库特征. 中国水土保持科学, 5(2): 65-72.

白文娟, 焦菊英, 张振国. 2007b. 黄土丘陵沟壑区退耕地土壤种子库与地上植被的关系. 草业学报, 16(6): 30-38.

白欣. 2017. 封育年限对黄土高原典型草原繁殖更新与芽库的影响. 河南科技大学硕士学位论文.

蔡立群, 杜伟, 罗珠珠, 等. 2012. 陇中坡地不同退耕模式对土壤团粒结构分形特征的影响. 水土保持学报, 26(1): 200-202.

蔡晓布, 钱成, 张永清. 2007. 退化高寒草原土壤生物学性质的变化. 应用生态学报, (8): 1733-1738.

蔡育蓉, 陆琪, 吴宛萍, 等. 2018. 鱼鳞坑生态恢复措施对宁夏典型草原植物群落特征的影响. 草业科学, 35(9): 2115-2126.

曹子龙, 赵廷宁, 郑翠玲, 等. 2006. 浑善达克沙地南缘沙化草地围封过程中土壤种子库与地上植被的耦合关系. 干旱区资源与环境, 20(1): 178-183.

陈宝瑞, 杨桂霞, 张宏斌, 等. 2010. 不同干扰类型下羊草种群的空间格局. 生态学报, 30(21): 5868-5874.

陈芙蓉. 2012. 干扰对黄土区典型草原植被和土壤的影响研究. 中国科学院研究生院硕士学位论文.

陈洪松, 邵明安. 2003. 黄土区坡地土壤水分运动与转化机理研究进展. 水科学进展, 14(4): 513-520.

陈洪松, 邵明安, 王克林. 2005a. 上方来水对坡面降雨入渗及土壤水分再分布的影响. 水科学进展, 16(2): 233-237.

陈洪松, 邵明安, 王克林. 2006. 土壤初始含水率对坡面降雨入渗及土壤水分再分布的影响. 农业工程学报, 22(1): 44-47.

陈洪松, 邵明安, 张兴昌, 等. 2005b. 野外模拟降雨条件下坡面降雨入渗、产流试验研究. 水土保持学报, 19(2): 5-8.

陈文思. 2016. 陕西黄土区自然恢复植物群落的结构及多样性特征. 北京林业大学硕士学位论文.

陈正兴, 高德新, 张伟, 等. 2018. 黄土丘陵沟壑区不同坡向撂荒草地植物群落种群空间格局. 应用生态学报, 96(2): 1846-1856.

陈中方. 1985. 常家沟水土保持试验站各种水土保持措施减沙效果的对比分析. 泥沙研究, (3): 88-93.

陈祖雪, 谢世友. 2009. 流沙河流域生态恢复与土壤钾素的关系研究. 太原师范学院学报(自然科学版), 8(4): 116-120.

成毅, 安韶山, 李国辉, 等. 2010. 宁夏黄土丘陵区植被恢复对土壤养分和微生物生物量的影响. 中国生态农业学报, 18(2): 261-266.

程光庆. 2016. 渭北旱塬区土地利用类型及坡向对土壤质量的影响. 西北农林科技大学硕士学位论文.

程积民. 2014. 黄土高原草原生态系统研究. 北京: 科学出版社.

程积民, 程杰, 邱莉萍, 等. 2008. 六盘山森林土壤种子库与植被演替过程. 水土保持学报, (6): 187-192.

程积民, 万惠娥, 胡相明. 2006. 黄土高原草地土壤种子库与草地更新. 土壤学报, 43(4): 679-683.

程中秋, 张克斌, 常进, 等. 2010. 宁夏盐池不同封育措施下的植物生态位研究. 生态环境学报, 19(7): 1537-1542.

池芳春, 李生宝, 刘华, 等. 2007. 干旱区草地土壤种子库研究综述. 安徽农业科学, 35(6): 1578-1579.

从怀军, 成毅, 安韶山, 等. 2010. 黄土丘陵区不同植被恢复措施对土壤养分和微生物量 C、N、P 的影响. 水土保持学报, 24(4): 217-221.

崔东, 肖治国, 孙国军, 等. 2017. 伊犁河谷不同土地利用方式下土壤质量评价. 西北师范大学学报(自然科学版), 53(2): 112-117.

崔丽娟, 朱利, 李伟, 等. 2012. 北京西卓家营采砂迹地型湿地植被优势种种间关系. 湿地科学, 10(4): 417-422.

崔石林. 2015. 柄扁桃灌丛化荒漠草原群落组成特征及其分布机理研究. 内蒙古大学硕士学位

论文.

代雪玲, 董治宝, 蔺菊明, 等. 2015. 敦煌阳关自然保护区湿地植物群落数量分类和排序. 生态科学, 34(5): 129-134.

邓东周, 贺丽, 鄢武先, 等. 2017. 川西北高寒区不同沙化类型草地优势种群空间格局分析. 草地学报, 25(3): 492-498.

邓玉林, 李春艳, 王玉宽. 2005. 长江上游典型小流域植被水土保持效应研究. 水土保持学报, 19(5): 5-8.

董杰. 2007. 封育对退化典型草原土壤理化性质与土壤种子库的影响研究. 内蒙古农业大学硕士学位论文.

董云中, 王永亮, 张建杰, 等. 2014. 晋西北黄土高原丘陵区不同土地利用方式下土壤碳氮储量. 应用生态学报, 25(4): 955-960.

杜峰, 梁宗锁, 山仑, 等. 2003. 利用称重法测定植物群落蒸散. 西北植物学报, 23(8): 1411-1415.

杜铁瑛. 1992. 用综合顺序分类法对青海草地分类的探讨. 草业科学, 5: 28-32.

方楷, 宋乃平, 安慧, 等. 2011. 宁夏盐池荒漠草原植被的数量分类和排序. 生态学杂志, 30(12): 2719-2725.

方全. 2016. 江西天然针叶林群落特征研究. 南昌大学硕士学位论文.

冯广龙, 罗远培. 1998. 以土壤水分为参变量的根冠系统模拟调控模型. 水科学进展, 9(3): 224-230.

付华. 1997. 河西走廊盐渍区碱茅草地水盐动态及影响因素的研究. 草业科学, 14(2): 1-4, 8.

傅抱璞. 1994. 小气候学. 北京: 气象出版社: 1-341.

高芳. 2017. 三峡水库消落区地表植被及其土壤种子库时空动态研究. 重庆三峡学院博士学位论文.

高慧, 冯佳萍, 刘奕. 2010. 不同种植年限设施土壤容重与孔性分析. 安徽农业科学, 38(26): 14399-14400.

高军侠, 刘作新, 党宏斌. 2004. 黄土高原坡面模拟降雨超渗径流特征分析. 土壤通报, 35(6): 780-784.

高君亮, 罗凤敏, 高永, 等. 2016. 阴山北麓不同土地利用类型土壤养分特征分析与评价. 草业学报, 25(4): 230-238.

高雪峰, 韩国栋, 张功, 等. 2007. 放牧对荒漠草原土壤微生物的影响及其季节动态研究. 土壤通报, 38(1): 145-148.

高艳, 杜峰, 王雁南. 2017. 黄土丘陵区撂荒群落地上生物量和物种多样性关系. 水土保持研究, 24(3): 96-102.

耿韧, 张光辉, 李振炜, 等. 2014. 黄土丘陵区浅沟表层土壤容重的空间变异特征. 水土保持学报, 28(4): 257-262.

贡璐, 张海峰, 吕光辉, 等. 2011. 塔里木河上游典型绿洲不同连作年限棉田土壤质量评价. 生态学报, 31(14): 4136-4143.

贡璐, 张雪妮, 吕光辉, 等. 2012. 塔里木河上游典型绿洲不同土地利用方式下土壤质量评价. 资源科学, 34(1): 120-127.

谷长磊, 刘琳, 邱扬, 等. 2013. 黄土丘陵区生态退耕对草本层植物多样性的影响. 水土保持研究, 20(5): 99-103.

关松荫. 1986. 土壤酶及其研究法. 北京: 农业出版社.

桂东伟, 穆桂金, 雷加强, 等. 2009. 干旱区农田不同利用强度下土壤质量评价. 应用生态学报, 20(4): 894-900.

郭继勋, 祝廷成. 1997. 羊草草原土壤微生物的数量和生物量. 生态学报, 17(1): 80-84.

郭明英, 朝克图, 尤金成, 等. 2012. 不同利用方式下草地土壤微生物及土壤呼吸特性. 草地学报, 20(1): 42-48.

韩玲, 赵成章, 徐婷, 等. 2017. 不同土壤水分条件下洪泛平原湿地芨芨草叶片厚度与叶脉性状的关系. 植物生态学报, 41(5): 529-538.

韩蕊莲, 侯庆春. 2000. 黄土丘陵典型地区植被建设中有关问题的研究: II.立地条件类型划分及小流域造林种草布局模式. 水土保持研究, 7(2): 111-118.

韩新辉, 佟小刚, 杨改河, 等. 2012. 黄土丘陵区不同退耕还林地土壤有机碳库差异分析. 农业工程学报, 28(12): 223-229.

韩彦军. 2011. 土壤种子库研究综述. 绿色科技, 12(12): 96-99.

郝红敏, 刘玉, 王冬, 等. 2016. 典型草原开垦弃耕后不同年限群落植物多样性和空间结构特征. 草地学报, 24(4): 754-759.

郝建忠. 1993. 黄丘一区水土保持单项措施及综合治理减水减沙效益研究. 中国水土保持, (3): 26-31.

郝文芳. 2010. 陕北黄土丘陵区撂荒地恢复演替的生态学过程及机理研究. 西北农林科技大学博士学位论文.

何念鹏, 韩兴国, 于贵瑞. 2011. 长期封育对不同类型草地碳贮量及其固持速率的影响. 生态学报, 31(15): 4270-4276.

何晴波. 2017. 干扰方式对云雾山典型草原植被群落结构的影响. 河南科技大学硕士学位论文.

何小琴, 蒋志荣, 王刚, 等. 2007. 子午岭地区植被恢复演替过程与环境因子的分类与排序. 西北植物学报, 27(3): 601-606.

何召琬. 2009. 子午岭柴松林土壤种子库研究. 西北农林科技大学博士学位论文.

胡自治. 1994. 草原分类方法研究的新进展. 国外畜牧学: 草原与牧草, 4: 1-8.

胡自治. 1995. 人工草地分类的新系统: 综合顺序分类法. 中国草地, 4: 1-5.

胡自治. 1995. 世界人工草地及其分类现状. 国外畜牧学: 草原与牧草, 2: 1-8.

胡自治, 高彩霞. 1995. 草原综合顺序分类法的新改进: I类的划分指标及其分类的检索图. 草业学报, 3: 1-7.

胡自治, 张普金, 南志标, 等. 1978. 甘肃省的草原类型. 甘肃农业大学学报, (1): 3-29.

胡自治. 1989. 发展集约化草地农业, 促进农牧业现代化进程//中国科学院, 中国农业科学院, 全国草地科学研讨会论文编审组. 中国草地科学与草业发展. 北京: 科学出版社.

黄明斌, 李玉山, 康绍忠. 1999. 坡地单元降雨产流分析及平均入渗速率的计算. 水土保持学报, 5(1): 63-68.

黄晓霞, 丁佼, 和克俭, 等. 2013. 玉龙雪山南坡高山草甸植物群落类型及其分布格局. 草业科学, 30(1): 110-115.

黄欣颖, 王堃, 王宇通, 等. 2011. 典型草原封育过程中土壤种子库的变化特征. 草地学报, 19(1): 38-42.

黄宇, 汪思龙, 冯宗炜, 等. 2004. 不同人工林生态系统林地土壤质量评价. 应用生态学报, 15(12): 2199-2205.

贾慎修. 1980. 中国草原类型分类的商讨. 中国草原, (1): 1-13.

贾希洋, 马红彬, 周瑶, 等. 2018. 不同生态恢复措施下宁夏黄土丘陵区典型草原植物群落数量分类和演替. 草业学报, 27(2): 15-25.

贾志军, 王贵平, 李俊义, 等. 1987. 土壤含水率对坡耕地产流入渗影响的研究. 中国水土保持, (9): 25-27.

贾志清, 宋桂萍. 1997. 宁南山区典型流域土壤水分动态变化规律研究. 北京林业大学学报, 19(3): 15-20.

江小蕾, 张卫国, 杨振宇, 等. 2003. 不同干扰类型对高寒草甸群落结构和植物多样性的影响. 西北植物学报, 23(9): 1479-1485.

江忠善. 1983. 黄土地区天然降雨雨滴特性研究. 中国水土保持, 2(3): 32-36.

姜汉侨. 2010. 植物生态学. 2 版. 北京: 高等教育出版社.

蒋定生, 等. 1997. 黄土高原水土流失与治理模式. 北京: 中国水利水电出版社.

蒋定生, 黄国俊. 1984a. 黄土高原土壤入渗能力野外测试. 水土保持通报, 4(4): 7-9.

蒋定生, 黄国俊. 1984b. 地面坡度对降雨入渗影响的模拟试验. 水土保持通报, 4(4): 10-13.

焦菊英, 张振国, 贾燕锋, 等. 2008. 陕北丘陵沟壑区撂荒地自然恢复植被的组成结构与数量分类. 生态学报, 28(7): 2981-2997.

井光花, 程积民, 苏纪帅, 等. 2015. 黄土区长期封育草地优势物种生态位宽度与生态位重叠对不同干扰的响应特征. 草业学报, 24(9): 43-52.

巨莉, 文安邦, 郭进, 等. 2011. 三峡库区不同土地利用类型土壤颗粒分形特征. 水土保持学报, 25(5): 234-237.

康玲玲, 张宝, 甄斌, 等. 2006. 多沙粗沙区梯田对径流影响的初步分析. 水力发电, 32(12): 16-19.

康绍忠, 刘晓明. 1992. 土壤-植物-大气连续体水分传输的计算机模拟. 水利学报, 23(3): 1-12.

康绍忠, 刘晓明, 熊运章. 1994. 土壤-植物-大气连续体水分传输理论及其应用. 北京: 水利电力出版社.

康绍忠, 张书函, 聂光铺, 等. 1996. 内蒙古敖包小流域土壤入渗分布规律的研究. 土壤侵蚀与水土保持学报, 2(2): 38-46.

雷自栋, 杨诗秀, 谢森传. 1988. 土壤水动力学. 北京: 清华大学出版社: 19-24.

李博. 1996. 草地资源与食物安全.中国草地科学进展. 北京: 中国农业大学出版社: 8-9.

李潮, 谢应忠, 许冬梅, 等. 2013. 宁夏荒漠草原植物群落的种间关系. 草业科学, 30(11): 1801-1807.

李东, 王子芳, 郑杰炳, 等. 2009. 紫色丘陵区不同土地利用方式下土壤有机质和全量氮磷钾含量状况. 土壤通报, 40(2): 310-314.

李冬梅, 焦峰, 雷波, 等. 2014. 黄土丘陵区不同草本群落生物量与土壤水分的特征分析. 中国水土保持科学, 12(1): 33-37.

李锋瑞, 赵丽娅, 王树芳, 等. 2003. 封育对退化沙质草地土壤种子库与地上群落结构的影响. 草业学报, 12(4): 90-99.

李洪远, 莫训强, 郝翠. 2009. 近 30 年来土壤种子库研究的回顾与展望. 生态环境学报, 18(2): 731-737.

李鸿杰, 黄冠. 1992. 坡耕地蓄水保土耕作法及其效益分析. 水土保持通报, 12(6): 71-77.

李建平, 陈婧, 谢应忠. 2016a. 封育草地与弃耕地土壤碳氮固持及固持速率动态. 草业学报,

25(12): 44-52.

李建平, 陈婧, 谢应忠, 等. 2016b. 封育对草地深层土壤碳储量及其固持速率的影响. 水土保持研究, 23(6): 1-8.

李军玲, 张金屯. 2006. 太行山中段植物群落优势种生态位研究. 植物研究, 26(2): 2156-2162.

李淼, 宋孝玉, 沈冰, 等. 2005. 人类活动对黄土沟壑区小流域水沙影响的研究. 水土保持通报, 25(5): 20-23.

李生宝, 蒋齐, 李壁成, 等. 2006. 宁夏南部山区生态农业建设技术研究. 银川: 宁夏人民出版社: 69-98.

李树生, 安雨, 王雪宏, 等. 2015. 不同地表水水位下莫莫格湿地植物群落物种组成和数量特征. 湿地科学, 13(4): 466-471.

李文, 曹文侠, 师尚礼, 等. 2016. 放牧管理模式对高寒草甸生态系统有机碳、氮储量特征的影响. 草业学报, 25(11): 25-33.

李文斌, 李新平. 2012. 陕北风沙区不同植被覆盖下的土壤养分特征. 生态学报, 32(22): 6991-6999.

李侠. 2014. 封育对宁夏荒漠草原土壤有机碳及团聚体稳定性的影响. 宁夏大学硕士学位论文.

李翔, 杨贺菲, 吴晓, 等. 2016. 不同水土保持措施对红壤坡耕地土壤物理性质的影响. 南方农业学报, 47(10): 1677-1682.

李雅琼, 霍艳双, 赵一安, 等. 2016. 不同改良措施对退化草原土壤碳、氮储量的影响. 中国草地学报, 38(5): 91-95.

李阳兵, 谢德体. 2001. 不同土地利用方式对岩溶山地土壤团粒结构的影响. 水土保持学报, 15(4): 122-125.

李毅, 邵明安. 2006. 雨强对黄土坡面土壤水分入渗及再分布的影响. 应用生态学报, 17(12): 2271-2276.

李永强, 焦树英, 赵萌莉, 等. 2016. 草甸草原撂荒地演替过程中植被多样性指数变化. 中国草地学报, 38(3): 116-120.

李玉琪. 1999. 负压计测定土壤水分的应用分析. 中国农村水利水电(农田水利与小水电), (3): 18-19.

李裕元, 邵明安. 2004. 降水条件下坡地水分转化特征实验研究. 水利学报, (4): 48-53.

李媛. 2012. 火烧干扰对云雾山典型草原植被及土壤的影响. 西北农林科技大学硕士学位论文.

李志刚, 谢应忠. 2015. 翻埋与覆盖林木枝条改善宁夏沙化土壤性质. 农业工程学报, 31(10): 174-181.

李智广. 2005. 水土流失测验与调查. 北京: 中国水利水电版社: 96-118.

李中林, 秦卫华, 周守标, 等. 2014. 围栏封育下华北半干旱草原植物生态位研究. 草地学报, 22(6): 1186-1193.

梁爱珍, 张晓平, 杨学明, 等. 2009. 耕作对东北黑土团聚体粒级分布及其稳定性的短期影响. 土壤学报, 46(1): 154-158.

梁祖锋, 王槐三, 朱成元, 等. 1984. 江苏省滨海草场的类型与开发利用. 南京农学院学报, 7(4): 93-100.

林金宝. 2006. 不同利用方式下牧草生长与繁殖及种子库动态研究. 甘肃农业大学硕士学位论文.

刘昌明, 丁护宁. 1996. 土壤-作物-大气系统水分运动实验研究. 北京: 气象出版社.

刘昌明, 窦清晨. 1992. 土壤-植物-大气连续体模型中的蒸散发计算. 水科学进展, 3(4): 255-263.

刘春利, 邵明安, 张兴昌, 等. 2005. 神木水蚀风蚀交错带退耕坡地土壤含水率空间变异性研究.

水土保持学报, 19(1): 132-135.

刘奉觉, 郑世楷, 巨关升. 1997. 树木蒸腾耗水测算技术的比较研究. 林业科学, 33(2): 117-125.

刘光崧. 1996. 土壤理化分析与剖面描述. 北京: 中国标准出版社.

刘广明, 吕真真, 杨劲松, 等. 2015. 基于主成分分析及 GIS 的环渤海区域土壤质量评价. 排灌
    机械工程学报, 33(1): 67-72.

刘海威, 张少康, 焦峰. 2016. 黄土丘陵区不同退耕年限草地群落特征及其土壤水分养分效应.
    草业学报, 25(10): 31-39.

刘华, 蒋齐, 王占军, 等. 2011. 不同封育年限宁夏荒漠草原土壤种子库研究. 水土保持研究,
    18(5): 96-98.

刘济明, 陈洪, 何跃军, 等. 2006. 喀斯特封山育林区土壤种子库研究. 西南农业大学学报(自然
    科学版), 28(3): 376-380.

刘美英. 2009. 马家塔复垦区土壤质量评价及其平衡施肥研究. 内蒙古农业大学博士学位论文.

刘梦云, 常庆瑞, 安韶山, 等. 2005. 土地利用方式对土壤团聚体及微团聚体的影响. 中国农学
    通报, 21(11): 247-250.

刘起. 1996. 中国天然草地的分类. 四川草原, 2: 1-5.

刘瑞雪, 詹娟, 史志华, 等. 2013. 丹江口水库消落带土壤种子库与地上植被和环境的关系. 应
    用生态学报, 24(3): 801-808.

刘世梁, 傅伯杰, 刘国华, 等. 2006. 我国土壤质量及其评价研究的进展. 土壤通报, 1(1):
    137-143.

刘寿东, 戴艳洁. 1998. 内蒙古草地土壤水分动态监测预测模式的研究. 内蒙古气象, (3): 33-37.

刘伟玮, 刘某承, 李文华, 等. 2017. 辽东山区林参复合经营土壤质量评价. 生态学报, 37(8):
    2631-2641.

刘文利, 吴景贵, 傅民杰, 等. 2014. 种植年限对果园土壤团聚体分布与稳定性的影响. 水土保
    持学报, 28(1): 129-135.

刘文娜, 吴文良, 王秀斌, 等. 2006. 不同土壤类型和农业用地方式对土壤微生物量碳的影响.
    植物营养与肥料学报, 12(3): 406-411.

刘贤赵, 康绍忠. 1997. 黄土高原沟壑区小流域土壤入渗分布规律的研究. 吉林林学院学报,
    13(4): 203-208.

刘贤赵, 康绍忠. 1998. 陕西王东沟小流域野外土壤入渗实验研究. 人民黄河, 20(2): 21-26.

刘讯, 叶红环, 廖佳元, 等. 2014. 喀斯特小流域不同土地利用方式下土壤容重分析. 山地农业
    生物学报, (4): 63-66.

刘延斌, 张典业, 张永超, 等. 2016. 不同管理措施下高寒退化草地恢复效果评估. 农业工程学
    报, 32(24): 268-275.

刘艳丽, 李成亮, 高明秀, 等. 2015. 不同土地利用方式对黄河三角洲土壤物理特性的影响. 生
    态学报, 35(15): 5183-5190.

刘永进, 胡祥娟, 王淑红, 等. 2013. 云雾山典型草原植物群落组成及土壤含水量对火烧干扰的
    响应. 黑龙江畜牧兽医, 57(7): 78-81.

刘哲, 李奇, 陈懂懂, 等. 2015. 青藏高原高寒草甸物种多样性的海拔梯度分布格局及对地上生
    物量的影响. 生物多样性, 23(4): 451-462.

刘作云, 杨宁. 2015. 衡阳紫色土丘陵坡地植被恢复对土壤酶活性及土壤理化性质的影响. 水土
    保持通报, 35(2): 20-26.

吕圣桥, 高鹏, 耿广坡, 等. 2011. 黄河三角洲滩地土壤颗粒分形特征及其与土壤有机质的关系. 水土保持学报, 25(6): 134-138.

吕世海, 卢欣石, 曹帮华. 2005. 呼伦贝尔草地风蚀沙化地土壤种子库多样性研究. 中国草地学报, 27(3): 5-10.

罗冬, 王明玖, 郑少龙, 等. 2016. 围封对荒漠草原土壤微生物数量及其酶活性的影响. 生态环境学报, 25(5): 760-767.

罗琰, 苏德荣, 纪宝明, 等. 2018. 辉河湿地不同草甸植被群落特征及其与土壤因子的关系. 草业学报, 27(3): 33-43.

罗远培, 李韵珠. 1996. 根系系统与作物水氮资源利用效率. 北京: 中国农业科技出版社.

骆东奇, 侯春霞, 魏朝富, 等. 2003. 不同母质发育紫色土团粒结构的分形特征研究. 水土保持学报, 17(1): 131-133.

马红彬, 沈艳, 谢应忠, 等. 2013. 不同恢复措施对宁夏黄土丘陵区典型草原植物群落特征的影响. 西北农业学报, 22(1): 200-206.

马红彬, 王宁. 2000. 宁夏草地的分类. 宁夏农学院学报, 2: 62-67.

马红媛, 梁正伟, 吕丙盛, 等. 2012. 松嫩碱化草甸土壤种子库格局、动态研究进展. 生态学报, 32(13): 4261-4269.

马建军, 姚虹, 冯朝阳, 等. 2012. 内蒙古典型草原区 3 种不同草地利用模式下植物功能群及其多样性的变化. 植物生态学报, 36(1): 1-9.

马克平. 1994. 生物群落多样性的测度方法 I. α 多样性的测度方法(上). 生物多样性, 3(1): 162-168.

马全林, 卢琦, 魏林源, 等. 2015. 干旱荒漠白刺灌丛植被演替过程土壤种子库变化特征. 生态学报, 35(7): 2285-2294.

马三宝, 郑妍, 马彦喜. 2002. 黄土丘陵区水土流失特征与还林还草措施研究. 水土保持研究, 9(3): 55-57.

马雪华. 1993. 森林水文学. 北京: 中国林业出版社.

马玉莹, 雷廷武, 张心平, 等. 2013. 体积置换法直接测量土壤质量含水率及土壤容重. 农业工程学报, 29(9): 86-93.

蒙宽宏, 姚余君, 柴亚凡, 等. 2006. 环境因子对土壤水分渗透特征的影响. 防护林科技, (3): 25-27.

缪驰远, 汪亚峰, 魏欣, 等. 2007. 黑土表层土壤颗粒的分形特征. 应用生态学报, 1(9): 1987-1993.

莫训强, 王秀明, 孟伟庆, 等. 2012. 天津地区湿地土壤种子库及其在受限空间中的植被演替研究. 水土保持通报, 32(4): 219-224.

聂明鹤, 沈艳, 饶丽仙. 2018. 宁夏典型草原区退耕草地群落演替序列与环境解释. 草业学报, 27(8): 11-20.

潘成忠, 上官周平. 2003. 黄土半干旱丘陵区陡坡地土壤含水率空间变异性研究. 农业工程学报, 19(6): 5-10.

潘根兴, 李恋卿, 张旭辉. 2002. 土壤有机碳库与全球变化研究的若干前沿问题: 兼开展中国水稻土有机碳固定研究的建议. 南京农业大学学报, 25(3): 100-109.

庞立东. 2006. 西鄂尔多斯-东阿拉善荒漠灌木优势种群生态位研究. 内蒙古农业大学硕士学位论文.

彭东海, 侯晓龙, 何宗明, 等. 2016. 金尾矿废弃地不同植被恢复阶段物种多样性与土壤特性的演变. 水土保持学报, 30(1): 159-164.

彭佳佳, 胡玉福, 蒋双龙, 等. 2014. 生态恢复对川西北沙化草地土壤活性有机碳的影响. 水土保持学报, 28(6): 251-255.

乔丽红. 2016. 放牧与刈割对典型草原优势种种群空间格局的影响. 内蒙古大学硕士学位论文.

乔荣. 2014. 围封对希拉穆仁草原植被及土壤理化性质的影响. 内蒙古农业大学硕士学位论文.

乔鲜果, 郭柯, 赵利清, 等. 2017. 中国石生针茅草原的分布、群落特征和分类. 植物生态学报, 41(2): 231-237.

秦建蓉. 2016. 宁夏东部风沙区荒漠草原植物群落及物种多样性研究. 宁夏大学硕士学位论文.

秦建蓉, 马红彬, 沈艳, 等. 2015. 宁夏东部风沙区荒漠草原植物群落物种多样性研究. 西北植物学报, 35(9): 1891-1898.

秦全胜, 郑彩霞, 汪万福. 2002. 敦煌莫高窟窟区树木蒸腾耗水量的估算. 敦煌研究, (4): 97-101.

曲继宗, 陈乃政, 郭玉记. 1990. 新修梯田土壤水分状况研究. 水土保持通报, 10(6): 46-49.

曲耀光. 1992. 中国干旱区水文及水资源利用. 北京: 科学出版社.

曲仲湘. 1983. 植物生态学. 2 版. 北京: 高等教育出版社: 92-139.

任继周. 1980. 草原的综合顺序分类法及其草原发生学意义. 中国草原, (1): 2-24.

任继周. 1992. 黄土高原草地的生态生产力特征//任继周. 黄土高原农业系统国际学术会议论文集. 兰州: 甘肃科学技术出版社: 3-5.

任继周. 1995. 草地农业生态学. 北京: 中国农业出版社.

任继周, 胡自治, 牟新待. 1965. 我国草原类型第一级: 类的气候指标. 甘肃农业大学学报, (2): 17.

任继周, 牟新待, 胡自治, 等. 1974. 青海省的草原类型第一级: "类"的初步研究. 甘肃农业大学学报, (2): 30-40.

任继周, 王宁. 1999. 草地农业应是黄土高原农业系统的主体//寒声. 黄河文化论坛. 北京: 中国戏剧出版社.

任婷婷, 王瑄, 孙雪彤, 等. 2014. 不同土地利用方式土壤物理性质特征分析. 水土保持学报, 28(2): 123-126.

容丽, 王世杰, 杜雪莲. 2006. 喀斯特低热河谷石漠化区环境梯度的小气候效应: 以贵州花江峡谷区小流域为例. 生态学杂志, 25(9): 1038-1043.

萨仁高娃, 敖特根, 韩国栋, 等. 2010. 不同放牧强度下典型草原植物群落数量特征和家畜生产性能的比较研究. 草原与草业, 22(4): 47-50.

单贵莲, 徐柱, 宁发, 等. 2008. 围封年限对典型草原群落结构及物种多样性的影响. 草业学报, 17(6): 1-8.

单奇华, 张建锋, 唐华军, 等. 2012. 质量指数法表征不同处理模式对滨海盐碱地土壤质量的影响. 土壤学报, 49(6): 1095-1103.

单秀枝, 魏由庆, 严慧峻, 等. 1998. 土壤有机质含量对土壤水动力学参数的影响. 土壤学报, (1): 1-9.

尚占环, 任国华, 龙瑞军. 2009. 土壤种子库研究综述: 规模、格局及影响因素. 草业学报, 18(1): 144-154.

邵明安, 黄明斌. 2000. 土-根系统水动力学. 西安: 陕西科学技术出版社.

邵明安, 上官周平, 康绍忠, 等. 1999. 坡地水分养分动力学研究的基本思路//邵明安. 黄土高原土壤侵蚀与旱地农业. 西安: 陕西科学技术出版社: 3-9.

邵明安, 王全, Horton R. 2000. 推求土壤水分运动参数的简单入渗法: I. 理论分析. 土壤学报, 37(1): 1-8.

邵琪, 顾卫, 许映军. 2008. 土壤种子库在工程创面生态恢复中的应用. 中国水土保持科学, 6(2): 39-43.

沈艳, 马红彬, 谢应忠, 等. 2012. 宁夏典型草原土壤理化性状对不同管理方式的响应. 水土保持学报, 26(5): 84-89.

沈艳, 马红彬, 赵菲, 等. 2015. 荒漠草原土壤养分和植物群落稳定性对不同管理方式的响应. 草地学报, 23(2): 264-270.

盛丽, 王彦龙. 2010. 退化草地改建对土壤种子库及其与植被关系的影响. 草业科学, 27(8): 39-43.

盛茂银, 熊康宁, 崔高仰, 等. 2015. 贵州喀斯特石漠化地区植物多样性与土壤理化性质. 生态学报, 35(2): 434-448.

石生新, 蒋定生. 1994. 几种水土保持措施对强化降水入渗和减沙的影响试验研究. 水土保持研究, 1(1): 82-88.

舒树淼, 赵洋毅, 胡慧蓉, 等. 2016. 基于结构方程的滇东石漠化地区土壤理化性质与酶活性研究. 水土保持通报, 36(3): 338-345.

宋永昌. 2001. 植被生态学. 上海: 华东师范大学出版社.

苏大学. 1986. 中国南方天然草地类型分类的探讨. 自然资源, (2): 37-42.

苏楞高娃, 敖特根, 齐晓荣. 2007. 封育对沙化典型草原土壤种子库的影响. 草原与草业, 19(1): 46-48.

苏明, 张玉霞, 宋桂云, 等. 1997. 退化草场恢复演替与合理利用的土壤微生物生态效应. 哲里木畜牧学院学报, (1): 28-31.

孙昌平, 刘贤德, 雷蕾, 等. 2010. 祁连山不同林地类型土壤特性及其水源涵养功能. 水土保持通报, 30(4): 68-72.

孙建华, 王彦荣, 曾彦军. 2005. 封育和放牧条件下退化荒漠草地土壤种子库特征. 西北植物学报, 25(10): 2035-2042.

孙杰, 田浩, 范跃新, 等. 2017. 长汀红壤侵蚀退化地植被恢复对土壤团聚体有机碳含量及分布的影响. 福建师范大学学报(自然科学版), (3): 87-94.

孙鹏飞, 崔占鸿, 刘书杰, 等. 2015. 三江源区不同季节放牧草场天然牧草营养价值评定及载畜量研究. 草业学报, 24(12): 92-101.

索风梅, 张昭, 陈瑶, 等. 2017. 不同温度处理条件下植物种子萌发的研究进展. 世界科学技术-中医药现代化, 19(4): 706-710.

谭世图. 2015. 干扰对黄土高原典型草原地上植被与繁殖更新的影响. 河南科技大学硕士学位论文.

谭永钦, 张国安, 郭尔祥. 2004. 草坪杂草生态位研究. 生态学报, 24(6): 1300-1305.

汤景明, 艾训儒, 易咏梅, 等. 2012. 鄂西南木林子常绿落叶阔叶混交林恢复过程中优势树种生态位动态. 生态学报, 32(20): 6334-6342.

田宇英. 2014. 亮叶水青冈落叶阔叶林的群落生态学研究. 厦门大学硕士学位论文.

仝川, 冯秀, 仲延凯. 2009. 内蒙古锡林郭勒克氏针茅退化草原土壤种子库特征. 生态学报, 29(9): 4710-4719.

王伯荪, 彭少麟. 1997. 植被生态学: 群落与生态系统. 北京: 中国环境科学出版社.

王伯荪, 王昌伟, 彭少麟. 2005. 生物多样性刍议. 中山大学学报(自然科学版), 44(6): 68-70.

王博杰, 唐海萍, 何丽, 等. 2016. 农牧交错区旱作条件下苜蓿和冰草人工草地稳定性研究. 草业学报, 25(4): 222-229.

王长庭, 王启基, 龙瑞军, 等. 2004. 高寒草甸群落植物多样性和初级生产力沿海拔梯度变化的研究. 植物生态学报, 28(2): 240-245.

王春燕, 燕霞, 顾梦鹤. 2018. 黄土高原弃耕地植被演替及其对土壤养分动态的影响. 草业学报, 27(11): 26-35.

王德, 傅伯杰, 陈利顶, 等. 2007. 不同土地利用类型下土壤粒径分形分析: 以黄土丘陵沟壑区为例. 生态学报, 27(7): 3081-3089.

王凤, 鞠瑞亭, 李跃忠, 等. 2006. 生态位概念及其在昆虫生态学中的应用. 生态学杂志, 25(10): 1280-1284.

王光华, 金剑, 韩晓增, 等. 2007. 不同土地管理方式对黑土土壤微生物量碳和酶活性的影响. 应用生态学报, 18(6): 1275-1280.

王国栋, 吕宪国, 姜明, 等. 2012. 三江平原恢复湿地土壤种子库特征及其与植被的关系. 植物生态学报, 36(8): 763-773.

王国梁, 刘国彬, 刘芳, 等. 2003. 黄土沟壑区植被恢复过程中植物群落组成及结构变化. 生态学报, 23(12): 2550-2557.

王国庆. 2018. 封育对草甸草原植物生态位、种间联结及功能群的影响. 黑龙江八一农垦大学硕士学位论文.

王会仁, 黄茹, 王洪峰. 2012. 土壤种子库研究进展. 宁夏农林科技, 53(11): 57-59.

王健, 吴发启. 2005. 农业耕作措施蓄水保土机理分析. 中国水土保持, (2): 10-12.

王景升, 姚帅臣, 普穷, 等. 2016. 藏北高原草地群落的数量分类与排序. 生态学报, 36(21): 6889-6896.

王凯博, 时伟宇, 上官周平. 2012. 黄土丘陵区天然和人工植被类型对土壤理化性质的影响. 农业工程学报, 28(15): 80-86.

王力, 邵明安. 2000. 延安试区土壤干层现状分析. 水土保持通报, 20(3): 35-37.

王丽. 2015. 不同轮牧方式下宁夏荒漠草原土壤生物学性状变化及土壤健康评价. 宁夏大学硕士学位论文.

王孟本, 李洪建. 1990. 柠条林蒸腾状况与土壤水分动态研究. 水土保持通报, (12): 85-90.

王宁, 姚爱兴. 1993. 草地农业应为宁夏南部山区农业生态系统的主体. 干旱区资源与环境, (3-4): 302-305.

王平, 孙涛. 2014. 高山退化草地不同恢复措施对土壤理化性质的影响. 水土保持研究, 21(4): 31-34.

王启兰, 王溪, 曹广民, 等. 2011. 青海省海北州典型高寒草甸土壤质量评价. 应用生态学报, 22(6): 1416-1422.

王清奎, 汪思龙, 高洪, 等. 2005. 土地利用方式对土壤有机质的影响. 生态学杂志, 24(4): 360-363.

王伟伟, 杨海龙, 贺康宁, 等. 2012. 青海高寒区不同人工林配置下草本群落生态位研究. 水土保持研究, 19(3): 156-165.

王香红, 栾兆擎, 闫丹丹, 等. 2015. 洪河沼泽湿地 17 种植物的生态位. 湿地科学, 13(1): 49-54.

王晓龙, 胡锋, 李辉信, 等. 2006. 红壤小流域不同土地利用方式对土壤微生物量碳氮的影响.

农业环境科学学报, 1(1): 143-147.

王晓荣, 程瑞梅, 肖文发, 等. 2010. 三峡库区消落带水淹初期地上植被与土壤种子库的关系. 生态学报, 30(21): 5821-5831.

王雪梅, 柴仲平, 毛东雷, 等. 2015. 不同土地利用方式下渭-库绿洲土壤质量评价. 水土保持通报, 35(4): 319-323.

王燕. 1992. 黄土表土结皮对降雨溅蚀和片蚀影响的试验研究. 中国科学院水利部西北水土保持研究所硕士学位论文.

王永健, 陶建平, 彭月. 2006. 陆地植物群落物种多样性研究进展. 广西植物, 26(4): 406-411.

王玉宽. 1991. 黄土高原坡地降雨产流过程的试验分析. 水土保持学报, 5(2): 25-29.

王原, 夏鹏云, 李冲, 等. 2016. 火烧迹地土壤养分与植被恢复关系研究. 现代园艺, 5(22): 9-10.

王占礼, 黄新会, 张振国, 等. 2005. 黄土裸坡降雨产流过程试验研究. 水土保持通报, 25(4): 1-4.

魏冠东, 侯庆春. 1990. 上黄试区灌木树种蒸腾特征及土壤水分变化初探. 水土保持通报, 10(6): 104-107.

温仲明, 焦峰, 刘宝元, 等. 2005. 黄土高原森林草原区退耕地植被自然恢复与土壤养分变化. 应用生态学报, 16(11): 2025-2029.

吴承祯, 洪伟. 1999. 不同经营模式土壤团粒结构的分形特征研究. 土壤学报, 36(2): 162-167.

吴家兵, 裴铁璠. 2002. 长江上游、黄河上中游坡改梯对其径流及生态环境的影响. 国土与自然资源研究, (2): 59-61.

吴钦孝, 韩冰. 2004. 黄土丘陵区小流域土壤水分入渗特征研究. 中国水土保持科学, 2(2): 1-5.

吴擎龙, 雷志栋. 1996. 求解 SPAC 系统水热输移的耦合迭代计算方法. 水利学报, 27(2): 1-10.

吴玉红, 田霄鸿, 南雄雄, 等. 2010. 基于因子和聚类分析的保护性耕作土壤质量评价研究. 中国生态农业学报, 18(2): 223-228.

武天云, 邓娟珍, 王生录, 等. 1995. 覆盖黑垆土的持水特性及抗旱性研究. 干旱地区农业研究, 13(3): 33-37.

武晓菲. 2013. 丹江口水库库岸带土壤种子库研究. 华中农业大学硕士学位论文.

肖波, 王庆海, 李翠, 等. 2011. 黄土高原退耕地复垦对土壤理化性状及空间变异特征的影响. 西北农林科技大学学报(自然科学版), 39(7): 185-192.

谢锦升, 杨玉盛, 陈光水, 等. 2005. 亚热带侵蚀红壤植被恢复后营养元素通量的变化. 生态学报, 25(9): 2312-2319.

谢尼科夫. 1938. 苏联的草甸植被. 张绅, 译. 北京: 科学出版社: 44-248.

解文艳, 樊贵盛. 2004. 土壤含水量对土壤入渗能力的影响. 太原理工大学学报, 35(3): 272-275.

熊运阜, 王宏兴, 白志刚, 等. 1996. 梯田、林地、草地减水减沙效益指标初探. 中国水土保持, (8): 10-14.

徐海量, 叶茂, 李吉玫, 等. 2008. 不同水分供应对塔里木河下游土壤种子库种子萌发的影响. 干旱区地理, 31(5): 650-658.

徐军亮, 马履一, 工华田. 2003. 油松人工林 SPAC 水势梯度的时空变异. 北京林业大学学报, (5): 1-5.

徐坤, 谢应忠, 李世忠. 2006. 宁南黄土丘陵区退化草地群落主要植物种群空间分布格局对比研究. 西北农业学报, 15(5): 123-127.

徐坤, 谢应忠, 郑国琴. 2004. 植被稳定性研究进展. 农业科学研究, 25(4): 58-61.

徐敏云, 李培广, 谢帆, 等. 2011. 土地利用和管理方式对农牧交错带土壤碳密度的影响. 农业工程学报, 27(7): 320-325.

徐荣. 2004. 宁夏河东沙地不同密度柠条灌丛草地水分与群落特征的研究. 中国农业科学院畜牧研究所博士学位论文.

徐涛, 蒙仲举, 斯庆毕力格, 等. 2018. 吉兰泰盐湖周边不同沙化程度植被群落与土壤养分特征研究. 水土保持学报, 32(4): 95-101.

徐学选, 刘文兆, 高鹏, 等. 2003. 黄土丘陵区土壤水分空间分布差异性探讨. 生态环境, 12(1): 52-55.

许鹏. 1985. 中国草地分类原则与系统讨论. 四川草原, (2): 1-7.

许晴, 张放, 许中旗, 等. 2011. Simpson 指数和 Shannon-Wiener 指数若干特征的分析及"稀释效应". 草业科学, 28(4): 527-531.

薛菁芳, 高艳梅, 汪景宽, 等. 2007. 土壤微生物量碳氮作为土壤肥力指标的探讨. 土壤通报, 38(2): 247-250.

薛萐, 李占斌, 戴全厚, 等. 2009. 侵蚀环境撂荒地植物群落恢复动态研究. 中国水土保持科学, 7(6): 14-19.

薛萐, 李占斌, 李鹏, 等. 2011. 不同土地利用方式对干热河谷地区土壤酶活性的影响. 中国农业科学, 44(18): 3768-3777.

闫晗, 葛蕊, 潘胜凯, 等. 2014. 恢复措施对排土场土壤酶活性和微生物量的影响. 环境化学, 33(2): 327-333.

闫晗, 吴祥云, 黄静, 等. 2011. 生态恢复措施对土壤微生物数量特征的影响: 以阜新海州露天矿排土场为例. 土壤通报, 42(6): 1359-1363.

闫巧玲, 刘志民, 李荣平. 2005. 持久土壤种子库研究综述. 生态学杂志, 24(8): 948-952.

闫瑞瑞, 卫智军, 辛晓平, 等. 2011. 放牧制度对荒漠草原可萌发土壤种子库的影响. 中国沙漠, 31(3): 703-708.

阎欣, 安慧. 2017. 宁夏荒漠草原沙漠化过程中土壤粒径分形特征. 应用生态学报, 28(10): 3243-3250.

杨帆, 潘成忠, 鞠洪秀. 2016. 晋西黄土丘陵区不同土地利用类型对土壤碳氮储量的影响. 水土保持研究, 23(4): 318-324.

杨恒, 张继敏, 李思锋, 等. 1999. 黄土丘陵区不同坡位气象因子的对比研究. 土壤侵蚀与水土保持学报, 5(5): 150-152.

杨弘, 李忠, 裴铁璠, 等. 2007. 长白山北坡阔叶红松林和暗针叶林的土壤水分物理性质. 应用生态学, 18(2): 272-276.

杨开宝, 李景林. 1999. 黄土丘陵区第 I 副区梯田断面水分变化规律. 土壤侵蚀与水土保持学报, 5(2): 64-69.

杨磊, 王彦荣, 余进德. 2010. 干旱荒漠区土壤种子库研究进展. 草业学报, 19(2): 227-234.

杨宁, 付美云, 杨满元, 等. 2014. 衡阳紫色土丘陵坡地不同土地利用模式下土壤种子库特征. 西北植物学报, 34(11): 2324-2330.

杨培岭, 罗远培, 石元春. 1993. 用粒径的重量分布表征的土壤分形特征. 科学通报, 38(20): 1896-1899.

杨文治, 邵明安. 2000. 黄土高原土壤水分研究. 北京: 科学出版社: 40-160.

杨文治. 2001. 黄土高原土壤水资源与植树造林. 自然资源学报, 16(5): 433-438.

杨小波, 陈明智, 吴庆书. 1999. 热带地区不同土地利用系统土壤种子库的研究. 土壤学报, 36(3): 327-333.

杨新民. 2001. 黄土高原灌木林地水分环境特性研究. 干旱区研究, 18(1): 8-12.

杨艳生, 史德明, 姚宗虞. 1984. 侵蚀土壤地表径流和土壤渗透的研究. 土壤学报, 21(2): 203-210.

姚槐应. 2006. 土壤微生物生态学及其实验技术. 北京: 科学出版社.

姚荣江, 杨劲松, 陈小兵, 等. 2009. 苏北海涂围垦区土壤质量模糊综合评价. 中国农业科学, 42(6): 2019-2027.

姚拓, 王刚, 张德罡, 等. 2006. 天祝高寒草地植被、土壤及土壤微生物时间动态的比较. 生态学报, 26(6): 1926-1932.

叶铎, 温远光, 邓荣艳, 等. 2009. 大明山常绿阔叶林演替序列种群生态位动态特征. 生态学杂志, 28(3): 417-423.

叶绍明, 温远光, 杨梅, 等. 2010. 连栽桉树人工林植物多样性与土壤理化性质的关联分析. 水土保持学报, 24(4): 246-250.

叶振欧. 1986. 旱梯田水分动态研究. 中国水土保持, (5): 17-19.

尹忠东, 朱清科, 毕华兴, 等. 2005. 黄土高原植被耗水特征研究进展. 人民黄河, 27(6): 35-37.

于顺利, 蒋高明. 2003. 土壤种子库的研究进展及若干研究热点. 植物生态学报, 27(4): 552-560.

余新晓, 张建军, 朱金兆. 1996. 黄土地区防护林生态系统土壤水分条件的分析与评价. 林业科学, 32(4): 289-296.

尉秋实, 王继和, 李昌龙, 等. 2005. 不同生境条件下沙冬青种群分布格局与特征的初步研究. 植物生态学报, 29(4): 591-598.

袁岸琼. 2012. 丹江口库区消落带土壤种子库及生境特征研究. 华中农业大学硕士学位论文.

袁莉, 周自宗, 王震洪. 2008. 土壤种子库的研究现状与进展综述. 生态科学, 27(3): 186-192.

岳庆玲. 2007. 黄土丘陵沟壑区植被恢复重建过程土壤效应研究. 西北农林科技大学博士学位论文.

臧润国, 杨彦承, 林瑞昌, 等. 2003. 海南霸王岭热带山地雨林森林循环与群落特征研究. 林业科学, 39(5): 1-9.

曾凡江, 张希明, 李小明. 2002. 柽柳的水分生理特性研究进展. 应用生态学报, 13(5): 611-614.

曾彦军, 王彦荣, 南志标, 等. 2003. 阿拉善干旱荒漠区不同植被类型土壤种子库研究. 应用生态学报, 14(9): 1457-1463.

翟付群, 许诺, 莫训强, 等. 2013. 天津蓟运河故道消落带土壤种子库特征与土壤理化性质分析. 环境科学研究, 26(1): 97-102.

张保刚, 梁慧春. 2011. 天然草地群落多样性研究进展. 现代农业科技, (5): 207-208.

张北赢, 徐学选, 白晓华. 2006. 黄土丘陵区不同土地利用方式下土壤水分分析. 干旱地区农业研究, 24(2): 96-99.

张成霞, 南志标. 2010. 放牧对草地土壤微生物影响的研究述评. 草业科学, 27(1): 65-70.

张德魁, 王继和, 马全林, 等. 2007. 古浪县北部荒漠植被主要植物种的生态位特征. 生态学杂志, 26(4): 471-475.

张法伟, 李英年, 汪诗平, 等. 2009. 青藏高原高寒草甸土壤有机质、全氮和全磷含量对不同土地利用格局的响应. 中国农业气象, 30(3): 323-326.

张帆. 2014. 新疆喀纳斯保护区天然针叶林群落结构特征. 安徽农业大学硕士学位论文.

张峰, 张金屯. 2000. 我国植被数量分类和排序研究进展. 山西大学学报, 23(3): 278-282.

张光辉, 梁一民. 1995. 黄土丘陵区人工草地径流起始时间研究. 水土保持学报, 9(3): 78-83.

张国盛. 2000. 干旱、半干旱地区乔灌木树种耐旱性及林地水分动态研究进展. 中国沙漠, 20(4): 363-368.

张海涛, 梁继业, 周正立, 等. 2016. 塔里木河中游荒漠河岸林土壤理化性质分布特征与植被关系. 水土保持研究, 23(2): 6-12.

张海燕, 肖延华, 张旭东, 等. 2006. 土壤微生物量作为土壤肥力指标的探讨. 土壤通报, 37(3): 422-425.

张华, 王百田, 郑培龙. 2006. 黄土半干旱区不同土壤水分条件下刺槐蒸腾速率的研究. 水土保持学报, 20(2): 122-125.

张继敏, 李思锋, 杨恒, 等. 1999. 黄土丘陵沟壑区不同坡向气象因子的对比研究. 土壤侵蚀与水土保持学报, 5(5): 147-149.

张嘉宁. 2015. 黄土高原典型土地利用类型的土壤质量评价研究. 西北农林科技大学博士学位论文.

张建利, 张文, 毕玉芬. 2008. 金沙江干热河谷草地土壤种子库与植被的相关性. 生态学杂志, 27(11): 1908-1912.

张健, 陈凤, 濮励杰. 2007. 区域土地利用方式变化对土壤性质影响研究: 以土壤钾为例. 资源开发与市场, 23(12): 1057-1060.

张瑾, 陈文业, 张继强, 等. 2013. 甘肃敦煌西湖荒漠湿地生态系统优势植物种群分布格局及种间关联性. 中国沙漠, 33(2): 349-357.

张晋爱, 张兴昌, 邱丽萍, 等. 2007. 黄土丘陵区不同年限柠条林地土壤质量变化. 农业环境科学学报, 26(S1): 136-140.

张晶晶, 许冬梅. 2013. 宁夏荒漠草原不同封育年限优势种群的生态位特征. 草地学报, 21(1): 73-78.

张军涛, 艾华, 于长英. 2001. 东北农牧交错区水分条件的空间分异及其对土地利用的影响. 地理科学进展, 20(3): 234-239.

张磊, 苏芳莉, 郭成久, 等. 2009. 灰色关联分析在不同生态修复模式土壤质量评价中的应用. 沈阳农业大学学报, 40(6): 703-707.

张玲, 方精云. 2004. 秦岭太白山 4 类森林土壤种子库的储量分布与物种多样性. 生物多样性, 12(1): 131-136.

张璞进, 清华, 张雷, 等. 2017. 内蒙古灌丛化草原毛刺锦鸡儿种群结构和空间分布格局. 植物生态学报, 41(2): 165-174.

张普金, 王春喜. 1987. 羌塘的草原(I). 草业科学, (2): 19-23.

张强强, 靳瑰丽, 朱进忠, 等. 2011. 不同建植年限混播人工草地主要植物种群空间分布格局分析. 草地学报, 19(5): 735-739.

张蕊, 马红彬, 贾希洋, 等. 2018. 不同生态恢复措施下宁夏黄土丘陵区典型草原土壤种子库特征. 草业学报, 27(1): 32-41.

张汪寿, 李晓秀, 黄文江, 等. 2010. 不同土地利用条件下土壤质量综合评价方法. 农业工程学报, 26(12): 311-318.

张维邦. 1992. 黄土高原整治研究: 黄土高原环境问题与定位试验研究. 北京: 科学出版社.

张文, 张建利, 周玉锋, 等. 2011. 喀斯特山地草地植物群落结构与相似性特征. 生态环境学报,

20(5): 843-848.

张先平, 王孟本, 佘波, 等. 2006. 庞泉沟国家自然保护区森林群落的数量分类和排序. 生态学报, 26(3): 754-761.

张晓娜. 2018. 不同封育措施对希拉穆仁荒漠草原植被与土壤的影响. 内蒙古农业大学硕士学位论文.

张兴昌, 卢宗凡. 1994. 陕北黄土丘陵沟壑区川旱地不同耕作法的土壤水分效应. 水土保持通报, 14(1): 38-42.

张学雷, 张甘霖, 龚子同. 2001. SOTER 数据库支持下的土壤质量综合评价: 以海南岛为例. 山地学报, 19(4): 377-380.

张学权. 2017. 不同植被恢复土壤容重和孔隙度特征分析. 成都大学学报(自然科学版), (3): 325-327.

张学艺, 李凤霞, 刘静. 2006. 宁夏南部山区天然草场不同植被覆盖度的小气候特征比较. 新疆气象, 29(5): 28-30.

张永亮, 魏绍成. 1990. 用综合顺序分类法对内蒙古草原分类的研究. 中国草地, 5: 14-20.

张永涛, 王洪刚, 李增印, 等. 2001. 坡改梯的水土保持效益研究. 水土保持研究, 8(3): 9-11.

张咏梅, 何静, 潘开文, 等. 2003. 土壤种子库对原有植被恢复的贡献. 应用与环境生物学报, 9(3): 326-332.

张源沛, 李娜, 季波. 2009. 半干旱退化山区不同土地利用方式土壤物理性质的特征分析. 防护林科技, (6): 4-6.

张远东, 潘晓玲, 顾峰雪, 等. 2001. 阜康荒漠植被灌木与半灌木种群生态位的研究. 植物生态学报, 25(6): 741-745.

张志权. 1996. 土壤种子库. 生态学杂志, 15(6): 36-42.

张子龙, 王文全, 缪作清, 等. 2013. 主成分分析在三七连作土壤质量综合评价中的应用. 生态学杂志, 32(6): 1636-1644.

章旭日. 2011. 鄱阳湖南矶山湿地国家级自然保护区冬季鸟类多样性及生态分化研究. 江西师范大学硕士学位论文.

赵爱桃, 郭思加. 1966. 宁夏草地类型、特点及其利用. 中国草地, 6: 17-21.

赵成章, 董小刚, 石福习, 等. 2011. 高寒山区退耕地不同植被恢复方式下群落稳定性. 山地学报, 29(1): 6-11.

赵成章, 任珩. 2011. 退化草地阿尔泰针茅与狼毒种群的小尺度种间空间关联. 生态学报, 31(20): 6080-6087.

赵成章, 张静, 盛亚萍. 2013. 高寒山区一年生混播牧草生态位对密度的响应. 生态学报, 33(17): 5266-5273.

赵成章, 张起鹏. 2010. 祁连山退化草地狼毒群落土壤种子库的空间格局. 中国草地学报, 32(1): 79-85.

赵菲, 谢应忠, 马红彬, 等. 2011. 封育对典型草原植物群落物种多样性及土壤有机质的影响. 草业科学, 28(6): 887-891.

赵焕胤, 朱劲伟, 王维华. 1994. 林带和牧草地径流的研究. 水土保持学报, 8(2): 56-61.

赵锦梅, 张德罡, 刘长仲, 等. 2012. 祁连山东段高寒地区土地利用方式对土壤性状的影响. 生态学报, 32(2): 548-556.

赵丽娅, 李锋瑞. 2003. 沙漠化过程土壤种子库特征的研究. 干旱区研究, 20(4): 317-321.

赵凌平, 程积民, 万惠娥, 等. 2008. 黄土高原草地封育与放牧条件下土壤种子库特征. 草业科学, 25(10): 78-83.

赵鸣飞, 王国义, 邢开雄, 等. 2017. 秦岭西部森林群落相似性递减格局及其影响因素. 生物多样性, 25(1): 3-10.

赵天启, 古琛, 王亚婷, 等. 2017. 不同利用方式下典型草原植物群落物种多度分布格局. 生态学报, 37(23): 7894-7902.

赵彤, 闫浩, 蒋跃利, 等. 2013. 黄土丘陵区植被类型对土壤微生物量碳氮磷的影响. 生态学报, 33(18): 5615-5622.

赵西宁, 王万忠, 吴发启. 2004. 不同耕作管理措施对坡耕地降雨入渗的影响. 西北农林科技大学学报(自然科学版), 32(2): 69-72.

赵勇钢, 赵世伟, 曹丽花, 等. 2008. 半干旱典型草原区退耕地土壤结构特征及其对入渗的影响. 农业工程学报, 24(6): 14-20.

郑纪勇, 邵明安, 张兴昌. 2004. 黄土区坡面表层土壤容重和饱和导水率空间变异特征. 水土保持学报, 18(3): 53-56.

郑宇, 朱锦懋, 郑怀舟. 2007. 人为干扰对福建建瓯常绿阔叶林物种组成及其数量特征的影响. 中国农学通报, 23(9): 209-217.

郑云玲. 2008. 封育对典型草原牧草及土壤养分的恢复效应. 内蒙古农业大学硕士学位论文.

郑子成, 吴发启, 何淑勤, 等. 2006. 不同地表条件下土壤侵蚀的坡度效应. 节水灌溉, (6): 23-26.

中国科学院南京土壤研究所. 1978. 土壤理化分析. 上海: 上海科学技术出版社.

钟华平, 樊江文, 于贵瑞, 等. 2005. 草地生态系统碳蓄积的研究进展. 草业科学, 22(1): 4-11.

周贵尧, 吴沿友, 张明明. 2015. 泉州湾洛阳江河口湿地土壤肥力质量特征分析. 土壤通报, 46(5): 1138-1144.

周海燕, 黄子琛. 1996. 不同时期毛乌素沙区主要植物种光合作用和蒸腾作用的变化. 植物生态学报, 20(2): 120-131.

周李磊, 朱华忠, 钟华平, 等. 2016. 新疆伊犁地区草地土壤容重空间格局分析. 草业学报, 25(1): 64-75.

周立花, 延军平, 徐小玲, 等. 2006. 黄土高原淤地坝对土壤水分及地表径流的影响: 以绥德县辛店沟为例. 干旱区资源与环境, 20(3): 112-115.

周萍, 刘国彬, 侯喜禄. 2008. 黄土丘陵区侵蚀环境不同坡面及坡位土壤理化特征研究. 水土保持学报, 22(1): 7-12.

周先叶, 李鸣光, 王伯荪, 等. 2000. 广东黑石顶自然保护区森林次生演替不同阶段土壤种子库的研究. 植物生态学报, 24(2): 222-230.

周欣, 左小安, 赵学勇, 等. 2015. 科尔沁沙地植物群落分布与土壤特性关系的 DCA、CCA 及 DCCA 分析. 生态学杂志, 34(4): 947-954.

周瑶. 2018. 不同恢复措施下宁夏黄土丘陵区典型草原土壤性状及其质量评价. 宁夏大学硕士学位论文.

朱耿平, 刘国卿, 卜文俊, 等. 2013. 生态位模型的基本原理及其在生物多样性保护中的应用. 生物多样性, 21(1): 90-98.

朱丽, 郭继勋, 鲁萍, 等. 2002. 松嫩羊草草甸羊草、碱茅群落土壤酶活性比较研究. 草业学报, 11(4): 28-34.

朱首军, 丁艳芳, 薛泰谦. 2000. 农林复合生态系统土壤水分空间变异性和时间稳定性研究. 水土保持研究, 7(1): 46-48.

字淑慧, 吴伯志, 段青松. 2005. 不同草带对坡耕地土壤侵蚀的影响. 水土保持学报, 19(5): 39-42.

邹厚远, 关秀琪, 韩蕊莲, 等. 1994. 黄土高原丘陵区造林技术研究. 水土保持研究, 1(3): 48-55.

Aksoy E, Louwagie G, Gardi C, et al. 2017. Assessing soil biodiversity potentials in Europe. Science of the Total Environment, 589: 236.

Amrein D, Rusterholz H P, Baur B. 2005. Disturbance of suburban *Fagus* forests by recreational activities: Effects on soil characteristics, above-ground vegetation and seed bank. Applied Vegetation Science, 8(2): 175-182.

Bartel R A, Sexton J O. 2010. Monitoring habitat dynamics for rare and endangered species using satellite images and niche-based models. Ecography, 32(5): 888-896.

Basic F, Kisic I, Mesic M, et al. 2004. Tillage and crop management effects on soil erosion in central Croatia. Soil & Tillage Research, 78(2): 197-206.

Basic F. 2001. Runoff and soil loss under different tillage methods on stagnic Luvisols in Central Croatia. Soil & Tillage Research, 52(3-4): 145-151.

Bastiaanssen W G M, Pelgrum H, Droogers P, et al. 1997. Area-average estimates of evaporation, wetness indicators and topsoil moisture during two golden days in EFEDA. Agricultural and Forest Meteorology, (87): 117-137.

Baunhards R L. 1990. Modeling in filtration into sealing soil. Water Resource Research, 26(1): 2497-2505.

Bennett S J, Robinson K M, Kadavy K C. 2000. Characteristics of actively eroding ephemeral gullies in an experimental channel. Transactions of the ASAE, 43(3): 641-649.

Bodman G B, Colinan E A. 1944. Moisture and energy condition during down ward entry of water into soil. Soil Science, 8(2): 166-182.

Brown G. 2003. Species richness, diversity and biomass production of desert annuals in an ungrazed *Rhanterium epapposum* community over three growth seasons in Kuwait. Plant Ecology, 165(1): 53-68.

Cerda A. 1998. The influence of geomorphological position and vegetation cover on the erosional and hydrological processes on a Mediterranean hillslope. Hydrological Processes, (12): 661-671.

Chaideftou E, Thanos C A, Bergmeier E, et al. 2009. Seed bank composition and above-ground vegetation in response to grazing in sub-Mediterranean oak forests (NW Greece). Plant Ecology, 201(1): 255-265.

Cosentino D, Chenu C, Le B Y, et al. 2006. Aggregate stability and microbial community dynamics under drying-wetting cycles in a silt loam soil. Soil Biology & Biochemistry, 38(8): 2053-2062.

Cotching W E, Kidd D B. 2010. Soil quality evaluation and the interaction with land use and soil order in Tasmania, Australia. Agriculture Ecosystems & Environment, 137(3-4): 358-366.

Cresswell H P, Kirkegaard J A. 1995. Subsoil amelioration by plant roots—The process and evident. Australian Journal of Soil Research, (33): 221-239.

Daïnou K, Bauduin A, Bourland N, et al. 2011. Soil seed bank characteristics in Cameroonian rainforests and implications for post-logging forest recovery. Ecological Engineering, 37(10): 1499-1506.

Davies W. 1954. The Grass Crop, Its Development, Use and Maintenance. London: E. and F. N. Spon: 51-73.

Eigle J D, Moore I D. 1983. Effect of rainfall energy on infiltration into a bare soil. JRANS of ASAE,

26(6): 189-199.

Englehardt U, Stromburg B. 1993. 2,8-Diphenoxy-2,8-dithioxo-1,3,7,9-tetraaza-2λ^5,λ^8-diphosphatricyclo [7.3.0.0^{3,7}] dodekan. Acta Crystallographica Section C: Crystal Structure Chemistry, 49(3): 489-491.

Evelyn S K, Jeffrey A B, Jan O S. 2003. Importance of mechanisms and processes of the stabilisation of soil organic matter for modelling carbon turnover. Functional Plant Biology, 30(2): 207-222.

Gao G J, Yuan J G, Han R H, et al. 2007. Characteristics of the optimum combination of synthetic soils by plant and soil properties used for rock slope restoration. Ecological Engineering, 30(4): 303-311.

Gardner W R. 1960. Dynamic aspects of availability to plants. Soil Science, (89): 63-73.

Gerd D, Jozef D, Gerard G, et al. 2003. Spatial variability in soil properties on slow forming terraces in the Andes region of Ecuador. Soil & Tillage Research, (72): 31-41.

Granier A, Anfodillo T, Sabatti M, et al. 1994. Axial and radial water flow in the trunks of oak trees: A quantitative and qualitative analysis. Tree Physiology, (14): 1383-1396.

Greet J. 2016. The potential of soil seed banks of a eucalypt wetland forest to aid restoration. Wetlands Ecology & Management, 24(5): 1-13.

Harrington G N, Wilson A D, Young M D. 1984. Management of Australia's rangeland. Journal of Range Management, 38(6): 565.

Heden L, Kerguelen M. 1966. Grassland types of France. Journal of British Grassland Society, 1: 29-31.

Hedlund K, Wh R I D P, Leps J, et al. 2010. Plant species diversity, plant biomass and responses of the soil community on abandoned land across Europe: idiosyncracy or above-belowground time lags. Oikos, 103(1): 45-58.

Helalia A M. 1993. The relation between soil infiltration and effective porosity in different soils. Agricultural Water Management, 24(8): 39-47.

Herbert R A. 1975. Heterotrophic nitrogen fixation in shallow estuarine sediments. Journal of Experimental Marine Biology & Ecology, 18(3): 215-225.

Holechek J L, Pieper R D, Herbel C H. 1989. Range Management: Principles and Practices. New York: Prentice Hall Publishers: 67-111.

Holmes P M, Cowling R M. 1997. Diversity, composition and guild structure relationships between soil-stored seed banks and mature vegetation in Alien plant-invaded South African fynbos shrublands. Plant Ecology, 133(1): 107-122.

Jackson C R. 1992. Hillslope infiltration and lateral downslope unsaturated flow. Water Resources Research, 28(9): 2533-2539.

John S S, Volker S, Uwe G H. 2003. Xylem hydraulics and the soil-plant-atmosphere continuum. Agronomy Journal, (95): 1362-1370.

Knapp R. 1979. Distribution of grasses and grassland in Europe. In: Numata M. Ecology of Grassland and Bamboolands in the World. The Hague-Boston-London: Dr. W. Junk by Publishers: 111-123.

Lal R. 2004. Soil carbon sequestration impacts on global climate change and food security. Science, 304(5677): 1623.

Li Y, Lindstrom M J. 2001. Evaluating soil quality-soil redistribution relationship on Terraces and Steep Hillslope. Soil Science Society of America Journal, 65(5): 1500-1508.

Lunt I D. 1997. Germinable soil seed banks of anthropogenic native grasslands and grassy forest remnants in temperate south-eastern Australia. Plant Ecology, 130(1): 21-34.

Luo H, Wang K. 2006. Soil seed bank and aboveground vegetation within hillslope vegetation restoration sites in Jinshajing hot-dry river valley. Acta Ecologica Sinica, 26(8): 2432-2442.

Ma J, Liu Z. 2008. Spatiotemporal pattern of seed bank in the annual psammophyte *Agriophyllum squarrosum* Moq. (Chenopodiaceae) on the active sand dunes of northeastern Inner Mongolia, China. Plant & Soil, 311(1-2): 97-107.

Maliakal S K, Menges E S, Denslow J S. 2000. Community composition and regeneration of Lake Wales Ridge wiregrass flatwoods in relation to time-since-fire. Journal of the Torrey Botanical Society, 127(2): 125-138.

Martha C A, William P K, John M N. 2003. Up scaling and down scaling—A regional view of the soil-plant-atmosphere continuum. Agronomy Journal, (95): 1408-1423.

Mayor M D, Bóo R M, Peláez D V, et al. 1999. Seasonal variation of the seed bank of *Medicago minima* and *Erodium cicutarium* as related to grazing history and presence of shrubs in central Argentina. Journal of Arid Environments, 43(3): 205-212.

Mekuria W, Aynekulu E. 2013. Exclosure land management for restoration of the soil in degraded communal grazing lands in Northern Ethiopia. Land Degradation & Development, 24(6): 528-538.

Mensah F, Schoenau J J, Malhi S S. 2003. Soil carbon changes in cultivated and excavated land converted to grasses in east-central Saskatchewan. Biogeochemistry, 63(1): 85-92.

Moore R M. 1973. Australian Grassland. Canberra: Australian National University Press: 87-91.

Perelman S B, León R J C, Oesterheld M. 2010. Cross-scale vegetation patterns of Flooding Pampa grasslands. Journal of Ecology, 89(4): 562-577.

Philip J R. 1966. Plant water relations: some physical aspects. Annual Review of Plant Physiology, (17): 245-268.

Philip J R. 1991. Hillslope infiltration: planar slopes. Water Resources Research, 27(1): 109-117.

Qi M, Scarratt J B. 1998. Effect of harvesting method on seed bank dynamics in a boreal mixed wood forest in northwestern Ontario. Canadian Journal of Botany, 76(76): 872-883.

Reid B J, Goss M J. 1987. Effect of living roots of different plant species on the aggregate stability of two arable soils. Journal of Soil Science, (32): 521-541.

Rodrigue I. 2000. Ecohydrology: A hydrologic perspective of climate-soil-vegetation dynamics. Water Resources Research, 36(1): 1-9.

Sampson A W. 1952. Range Management-Principles and Practices. New York: John Wiley and Sons, Inc.: 99-111.

Sauer T J. 2002. Seasonal water balance of an Ozark hillslope. Agricultural Water Management, 55(1): 71-82.

Schwendenmann L, Pendall E. 2006. Effects of forest conversion into grassland on soil aggregate structure and carbon storage in Panama: evidence from soil carbon fractionation and stable isotopes. Plant & Soil, 288(1-2): 217-232.

Sela O E. 1992. Long-term soil water dynamics in the short grass steppe. Ecology, 73(4): 1175-1181.

Shipra S, Masto R E, Ram L C, et al. 2009. Rhizosphere soil microbial index of tree species in a coal mining ecosystem. Soil Biology & Biochemistry, 41(9): 1824-1832.

Stark K E, Arsenault A, Bradfield G E. 2008. Variation in soil seed bank species composition of a dry coniferous forest: spatial scale and sampling considerations. Plant Ecology, 197(2): 173-181.

Stoddart L A, Smith A D. 1956. Range Management. New York and London: McGraw-Hill Book Company Inc.: 41-97.

Stromsburg J C, Wilkins S D, Tress J A, et al. 1993. Vegetation-hydrology models: Implications for management of *Prosoopis velutina* (velvet mesquite) riparian ecosystems. Ecosystems Applications, 3(2): 307-314.

Tansley A G. 1939. The British Isles and Their Vegetation. Cambridge: Cambridge University Press.

Traba J, Azcárate F M, Peco B. 2006. The fate of seeds in Mediterranean soil seed banks in relation to their traits. Journal of Vegetation Science, 17(1): 5-10.

Van Wyk J J P. 1979. A general account of the grass cover of Africa. *In*: Numata M. Ecology of Grassland and Bamboolands in the World. The Hague-Boston-London: Dr. W. Junk by Publishers: 124-132.

Verweij G L, Bekker R M, Bakker J P. 1996. An improved method for seed-bank analysis: Seedling emergence after removing the soil by sieving. Functional Ecology, 10(1): 144-151.

Waldron L J, Dakessian S. 1981. Soil reinforcement by roots: calculation of increased soil shear resistance from root properties. Soil Science, (132): 427-435.

Wang Q X, Takahashi H. 1999. A land surface water deficit model for an arid and semiarid region: Impact of desertification on the water deficit status in the Loess Plateau, China. Journal of Climates, 12(1): 244-258.

Wang Y R, Zeng Y J, Hua F U, et al. 2002. Affects of over grazing and enclosure on desert vegetation succession of *Reaumuria soongrica*. Journal of Desert Research, 22(4): 321-327.

Wang Z, Chang A C, Wu L, et al. 2003. Assessing the soil quality of long-term reclaimed waste water-irrigated cropland. Geoderma, 114(3-4): 261-278.

Ward L K. 1974. Ecological characteristics and classification of scrub communities. *In*: Duffey E, Morris M G, Sheail J, et al. Grassland Ecology and Wildlife Management. London: Chapman and Hall Ltd.: 124-126.

Waston J A E, More J A. 1956. Agriculture–The Science and Practice of British Farming. London: Read Books: 430-450.

Wells T C E. 1974. Classification of grassland communities in Britain. *In*: Duffey E, Morris M G, Sheail J, et al. Grassland Ecology and Wildlife Management. London: Chapman and Hall Ltd.: 41-69.

Whittaker R H, Levin S A, Root R B. 1973. Niche, habitat, and ecotope. American Naturalist, 107(955): 321-338.

Wiles L, Schweizer E. 2002. Spatial dependence of weed seed banks and strategies for sampling. Weed Science, 50(5): 595-606.

Yang Q, Bo J F, Jun W, et al. 2001. Spatial variability of soil moisture content and its relation to environmental indices in a semi-arid gully catchment of the Loess Plateau, China. Journal of Arid Environments, 49: 723-750.

Yoder R E. 1936. A direct method of aggregate analysis of soils and a study of the physical nature of erosion losses. Journal of the American Society of Agronomy, 28: 337-351.

Young I M, Crawford J W, Rappoldt C. 2001. New methods and models for characterising structural heterogeneity of soil. Soil & Tillage Research, 61(1): 33-45.

Zhao C, Shao M, Jia X, et al. 2016. Particle size distribution of soils (0–500cm)in the Loess Plateau, China. Geoderma Regional, 7(3): 251-258.

Zobel M, Kalamees R, Püssa K, et al. 2007. Soil seed bank and vegetation in mixed coniferous forest stands with different disturbance regimes. Forest Ecology & Management, 250(1-2): 71-76.

第2章 黄土高原草地类型

对天然草地进行分类，有助于更深刻地揭示草地的自然特性及经济特性，让人们从本质上动态地认识草地类型，从而自觉运用草地生产的客观规律指导草地生产。

2.1 黄土高原草地分类

2.1.1 草地分类和分布

依据改进的草原综合顺序分类法（胡自治和高彩霞，1995；刘起，1996），黄土高原的草地可以分为13个大类（胡自治等，1978；张永亮和魏绍成；1990；杜铁瑛，1992；马红彬和王宁，2000）。黄土高原草地类型分布见表 2-1，类的检索图见图 2-1。

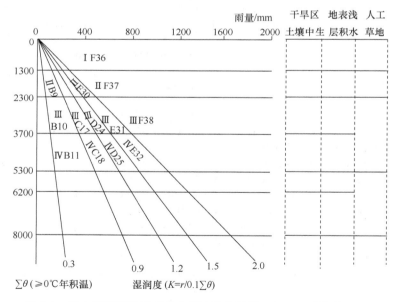

图 2-1 黄土高原草地类型综合顺序分类法第一级——类的检索图

类型检索图说明：ⅡB9. 寒温干旱山地半荒漠类；ⅢB10. 微温干旱温带半荒漠类；ⅣB11. 暖温干旱暖温带半荒漠类；ⅢC17. 微温微干温带典型草原类；ⅣC18. 暖温微干暖温带典型草原类；ⅢD24. 微温微润草甸草原类；ⅣD25. 暖温微润森林草原类；ⅡE30. 寒温湿润山地草甸类；ⅢE31. 微温湿润森林草原、落叶阔叶林类；ⅣE32. 暖温湿润落叶阔叶林类；ⅠF36. 寒冷潮湿多雨冻原、高山草甸类；ⅡF37. 寒温潮湿寒温性针叶林类；ⅢF38. 微温潮湿针叶阔叶混交林类

表 2-1　黄土高原草地类型分布表

类型＼省份	河北	河南	内蒙古	青海	宁夏	甘肃	陕西	山西
寒温干旱				化隆				
微温干旱				循化、贵德	同心北部、海原北部、盐池北部	靖远、永靖、皋兰、城关区、安宁区、七里河区、西固区、红古区、榆中北部、会宁北部、临洮北部	定边北部	河曲
暖温干旱							榆林西北部	
微温微干	蔚县、阳原、宣化、怀安		清水河、准格尔旗	民和、乐都、尖扎、平安、互助	同心南部、盐池南部、海原南部、原州区、西吉	华池北部、环县、会宁南部、榆中南部、临洮南部、安定区、永登	靖边、志丹北部、定边南部	霍州、繁峙、广灵、城区、矿区、南郊区、新荣区、应县、怀仁、山阴、偏关
暖温微干						甘谷、秦州区、麦积区、礼县	榆林东南部、横山区、子长北部、安塞北部、清涧北部、府谷、神木、佳县、白水、米脂、子洲、吴堡、秦都区、渭城区、绥德、延川、大荔、富平、兴平、临渭区、华州区、耀州、澄城、蒲城、泾阳、韩城、礼泉、未央区、新城区、碑林区、莲湖区、灞桥区、雁塔区、阎良区、临潼区、长安区、高陵区、鄠邑区、华县、三原、眉县、乾县、华阴、富县	曲沃、河曲、孝义、灵石、襄汾、代县、原平、定襄、忻州、交城、文水、汾阳、阳曲、太原、清徐、太谷、祁县、平遥、介休、临猗、运城、永济、平陆、芮城、大宁、稷山、洪洞、夏县、闻喜、翼城、绛县、临汾、侯马、万荣、浮山、河津、新绛
微温微润			和林格尔	同仁、城中区、城东区、城西区、城北区、湟中区	彭阳、泾源、隆德	漳县、平凉、华池南部、通渭、静宁、渭源、陇西	志丹南部	天镇、阳高、左云、灵邱、柳林、宁武、静乐、中阳、盂县、寿阳、古县、朔城区、平鲁区、怀仁
暖温微润						西峰区、镇原、武山、秦安、秦州区、甘谷、武山、秦安、清水、张家川回族自治县	清涧南部、子长北部、宝塔区、安塞南部、延长县、延川、志丹、吴起县、甘泉、富县、洛川、宜川、黄龙县、黄陵、子长市、户县、周至、合阳、耀州区、王益区、印台区、宜君	兴县、临县、平定、盂县、城区、矿区、郊区、襄垣、黎城、汾西、浑源、吉县、屯留、城区、沁水县、阳城、陵川、泽州、高平市、神池、保德、乡宁、永和
寒温湿润				湟源				

续表

类型＼省份	河北	河南	内蒙古	青海	宁夏	甘肃	陕西	山西
微温湿润						清水、庄浪、华亭、灵台、宁县、合水、正宁、康乐、广河、临夏市、临夏、永靖、广河、和政、康乐、东乡族自治县、积石山保安族东乡族撒拉族自治县、张家川回族自治县	麟游、宜君、旬邑、长武、黄龙	右玉、五寨、岢岚、岚县、和顺、沁源、左权、隰县、蒲县、陵川
暖温湿润		湖滨区、陕州区、灵宝市、义马市、卢氏、渑池、伊川、临汝、宜阳、渑池、老城区、西工区、瀍河回族区、涧西区、洛龙区、孟津区、偃师区、新安、登封、密县、巩义、荥阳、济源、孟州				崇信、泾川	洛川、潼关、长安、蓝田、渭滨区、金台区、陈仓区、凤翔区、岐山、扶风、眉县、陇县、千阳、麟游县、凤县、太白、武功、风县、彬县、淳化、永寿、黄陵	榆次、潞州区、上党区、屯留区、潞城区、襄垣、平顺、黎城、壶关、长子、武乡、沁县、沁源、榆社、壶关、长子、高平、沁水、安泽、垣曲、方山、古交、离石、交口、石楼、娄烦、阳城、平顺、潞城、昔阳
寒冷潮湿							吴旗	五台山
寒温潮湿				门源、大通、湟中	六盘山			
微温潮湿						和政、东乡、临夏市、临夏、永靖、广河、和政、康乐、东乡族自治县、积石山保安族东乡族撒拉族自治县	太白	

2.1.2 草地类型

2.1.2.1 寒温干旱山地半荒漠类

该草地类主要分布在青海省化隆。≥0℃年积温 $\sum\theta$ 值为1874℃，草地湿润度 K 值为0.9。境内气候温和但干燥，年均温度 2～5℃，年降水量 164mm 左右，无霜期 60～80d。土壤主要是山地黑钙土。草地植被以沙生针茅、克氏针茅、糙隐子草为优势种，主要伴生种有短舌菊、冷蒿等。该类草地盖度 10%～40%，平均鲜草产量 500～1500kg/hm²，是绵羊、山羊的四季草地。

2.1.2.2 微温干旱温带半荒漠类

该草地类主要分布在该区的河曲—定边—海原—兰州一线以北。K 值为0.3～

0.9，年积温 $\sum\theta$ 值为 2300~3700℃。气候为干旱大陆性气候，年均温度 5~8℃，年降水量 100~300mm，无霜期 150~190d。土壤以灰钙土、棕钙土为主。草地植被以小型多年生旱生草本植物占优势，大量的旱生半灌木在植被组成中起着显著作用。主要代表种有短花针茅、戈壁针茅、长芒草、蒿类、珍珠等。该类草地盖度 20%~40%，平均鲜草产量 1000~2000kg/hm²，草质较好，但毒害草种类多，主要用作冬季或春季放牧地，家畜分布以绵羊、黄牛为主。

2.1.2.3　暖温干旱暖温带半荒漠类

该草地类主要分布在陕西省榆林北部。K 值为 0.3~0.9，年积温 $\sum\theta$ 值为 3700~5300℃。气候温暖且干燥，年均温度 8~10℃，年降水量 300~400mm，无霜期 160~200d。海拔多在 800~1300m，土壤主要为流动风沙土。草地植被主要是沙生植被及灌丛。以油蒿为建群种，流动沙丘则被沙鞭、沙蓬等先锋植物所占据。草地盖度为 20%左右，平均鲜草产量 450kg/hm² 左右，饲草质粗，多含灰分，家畜主要是蒙古牛和蒙古羊。

2.1.2.4　微温微干温带典型草原类

该草地类主要分布在内蒙古南部、黄土高原西北部、甘肃中部和东北部以及河北西北部。K 值为 0.9~1.2，年积温 $\sum\theta$ 值为 2300~3700℃。气候温和干燥，年均温度 4~9℃，年降水量 200~400mm，无霜期 160~180d。土壤以栗钙土为主，局部地区为黑垆土。植被以旱生多年生丛状禾草占优势，混生有一定数量的旱生杂类草或灌丛。代表种有针茅属、糙隐子草、早熟禾、冷蒿、阿尔泰紫菀以及黄芪属。草地盖度 30%~50%，平均鲜草产量 1000~1500kg/hm²，牧草种类繁多、丰盛、草质较好，是主要的四季放牧地或冷季牧地，家畜分布以蒙古系家畜为主。

2.1.2.5　暖温微干暖温带典型草原类

该草地类主要分布在陕西和山西黄土高原中部。K 值为 0.9~1.2，年积温 $\sum\theta$ 值为 3700~5300℃。气候属于温暖半干旱气候，年均温度 6~11℃，年降水量 300~400mm，无霜期 150~200d。土壤以黄绵土和黑垆土为主。草地植被主要为长芒草、克氏针茅、糙隐子草、百里香、油蒿等，并伴生有沙鞭、沙蓬等。植被盖度 40%~50%，平均鲜草产量 1500kg/hm² 左右，牧草品质较好，是主要的放牧地，家畜分布以牛为主。

2.1.2.6　微温微润草甸草原类

由于长期以来的垦荒种地，该类草地残存下来的主要零星分布在山西北部、六盘山丘陵地区以及甘肃陇东黄土高原。K 值为 1.2~1.5，年积温 $\sum\theta$ 值为 2300~

3700℃。气候较为湿润，年均温度 4～8℃，年降水量 300～550mm，无霜期 140～220d。土壤以淡黑垆土和山地草甸土为主。植被以中旱生草本占优势，并有相当数量的中生草本。植被主要有短花针茅、大针茅、铁杆蒿、赖草等。该类草地立地条件好，牧草种类较多，盖度 60%～80%，平均鲜草产量 3000～5000kg/hm²，是良好的放牧地或割草地。

2.1.2.7 暖温微润森林草原类

该类主要分布在甘肃陇东南部以及陕西、山西中南部。K 值为 1.2～1.5，年积温 $\sum\theta$ 值为 3700～5300℃。气候夏热多雨、冬寒干燥，年均温度 8～11℃，年降水量 450～650mm，无霜期 180～250d。土壤以黑垆土和褐土为主，局部地区为草甸土。植被是辽东栎、蒙古栎为主的多种栎树落叶阔叶林类，并伴生有大量的次生灌木和草本。该类草地盖度 50%～80%，鲜草产量 1500～1700kg/hm²，草地零星分布面积较大，在本区牧业生产中意义重大。

2.1.2.8 寒温湿润山地草甸类

该类主要分布在青海湟源。K 值为 1.9，年积温 $\sum\theta$ 值为 2074℃。境内气候寒冷而较湿润，年均温度为 0℃以下，年降水量 400mm 左右，无绝对无霜期。土壤为山地黑钙土。植被主要是异针茅、克氏针茅、糙隐子草、矮生蒿草等。草层盖度 20%～60%，平均鲜草产量 2000～2300kg/hm²，为主要的放牧地。

2.1.2.9 微温湿润森林草原、落叶阔叶林类

该类主要分布在六盘山以东子午岭以西、山西吕梁山、六盘山以西的庄浪、清水狭长地区以及广河和康乐等地区。K 值为 1.5～2.0，年积温 $\sum\theta$ 值为 2300～3700℃。气候温和且较湿润，年均温度 6～10℃，年降水量 400～700mm，无霜期 150～180d。土壤以黑垆土和灰褐土为主。该类草地植被是森林草原向森林过渡的植被，但由于人为采伐和破坏，森林保存下来的很少，而灌丛与草本植物分布较广泛，主要植被为山杨、蒙古栎、辽东栎、虎榛子、酸刺、茭蒿、苔草等。该类草地盖度 50%～80%，平均鲜草产量 1500～1700kg/hm²，家畜分布以马、牛、改良羊为主。

2.1.2.10 暖温湿润落叶阔叶林类

该类草地主要分布在山西省东南部、陕西省秦岭以北丘陵山地以及河南省西北部。K 值为 1.5～2.0，年积温 $\sum\theta$ 值为 3700～5300℃。气候温暖而湿润，年均温度 9～12℃，年降水量 600～900mm，无霜期 210～230d。土壤分布以褐土为主。该类草地是常绿阔叶林和落叶阔叶林的交错带，植被以落叶阔叶林占优势。主要树种有油桐、杉木、辽东栎、桦树、油松等。林下草本主要有白草、山红草、芒等。该类草地盖

度 60%～80%，平均鲜草产量 1700kg/hm² 左右，家畜分布以牛、羊为主。

2.1.2.11 寒冷潮湿多雨冻原、高山草甸类

该类主要分布在陕西吴旗和山西五台山。$\sum\theta$ 值<920℃，K 值>9.0。气候寒冷而潮湿，年均温度-5～0℃，年降水量 490～920mm，无绝对无霜期。土壤分布以黄绵土和山地褐土为主。代表植被为白羊草、长芒草及多种杂类草。该类草地盖度 10%～60%，鲜草产量为 1800～2200kg/hm²，牧草营养价值和适口性较好。家畜分布以藏系的牦牛、藏羊和马为主。

2.1.2.12 寒温潮湿寒温性针叶林类

该类主要分布在宁夏六盘山和青海门源、湟中等地区。$\sum\theta$ 值为 1400～2100℃，K 值>2.5。境内气候寒冷，年均温度 0～3℃，年降水量 500～700mm，无霜期 0～90d。土壤分布以山地黑钙土和山地灰褐土为主。草本植被主要是大针茅、克氏针茅、糙隐子草、短花针茅和百里香等。乔木树种多属于冷杉属和云杉属。牧草盖度约 80%，鲜草产量为 1800kg/hm² 左右，可用作夏季放牧地或割草地。家畜分布以藏系的犏牛、藏羊和马为主。

2.1.2.13 微温潮湿针叶阔叶混交林类

该类主要分布在陕西太白、甘肃东乡一带。$\sum\theta$ 值为 2400～3200℃，K 值>2.2。气候温和潮湿，年均温度 5～9℃，年降水量 400mm 以上，无霜期 130～170d。土壤分布以黄绵土和黑垆土为主。植被为针叶-阔叶混交林，主要是叶松属、冷杉属、云杉属、桦属和杨属等，草本和灌木有拂子茅、珠芽蓼、荆条等。草地盖度约 80%，鲜草产量为 2000～2500kg/hm²。家畜分布以牛、羊为主。

2.1.3 草地类型的特点

（1）草地类型多样、植被复杂、分布具有明显的规律性。
黄土高原草地类型共有 13 个，草地面积以典型草地和森林草地为主体，占总面积的 69%，其次是草甸类草地和半荒漠类草地。草地植被类型多样，区系成分复杂。仅以六盘山为例，据调查，森林草地植被分布上与东北、华北、华中、秦岭以及喜马拉雅均有密切联系，加之该区南北差异以及局部地形构造的变化，使区内含丰富多样的草地植被类型和种质资源。草地类型在水平和垂直的梯度范围内过渡具有一定的规律性。水平方向上自东南向西北形成了森林→森林草原→典型草原→荒漠草原→草原化荒漠等草地类型。山地自上而下，形成高山（亚高山）草甸→山地森林→草甸草原→典型草原等草地类型。

（2）草地退化、沙化、超载严重，且在丘陵区大多与农地镶嵌分布。

由于长期以来农业系统的失误和滥砍、过牧等，草地（尤其是森林草地）的原生植被几乎被破坏殆尽，而代之以各种次生植被和人工植被。该区现退化草地占天然草地的95.1%，其中重度和中度退化草地占草地总面积的65.9%，轻度退化草地占29.2%。北部沙化草地占天然草地的30%左右。草地退化、沙化致使土地风蚀、水蚀更趋严重，黄河的泥沙主要来自该区的丘陵沟壑区。造成草地退化、沙化的主要原因是长期超载和过度放牧。按目前该区天然草地每公顷平均饲草产量3800kg（鲜草）计，放牧1个羊单位需草地0.4hm^2，但就在这样低的草地生产条件下，许多地方仍维持放牧2个甚至3个羊单位的超负荷状态，致使草地退化、沙化更趋严重。草地分布的另一个特征是在丘陵区集中连片的很少，给放牧利用带来诸多不便。

（3）天然草地生产力低，产量和质量具有较明显的地带性特点。

全区草地生产力低，草地多属三、四级等，以五、六级居多，公顷产草量为1000～2500kg，属于低质草地，生产力低。在天然草地草产量上由南向北呈逐渐下降趋势，垂直地带草地的产草量比水平地带草地要高。但在质量上，产量低的较优。

（4）人工草地发展缓慢、草种单一。

人工草地在现代畜牧业持续发展中起着不可替代的作用，但该区人工草地发展缓慢，面积比例极小，加上改良草地，其面积不足总面积的1/10。且草种单一，多为豆科牧草，特别是荒山种草，目前除沙打旺适应性较强外，其他草种很少。

2.2 黄土高原草地农业系统

由于黄土高原地域辽阔，各地在自然条件、社会经济状况等方面存在差异，为便于农业生产的分类指导，必须进行划区分析。根据草原综合顺序分类法，用湿润度（K）和≥0℃年积温（$\sum\theta$）组合，将黄土高原划分为5个不同的草地农业系统，各个草地农业系统的主要特征见表2-2，分布地区见表2-3。本研究主要针对水土流失最为严重的斯太普草地农业系统进行研究。

表2-2　黄土高原草地农业系统类型及其主要特征

系型	半荒漠草地农业系统	斯太普草地农业系统	湿润草地农业系统	温带森林草地农业系统	高山（亚高山）草地农业系统
所含草地类型	暖温干旱 微温干旱	暖温微干 微温微干	暖温微润 微温微润	暖温湿润 微温湿润 微温潮湿	寒温潮湿 寒温湿润 寒温干旱 寒冷潮湿
K值	0.3～0.9	0.9～1.2	1.2～1.5	1.5～2.0 或>2.0	0.3～0.9 或1.5～2.0或>2.0
$\sum\theta$/℃	2300～5300	2300～5300	2300～5300	2300～5300	0～2300
气候	干旱大陆性气候 无霜期：150～190d	气候温和干燥，无霜期：150～200d	气候夏热多雨，冬寒晴燥，无霜期140～250d	气候温和且潮湿，无霜期130～220d	寒冷潮湿，无霜期100d以下

续表

系型	半荒漠草地农业系统	斯太普草地农业系统	湿润草地农业系统	温带森林草地农业系统	高山（亚高山）草地农业系统
主要土壤	灰钙土、棕钙土、风沙土	栗钙土、黑垆土、黄绵土	黑垆土、褐土、草甸土	黑垆土、黄绵土、褐土	山地黑钙土、山地褐土、黄绵土
主要植被	以旱生性强的禾草和杂类草（主要为藜科和菊科）为建群和优势的草地类型。主要代表种：戈壁针茅、狼尾草、短花针茅、冷蒿、旱蒿、老瓜头、骆驼蓬、珍珠猪毛菜、亚氏旋花等	以旱生性禾草和杂类草为建群和优势的草地类型。主要代表种有：克氏针茅、大针茅、长芒草、扁穗冰草、冷蒿、百里香、牛枝子、甘草、赖草等	以旱生草本植物为建群和优势的草地类型，并有相当数量的中生草本植物，局部可以出现森林。主要代表种有：大针茅、长芒草、隐子草、百里香、铁杆蒿、丁香、辽东栎、蒙古栎、油松等	以阔叶林为建群和优势的草地类型。主要代表种有：栓皮栎、辽东栎、油松、山杨、白桦等	植被以冷中生植物为主，建群种不甚明显。主要植物有：风毛菊、铁杆蒿、克氏针茅、长芒草、苔草、高山锈线菊等

表 2-3　黄土高原草地农业系统分布表

省（区）名	系型	半荒漠草地农业系统	斯太普草地农业系统	湿润草地农业系统	温带森林草地农业系统	高山（亚高山）草地农业系统
甘肃	市县名	靖远、永靖、皋兰、城关区、安宁区、七里河区、西固区、红古区、榆中北部、会宁北部、临洮北部	华池北部、榆中南部、临洮南部、会宁南部、环县、礼县、甘谷、安定区、永登、秦州区、麦积区	华池南部、西峰区、庆城、环县、华池南部、合水、正宁、宁县、镇原、静宁、渭源、漳县、武山、通渭、秦安、秦州区、麦积区	清水、庄浪、华亭、崇信、泾川、灵台、宁县、合水、正宁、康乐、广河、和政、临夏市、临夏、永靖、积石山保安族东乡族撒拉族自治县、东乡、张家川回族自治县	
	面积/km²	29 716	34 840	29 980	15 120	
山西	市县名		曲沃、繁峙、广灵、城区、矿区、南郊区、新荣区、应县、怀仁、山阴、偏关、河曲、孝义、灵石、襄汾、代县、原平、定襄、交城、文水、汾阳、阳曲、太原、清徐、介休、祁县、平遥、介休、临猗、运城、永济、平陆、芮城、大宁、稷山、洪洞、夏县、闻喜、翼城、绛县、临汾、侯马、万荣、浮山、河津、新绛、霍州、忻州	天镇、阳高、左云、灵邱、神池、宁武、保德、静乐、兴县、临县、寿阳、城区、矿区、郊区、平定、武乡、襄垣、黎城、汾西、吉县、盂县、浑源、柳林、古县、朔城区、怀仁、屯留、城区、沁水、阳城、陵川、泽州、高平市、中阳、平鲁、乡宁、永和	右玉、五寨、昔阳、和顺、左权、榆社、沁县、沁源、潞州区、上党区、屯留区、襄垣、黎城、武乡、沁源、平顺、壶关、长子、高平、沁水、蒲县、安泽、垣曲、方山、古交、离石、交口、岚县、隰县、石楼、娄烦、阳城、潞城、陵川、岢岚	五台山

续表

省（区）名 ＼ 系型		半荒漠草地农业系统	斯太普草地农业系统	湿润草地农业系统	温带森林草地农业系统	高山（亚高山）草地农业系统
	面积/km²		53 053	27 577	72 960	2 873
陕西	市县名	榆林西北部	府谷、神木、佳县、白水、米脂、靖边、子洲、吴堡、秦都区、渭城区、绥德、延川、大荔、富平、兴平、临渭区、华州区、耀州、澄城、蒲城、泾阳、高陵、韩城、礼泉、未央区、新城区、碑林区、莲湖区、灞桥区、雁塔区、阎良区、长安区、高陵区、鄠邑区、华县、三原、临潼、眉县、乾县、华阴、富县、榆阳区东南部、横山区、志丹北部、定边南部、子长北部、安塞北部、清涧北部	清涧南部、子长北部、宝塔区、安塞南部、延川、吴起、甘泉、富县、洛川、黄龙、黄陵、子长市、延长、志丹北部、甘泉、宜君、户县、周至、合阳、耀州区、王益区、印台区、宜君	潼关、洛川、黄陵、黄龙、长安、蓝田、陇县、千阳、凤翔、宜君、旬邑、太白、岐山、扶风、渭滨区、金台区、陈仓区、眉县、武功、风县、彬县、淳化、永寿、麟游、长武	吴旗
	面积/km²	2 700	65 387	19 800	49 544	3 776
宁夏	县名	同心北部、海原北部、盐池北部	同心南部、盐池南部、海原南部、固原、西吉	彭阳、泾源、隆德		六盘山
	面积/km²	14 768	10 080	2 404		3 280
青海	市县名	循化、化隆、贵德	民和、乐都、尖扎、平安、互助	同仁、西宁市区		门源、大通、湟中、湟源
	面积/km²	7 920	7 313	3 460		4 900
内蒙古	县（旗）名		清水河、准格尔旗	和林格尔		
	面积/km²		10 338	3 410		
河南	市县名				伊川、三门峡、义马、灵宝、临汝、宜阳、偃师、陕县、渑池、洛阳、孟津、新安、登封、密县、巩义、荥阳、济源、孟州	
	面积/km²				20 500	
河北	市县名		蔚县、阳原、宣化、怀安			
	面积/km²		9 100			
总面积/km²		55 104	190 111	86 631	158 124	14 793
占黄土高原面积比例/%		10.9	37.7	17.2	31.3	2.9

注：本表中所算面积数均用方格法计算而来，其黄土高原总面积为 504 763km²（按行政区界计算黄土高原总面积为 517 000km²）

2.3　小　　结

　　用改进的综合顺序分类法将黄土高原草地分为 13 类，草地分布表现出了较明显的三向地带性，其分布情况较好地符合黄土高原草地植被类型的分布规律，说明用综合顺序分类法对该区草地进行分类是可行的。

　　对于复杂地形、水平地带性分布不明显、垂直地带性差异较大的地区，该分类法在实际应用中出现了大类的界限不直观、过渡类型范围较大的困难。例如，复杂地形，水热在小范围内变化大，此时县一级气候指标不能完全代表该地区全部的水热情况，且有些地区缺乏气象资料。一些地区原生植被被破坏后，土壤沙化、旱化、蒸发量加大，此时计算出的 K 值可能会略高于实际 K 值；一些地区非生长季降水量比例较大，也会导致类似情况。出现上述情况时，应再加上几个因子，如海拔、乡村的水热指标（用插值法计算）、非生长季降水量、生长季降水量等，结合当地植被，利用模糊聚类方法进行分类，会使结果更加趋近实际，这还有待各位专家与同行进一步探讨。

　　黄土高原草地类型多样、植被复杂，但其主体植被型是草原；草地退化、沙化严重；天然草地生产力低；人工草地发展缓慢，面积小，草种单一，是本区草地的主要问题。

　　根据草原综合顺序分类法，用湿润度（K）和 $\sum\theta$（$\geqslant$ ℃年积温）组合，将黄土高原划分为 5 个不同的草地农业系统。

参 考 文 献

杜铁瑛. 1992. 用综合顺序分类法对青海草地分类的探讨. 草业科学, 5: 28-32.

胡自治, 高彩霞. 1995. 草原综合顺序分类法的新改进: Ⅰ. 类的划分指标及其分类的检索图. 草业学报, 3: 1-7.

胡自治, 张普金, 南志标, 等. 1978. 甘肃省的草原类型. 甘肃农业大学学报, (1): 3-29.

刘起. 1996. 中国天然草地的分类. 四川草原, 2: 1-5.

马红彬, 王宁. 2000. 宁夏草地的分类. 宁夏农学院学报, 2: 62-67.

张永亮, 魏绍成. 1990. 用综合顺序分类法对内蒙古草原分类的研究. 中国草地, 5: 14-20.

第3章 人工修复过程中黄土高原丘陵区草原植物群落演替

3.1 草原植物群落类型划分

3.1.1 植物群落 TWINSPAN 数量分类和 DCA 排序

3.1.1.1 群落类型 TWINSPAN 分类

对 15 个处理 49 种植物进行数量分类的结果见图 3-1。图 3-1 下方（最后 5 行）和每行右方分别显示了样方和种类的分类结果（以 TWINSPAN 分类的二元数据显示）。

```
                         111  1 1    1
                     79183422403556 1
        50 SON    OLE    -------------1        111
        49 ART    FRI    -------------1        111
        44 CAR    ABR    -------------1-       111
        43 GEN    MAC    -------------1-       111
        42 AST    ADS    -------------11       111
        41 AGR    CRI    -----------111        110
        4 COR     HYS    -------1-----1-       10
        32 LXE    CHI    11--1----111--1       011
        16 PEN    CEN    ------11111-111       011
        5 MEL     RUT    1-11---11111-11       011
        3 THY     QUI    -1-111111111111       011
        18 OXY    OCH    111111-------11       0101
        12 STE    CHA    -1111111-1----1       0101
        14 POT    CHI    111111111111111       01001
        13 POT    BIF    --1-1111111111-       01001
        10 HET    HIS    111111111111111       01001
        1 STI     CAP    111111111111111-      01001
        21 AND    MAR    -1--1---1---11-       01000
        19 LEP    APE    --1-1-11--1-1-        01000
        51 MED    SAT    ----1----------       00111
        47 MEL    SUA    -1-------------       00111
        46 LES    POT    ---111---------       00111
        45 ERO    STE    1--------------       00111
        31 POL    TEN    ---1111----11--       00110
        23 POA    ANN    1-11-111---1---       00110
```

15 POT	SIS	---1-111--1----	00110
48 GAL	VER	------1--1-----	001011
33 GUE	VER	1---------1----	001011
29 THE	LAN	----11-111-----	001011
27 VIO	DIS	-1-1-111-1-1--	001011
26 TAR	MON	----111111-----	001011
17 LEY	SEC	111111-111111--	001011
9 ART	ORD	1--1111-1111---	001011
6 ART	SCO	-111111111111--	001011
22 CYM	MON	----11-111--1--	001010
39 CAL	HED	1-------11-----	001001
34 LEO	JAP	---1----11111--	001001
25 DOD	ORI	-----1-11------	001001
24 CLE	SQA	-1----1-1111--	001001
11 LYC	ORI	------111------	001001
8 HET	NOV	-1----1111111--	001001
40 CLE	FLO	------------1--	001000
38 DRA	HET	--------1---1--	001000
36 DRA	MOL	--------1-1-1--	001000
35 BUP	CHI	----------1-1--	001000
30 ALL	BID	-------1-------	001000
28 SAU	JAP	1---1--1111111-	000
7 SAL	COL	-------11111-11	000
2 STI	GRA	-------1111111-	000

000000000000011

0000000111111

0111111000001

01111100011

00001

图 3-1　不同恢复措施下典型草原植物群落 TWINSPAN 分类结果

此图为双向分类矩阵，每行字母是涉及的植物种的种名缩写，即属名的前三个字母和种名的前三个字母

第一次划分的对象为处理总数，以沙打旺（+）作为区别种，将其划分为两部分，包括沙打旺+白草（*Pennisetum flaccidum*）群落（2 个处理）和其他 13 个处理。

第二次划分的对象为第一次划分出来的 13 个处理，以大针茅（+）为指示种，将其划分为两部分，分别包括 7 个处理和 6 个处理。

第三次划分的对象为第二次划分出来的 7 个处理，以猪毛蒿（+）为区分种，将其划分为两部分，分别包括 6 个处理和早熟禾+赖草群落。

第四次划分的对象是第二次划分出来的 6 个处理，以扁蓿豆（*Melissilus ruthenicus*，-）为指示种，将其划分为两部分，分别包括 5 个处理和本氏针茅+铁杆蒿群落。

第五次划分的对象是第三次划分出来的 6 个处理，以糙隐子草（*Cleistogenes*

squarrosa，-）为指示种，将其划分为两部分，分别包括 5 个处理和早熟禾+赖草群落。

第六次划分的对象是第四次划分出来的 5 个处理，以蒙古芯芭（*Cymbaria mongolica*，-）为指示种，将其划分为两部分，分别包括本氏针茅+大针茅群落（3 个处理）和百里香+本氏针茅群落（2 个处理）。

第七次划分的对象是第五次划分出来的 5 个处理，以铁杆蒿（+）为指示种，将其划分为两部分，分别包括本氏针茅+百里香群落（4 个处理）和早熟禾+本氏针茅群落。

对 15 个处理 49 种植物进行数量分类，图 3-2 是 TWINSPAN 分类结果的树状图，方框内的代号代表各处理编号，方框下数字表示群落编号。

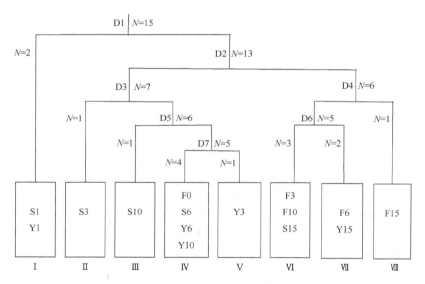

图 3-2 不同恢复措施下典型草原植物群落 TWINSPAN 分类结果树状示意图
D*N* 表述第 *N* 次类，*N* 表示涉及的样地数量

依据 TWINSPAN 数量分类的结果，综合野外调查植被群落的物种组成、群落生态结构等特征，结合《中国植被》的分类命名原则对研究区植被进行分类和命名，最终将这 15 个处理样地划分为 8 个群落类型，群落的名称和各自主要特征如下。

Ⅰ. 沙打旺+白草群落

包括 S1、Y1 处理，优势种为沙打旺，次优势种为白草，伴生有百里香、冰草（*Agropyron cristatum*）、冷蒿（*Artemisia frigida*）、阿尔泰狗娃花、猪毛菜、秦艽（*Gentiana macrophylla*）、西藏点地梅（*Androsace mariae*）、苦荬菜（*Ixeris denticulata*）、狼毒等。群落高度为 3.09～9.33cm，盖度为 18.76%～25.33%，地

上生物量为 21.14~29.94g/m²。

Ⅱ. 早熟禾+赖草群落

包括 S3 处理，优势种为早熟禾，次优势种为赖草，伴生有本氏针茅、阿尔泰狗娃花、星毛委陵菜、米口袋（*Gueldenstaedtia verna*）、风毛菊（*Saussurea japonica*）、扁蓿豆等。群落高度为 11.65~41.86cm，盖度为 69.01%~74.34%，地上生物量为 36.99~47.27g/m²。

Ⅲ. 百里香+赖草群落

包括 S10 处理，优势种为百里香，次优势种为赖草，伴生有本氏针茅、猪毛蒿、狼毒、黄花棘豆（*Oxytropis ochrocephala*）、西藏点地梅、苦荬菜、糙隐子草等。群落高度为 2.92~13.78cm，盖度为 60.34%~72.18%，地上生物量为 52.89~77.50g/m²。

Ⅳ. 本氏针茅+百里香群落

包括 F0、S6、Y6 和 Y10 处理，优势种为本氏针茅，次优势种为百里香，伴生有赖草、狼毒、早熟禾、猪毛蒿、阿尔泰狗娃花、西藏点地梅、独行菜（*Lepidium apetalum*）、风毛菊等。群落高度为 3.30~18.41cm，盖度为 40.23%~77.65%，地上生物量为 27.68~73.06g/m²。

Ⅴ. 早熟禾+本氏针茅群落

包括 Y3 处理，优势种为早熟禾，次优势种为本氏针茅，伴生有铁杆蒿、猪毛蒿、阿尔泰狗娃花、白草、狼紫草（*Lycopsis orientalis*）、星毛委陵菜等。群落高度为 2.80~20.94cm，盖度为 24.22%~27.12%，地上生物量为 60.93~76.65g/m²。

Ⅵ. 本氏针茅+大针茅群落

包括 F3、F10 和 S15 处理，优势种为本氏针茅，次优势种为大针茅，伴生有赖草、百里香、猪毛蒿、阿尔泰狗娃花、赖草、披针叶黄华（*Thermopsis lanceolata*）、打碗花（*Calystegia hederacea*）、蒙古芯芭等。群落高度为 4.21~23.94cm，盖度为 67.16%~83.97%，地上生物量为 54.41~98.93g/m²。

Ⅶ. 百里香+本氏针茅群落

包括 F6、Y15 处理，优势种为百里香，次优势种为本氏针茅，伴生有赖草、铁杆蒿、早熟禾、香青兰（*Dracocephalum moldavica*）、裂叶堇菜（*Viola dissecta*）、独行菜等。群落高度为 8.31~35.37cm，盖度为 37.82%~73.41%，地上生物量为 54.66~82.07g/m²。

Ⅷ. 本氏针茅+铁杆蒿群落

包括 F15 处理，优势种为本氏针茅，次优势种为铁杆蒿，伴生有百里香、大针茅、赖草、二裂委陵菜、裂叶堇菜、远志（*Polygala tenuifolia*）、柴胡（*Bupleurum chinense*）、白草等。群落高度为 4.12~34.96cm，盖度为 67.93%~88.07%，地上生物量为 93.58~116.61g/m²。

3.1.1.2 植物群落 DCA 排序

TWINSPAN 分类可能会产生边界样地，甚至有时候也会错分样地，更加准确的划分结果应该是 TWINSPAN 分类结合 DCA 排序（杨立荣等，2010；Vermeersch et al.，2003），本研究首先用物种数据进行 DCA 排序，在 4 个排序轴中梯度长度最大值为 3.215，因此选择单峰模型和线性模型均合适，研究选择了单峰模型（DCA）。采用 DCA 对 15 个处理 49 个植物种进行排序，结果显示将样方划分成 8 个区（图 3-3），DCA 排序结果与 TWINSPAN 分类结果较吻合，验证了 TWINSPAN 分类结果的合理性。

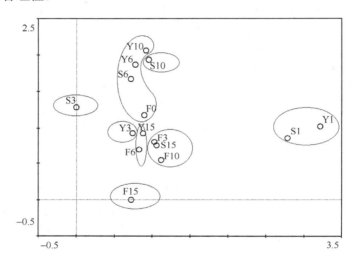

图 3-3　不同恢复措施下 15 个处理植物群落 DCA 排序

3.1.2 植物群落除趋势典范对应分析

土壤理化因子对植物群落的组成、分布及演替有很大影响，为进一步分析植物群落和土壤理化因子的关系，将 8 个群落与 8 个土壤理化因子采用除趋势典范对应分析（DCCA）。前两排序轴的特征值之和占全部排序轴总特征值的 72.4%，解释了群落分布与各个土壤因子间关系的大部分信息，排序结果较为理想（秦建蓉，2016）。排序结果表明（表 3-1），土壤含水率和全磷与第 1 排序轴的相关性最大，土壤速效氮、容重和有机质与第 2 排序轴的相关性最大，第 1 排序轴主要反映了土壤含水率和全磷的变化，自左向右土壤含水率和全磷均升高，第 2 排序轴主要反映土壤速效氮、容重和有机质的变化，从上至下，土壤速效氮和有机质降低、土壤容重升高。可见，土壤速效氮、容重、有机质、土壤含水率和全磷是影响该区群落分布的主要理化因子。

表 3-1　土壤理化因子与 DCCA 排序轴的相关系数

土壤环境因子	第 1 排序轴	第 2 排序轴	第 3 排序轴	第 4 排序轴
土壤含水率	0.5192	0.6712	−0.0208	−0.3460
容重	−0.4210	−0.8574	−0.1330	0.2502
黏粒	0.2276	0.6032	−0.1953	−0.4796
有机质	0.2064	0.8553	0.2631	−0.1380
全氮	0.3183	0.7787	0.1253	−0.2504
全磷	0.4459	0.7030	−0.0645	−0.4053
速效钾	0.2689	0.8033	0.3943	0.0511
速效氮	0.1568	0.8749	0.3452	−0.0597

DCCA 排序图中，箭头所在象限代表环境因子与各个排序轴之间的正负相关性，其连线的长度表示环境因子和物种分布的相关程度，连线越长，表明相关性越大，反之越小（秦建蓉，2016）；箭头连线与排序轴的夹角则表示该环境因子与排序轴的相关性，其夹角越小，说明该环境因子与排序轴的相关性越大（秦建蓉，2016；谭向峰等，2012）。由表 3-1、图 3-4 可知，8 个植物群落在排序图第 1、2 排序轴的相关位置，反映了典型草原土壤理化因子对其植物群落空间分布的

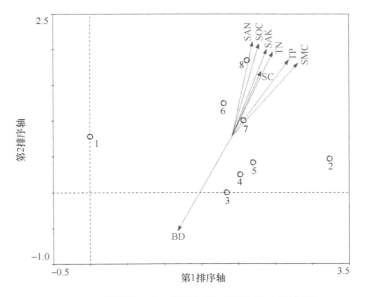

图 3-4　不同群落与土壤理化因子的 DCCA 排序图

SMC. 土壤含水率；SC. 土壤黏粒；BD. 土壤容重；SOC. 土壤有机质；TN. 土壤全氮；TP. 土壤全磷；SAK. 土壤速效钾；SAN. 土壤速效氮。1. 沙打旺+白草群落；2. 早熟禾+赖草群落；3. 百里香+赖草群落；4. 本氏针茅+百里香群落；5. 早熟禾+本氏针茅群落；6. 本氏针茅+大针茅群落；7. 百里香+本氏针茅群落；8. 本氏针茅+铁杆蒿群落

影响。从各个土壤理化因子箭头连线的长短可以看出，8 个土壤理化因子对典型草原群落的分布存在不同程度的影响。将 8 个群落垂直投影在环境因子向量延长线上，再比较到各个环境因子的距离，距离越远说明影响程度越低，反之，则影响程度越大。可以看出沙打旺+白草群落、早熟禾+赖草群落主要生长在土壤紧实，黏粒含量少，以及土壤水分、氮磷钾和有机质含量较低的生境，本氏针茅+大针茅群落、百里香+本氏针茅群落、本氏针茅+铁杆蒿群落主要分布于土壤疏松，黏粒含量较多，以及土壤水分、氮磷钾和有机质含量较高的生境。

3.2　草原植被演替序列及特征

根据 TWINSPAN 分类（图 3-1，图 3-2）和 DCA 排序结果（图 3-3），确定了不同恢复措施植物群落演替序列。

3.2.1　封育草地植被演替序列

自封育 0 年到 15 年，植被演替序列为：本氏针茅+百里香群落（F0）→本氏针茅+大针茅群落（F3）→百里香+本氏针茅群落（F6）→本氏针茅+大针茅群落（F10）→本氏针茅+铁杆蒿群落（F15）。结合前面的群落特征可知，随着恢复年限的延长，植物优势物种变化不大，群落高度以放牧草地最低，其他封育年限较为接近，盖度和地上生物量虽有波动但总体呈现上升趋势。

3.2.2　水平沟植被演替序列

水平沟 1 年到 15 年，植被演替序列为：沙打旺+白草群落（S1）→早熟禾+赖草群落（S3）→本氏针茅+百里香群落（S6）→百里香+赖草群落（S10）→本氏针茅+大针茅群落（S15）。可见，整地后 1 年，植物群落优势种为整地后补播的沙打旺和根茎禾草，随着水平沟整地年限的延长，优势物种逐渐演替为丛生禾草，到整地后 15 年，优势种与封育 6 年草地一致。群落高度随着整地后时间的延迟无明显变化规律，盖度和地上生物量呈上升趋势。

3.2.3　鱼鳞坑植被演替序列

鱼鳞坑 1 年到 15 年，植被演替序列为：沙打旺+白草群落（Y1）→早熟禾+本氏针茅群落（Y3）→本氏针茅+百里香群落（Y6、Y10）→百里香+本氏针茅群落（Y15）。鱼鳞坑整地后 1 年，植物优势种以补播的沙打旺和根茎禾草——白草为主，与水平沟整地后 1 年一致。随着恢复年限延长，优势物种逐渐演替为本氏针茅、百里香，到整地后 15 年，优势种与封育 10 年草地一致。群落高度随着恢复时间的延长无明显变化规律，但盖度和地上生物量呈增加趋势。

3.3　小　　结

　　应用 TWINSPAN 分类结果结合 DCA 排序，将黄土丘陵区典型草原封育、水平沟和鱼鳞坑恢复措施下 0（1）～15 年植物群落类型划分为沙打旺+白草、早熟禾+赖草、百里香+赖草、本氏针茅+百里香、早熟禾+本氏针茅、本氏针茅+大针茅、百里香+本氏针茅、本氏针茅+铁杆蒿 8 个群落。各个植物群落在植物组成、盖度和地上生物量等方面存在一定差异。沙打旺+白草群落的高度、盖度及地上生物量在所有群落中最低，与其整地后恢复年限较短有关。TWINSPAN 分类和 DCA 排序结合更能客观准确地划分群落类型，两种方法可互相对比验证。本研究中 WINSPAN 分类和 DCA 排序结果的一致性也说明了这两种方法对宁夏黄土丘陵区典型草原植被群落数量分析结果的可靠性，与陶楚等（2014）和代雪玲等（2015）同时使用上述两种方法来进行群落数量分类的研究结果一致。另外，在具体分类过程中，还应该充分考虑群落生境特征和各个物种在群落内的生态位，才能获得更符合实际的分类结果（秦建蓉，2016）。土壤速效氮、容重、有机质、土壤含水率和全磷是影响该区群落分布的主要理化因子。长期定位研究可获得较为系统的植被演替序列，但由于实践中永久研究样地建立受诸多因素限制，同一样地时间序列上的植被变化在研究实践中往往较难获得，空间梯度代替时间梯度的方法是学者普遍认可的研究群落演替的方法（马帅，2015；林丽等，2013）。

　　由于 CCA 存在"弓形效应"，DCCA 可以克服这一缺点，大多数学者认为 DCCA 的结果优于 CCA（周欣等，2015；刘金福等，2013），本研究用 DCCA 排序探讨了黄土丘陵区典型草原植物群落与环境因子之间的关系，发现土壤环境因子的空间分布较好地揭示了群落的分布，这与多数研究结果相符（Kneitel and Lessin，2010；Gough et al.，2000）。DCCA 排序只是在半定量层面上解释植物群落与环境因子之间的关联，若要全面了解植物群落与环境之间的定量关系，除土壤因子外，地形、气候和植物种内种间作用等都会影响群落的分布格局（邵方丽等，2012），运用数学模型进行模拟和定量化解释会更加全面了解植物群落与环境之间的定量关系（杨小林等，2011），这还有待于进一步研究。

　　草地封育 0 年到 15 年，植被演替序列为本氏针茅+百里香群落→本氏针茅+大针茅群落→百里香+本氏针茅群落→本氏针茅+大针茅群落→本氏针茅+铁杆蒿群落；水平沟和鱼鳞坑整地后 1 年到 15 年，植被演替序列分别为沙打旺+白草群落→早熟禾+赖草群落→本氏针茅+百里香群落→百里香+赖草群落→本氏针茅+大针茅群，以及沙打旺+白草群落→早熟禾+本氏针茅群落→本氏针茅+百里香群落→百里香+本氏针茅群落。不同生态恢复措施会使土壤性状发生变化，进而影响地上植被（冯天骄等，2016）。鱼鳞坑和水平沟整地增加了土壤透气性，人为又补播了沙打旺，白草为根茎型植物，疏松的土壤更有利于其根系的生长。因此水平沟和鱼鳞坑整地1年时沙打旺为优势种，白草为次优势种。随着演替的进行，土壤有机质及其他土壤养分逐渐增加（刘宝军，2012），土壤黏粒含量亦会增大，土壤透气性逐渐下降（陈孙华，2013），群落逐步演替成以早熟禾（疏丛型）为优势种、以针茅（密丛型）为优势种的植物群落。总体上，研究基于分类和排序结果确定的封育、水平沟和鱼鳞坑三种恢复措施下草地植被的演替序列符合典型草原植被演替规律。但是，封育3年和10年草地群落优势种相同、鱼鳞坑6年与10年草地群落优势种相同，说明植被演替有时会呈现非线性或螺旋式变化（赵存玉和王涛，2005），这种变化也与鱼鳞坑和水平沟整地时一些植物有生命力的根系被填埋到浅层土壤中，在适宜条件下有的会再次萌发成新的植株甚至演替成群落优势种有关。就植物物种组成、盖度和地上生物量而言，三种措施下，封育草地增加速度最快，水平沟次之，鱼鳞坑最慢。

参 考 文 献

陈孙华. 2013. 衡阳紫色土丘陵坡地不同恢复阶段土壤理化特征. 水土保持研究, 20(1): 57-60.

代雪玲, 董治宝, 蔺菊明, 等. 2015. 敦煌阳关自然保护区湿地植物群落数量分类和排序. 生态科学, 34(5): 129-134.

冯天骄, 卫伟, 陈利顶, 等. 2016. 陇中黄土区坡面整地和植被类型对土壤化学性状的影响. 生态学报, 36(11): 3216-3225.

林丽, 李以康, 张法伟, 等. 2013. 人类活动对高寒矮嵩草草甸的碳容管理分析. 草业学报, 22(1): 308-314.

刘宝军. 2012. 退耕地群落演替特征及其环境的相互关系研究. 西安科技大学硕士学位论文.

刘金福, 朱德煌, 兰思仁, 等. 2013. 戴云山黄山松群落与环境的关联. 生态学报, 33(18): 5731-5736.

马帅. 2015. 呼伦湖岸植被的演替和分布规律对气候变化的响应. 中央民族大学博士学位论文.

秦建蓉. 2016. 宁夏东部风沙区荒漠草原植物群落及物种多样性研究. 宁夏大学硕士学位论文.

邵方丽, 余新晓, 郑江坤, 等. 2012. 北京山区防护林优势树种分布与环境的关系. 生态学报, 32(19): 6092-6099.

谭向峰, 杜宁, 葛秀丽, 等. 2012. 黄河三角洲滨海草甸与土壤因子的关系. 生态学报, 32(19): 5998-6005.

陶楚, 陈玉凯, 杨小波, 等. 2014. 海南铜鼓岭国家级自然保护区植被数量分类与排序. 中国农学通报, 30(22): 84-91.

杨立荣, 杨小波, 李东海, 等. 2010. 海南中部山区什运乡小斑块分布次生林的数量分类. 福建林业科技, 37(3): 92-98.

杨小林, 王景升, 陈宝雄, 等. 2011. 西藏色季拉山林线植被群落数量特征. 北京林业大学学报, 33(3): 45-50.

赵存玉, 王涛. 2005. 沙质草原沙漠化过程中植被演替研究现状和展望. 生态学杂志, 24(11): 1343-1346.

周欣, 左小安, 赵学勇, 等. 2015. 科尔沁沙地植物群落分布与土壤特性关系的 DCA、CCA 及 DCCA 分析. 生态学杂志, 34(4): 947-954.

Gough L, Osenberg C W, Gross K L, et al. 2000. Fertilization effects on species density and primary productivity in herbaceous plant communities. Oikos, 89(3): 428-439.

Kneitel J M, Lessin C L. 2010. Ecosystem-phase interactions: aquatic eutrophication decreases terrestrial plant diversity in California vernal pools. Oecologia, 163(2): 461-469.

Vermeersch S, Genst W D, Vermoesen F, et al. 2003. The influence of transformations of an ordinal scale of a floristic gradient, applied on a TWINSPAN classification. Flora, 198(5): 389-403.

第 4 章　人工修复过程中草原植物群落特征

4.1　物种组成及功能群

从表 4-1 可见，围栏封育、鱼鳞坑和水平沟 3 种恢复措施下，随着恢复年限的增加，物种总数大体上呈先上升后下降规律；各处理均以多年生草本的物种比例和重要值比例较高，一年生次之，半灌木最低；在恢复 10 年左右时多年生草本物种数、物种比例和重要值比例达到最高，半灌木和一年生草本比例最低。

表 4-1　不同恢复措施下植物生活型组成

措施	物种总数	半灌木			多年生草本			一年生草本		
		物种数	物种比例/%	重要值比例/%	物种数	物种比例/%	重要值比例/%	物种数	物种比例/%	重要值比例/%
F0	13	0	0	0	11	84.62	92.28	2	15.38	7.72
F3	22	2	9.09	18.38	16	72.73	66.81	4	18.18	14.81
F6	27	2	7.41	10.07	19	70.37	80.36	6	22.22	9.57
F10	28	2	7.14	9.27	21	75.00	82.93	5	17.86	7.80
F15	26	2	7.69	19.54	22	84.62	76.46	2	7.69	3.99
S1	18	2	11.11	37.23	11	61.11	41.77	5	27.78	21.00
S3	17	1	5.88	2.21	13	76.47	69.84	3	17.65	27.95
S6	25	3	12.00	21.41	19	76.00	66.83	3	12.00	11.76
S10	28	2	7.14	7.33	22	78.57	85.78	4	14.29	6.88
S15	22	2	9.09	12.07	17	77.27	76.70	3	13.64	11.23
Y1	19	3	15.79	49.95	12	63.16	38.88	4	21.05	11.16
Y3	23	2	8.70	11.76	17	73.91	60.89	4	17.39	27.36
Y6	23	2	8.70	12.97	17	73.91	67.38	4	17.39	19.65
Y10	27	3	11.11	5.85	21	77.78	82.86	3	11.11	11.29
Y15	25	3	12.00	32.92	17	68.00	51.54	5	20.00	15.54

随着封育年限的增加，封育草地半灌木物种比例及重要值比例呈上升—下降—上升趋势，以 F0 最小（0%）；多年生草本物种比例呈先下降后上升趋势，以 F0 和 F15 最大（84.62%），重要值比例呈下降—上升—下降趋势，以 F0 最大（92.28%）；一年生草本的物种比例及重要值比例呈先上升后下降趋势，以 F15 物种比例及重要值比例最小，分别为 7.69%、3.99%。水平沟措施下，随着恢复年限的增加，半灌木物种比例及重要值比例无明显变化规律；多年生草本物种比例和重要值比例呈先上升后下降趋势，以 S1（61.11%）最小；一年生草本的物种比

例总体上呈下降趋势，以 S1 最大（27.78%）；重要值比例表现为上升—下降—上升的趋势，以 S3（27.95%）最大。鱼鳞坑措施下，随着恢复年限的增加，半灌木物种比例呈先下降后上升趋势，重要值比例无明显规律；多年生草本物种比例和重要值比例呈先上升后下降趋势，重要值比例以 Y1（38.88%）最小；一年生草本物种比例呈先下降后上升趋势，重要值比例表现为上升—下降—上升趋势。

各处理下，物种总数以 F10 和 S10 最多（28 种）；F6 和 Y10 次之（27 种），F0（放牧地）最少（13 种）。相同（近）年限下，半灌木物种和重要值比例在三种恢复措施下无明显规律性；多年生草本物种比例和重要值比例以封育措施较高，鱼鳞坑和水平沟接近，尤其重要值比例封育措施明显高于其他两种措施；一年生草本物种比例和重要值比例呈现与多年生草本相反的变化趋势。

4.2   群落数量特征

如图 4-1 所示，封育措施下，随着封育年限的增加，植被盖度、高度及地上生物量整体呈上升趋势，以 F15 最高（$P<0.05$）。水平沟措施下，随着恢复年限的增加，植物盖度呈上升趋势，以 S1 最小，高度则呈先下降后上升趋势，以 S15 最高（$P<0.05$），地上生物量则变化不大。鱼鳞坑措施下，随着处理年限的

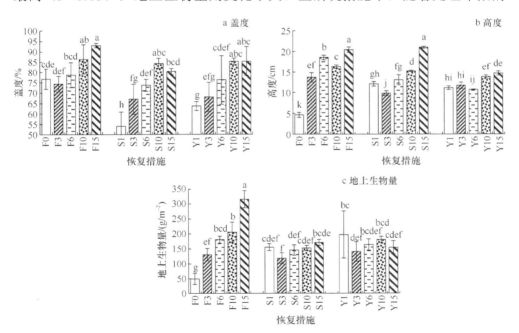

图 4-1   不同恢复措施下植物群落的数量特征

不同小写字母表示处理间差异显著（$P<0.05$），下同

增加，盖度和高度总体呈上升趋势（$P<0.05$），地上生物量无明显变化规律（$P>0.05$）。

三种恢复措施下，相近年限下，盖度以封育草地最高，鱼鳞坑次之，水平沟最低（$P<0.05$）；高度除 F0（放牧地）在各处理下最低外，其他相近年限下总体以封育草地较高，鱼鳞坑措施最低（$P<0.05$）；地上生物量则出现封育 15 年、10年和 6 年草地高于相同年限的鱼鳞坑和水平沟，F0（放牧地）最低（$P<0.05$），相同年限下的鱼鳞坑和水平沟间无显著差异（$P>0.05$）。

4.3　群落多样性

从表 4-2 可知，整体来看，围栏封育、鱼鳞坑和水平沟 3 种恢复措施均在 10年左右时草地群落多样性最高，此时植物物种丰富度和均匀度指数亦较大，优势度指数较小，恢复到 15 年时，3 种措施的草地植物群落优势度均较大，多样性、均匀度均较前期下降。

表 4-2　不同恢复措施植物群落多样性特征（平均值±标准误）

措施	丰富度指数（Ma）	优势度指数（C）	多样性指数（H'）	均匀度指数（J）
F0	1.28±0.09d	0.45±0.01a	1.43±0.04g	0.71±0.02h
F3	2.77±0.21ab	0.18±0.02cd	2.25±0.07e	0.81±0.01fg
F6	3.03±0.31a	0.15±0.01de	2.50±0.07cd	0.87±0.01cde
F10	3.05±0.25a	0.15±0.01de	2.42±0.01cd	0.86±0.01de
F15	2.74±0.02ab	0.19±0.01c	2.44±0.03cd	0.81±0.01fg
S1	1.93±0.17c	0.27±0.02b	1.96±0.05f	0.76±0.03g
S3	2.13±0.24c	0.14±0.01defg	2.36±0.06de	0.89±0.02cd
S6	2.82±0.11ab	0.12±0.01efg	2.48±0.03cd	0.88±0.02cd
S10	3.08±0.15a	0.11±0.01fg	2.66±0.01ab	0.88±0.01cd
S15	3.20±0.20a	0.11±0.01efg	2.53±0.01bc	0.92±0.02abc
Y1	1.96±0.08c	0.21±0.01c	2.08±0.02f	0.83±0.01ef
Y3	2.31±0.31bc	0.14±0.03def	2.44±0.08cd	0.95±0.01ab
Y6	2.69±0.19ab	0.12±0.01efg	2.47±0.05cd	0.91±0.02bc
Y10	2.77±0.11ab	0.10±0.01g	2.68±0.05a	0.97±0.02a
Y15	2.74±0.10ab	0.13±0.02efg	2.53±0.07bc	0.88±0.02cd

注：同列数据后不同字母表示不同恢复措施间差异显著（$P<0.05$）

随着恢复年限的增加，丰富度指数在 3 种恢复措施下整体上呈上升趋势（$P<0.05$）；同一（相近）年限下，表现为水平沟 S1、Y1>F0（$P<0.05$），而 3

年、6 年、10 年和 15 年时无显著差异（$P>0.05$）。

随恢复年限的增加，优势度指数在封育草地呈先下降后上升趋势（$P<0.05$），水平沟和鱼鳞坑措施下整体上呈下降趋势（$P<0.05$）。各措施 1 年（0 年）时，优势度指数表现为 F0>S1>Y1（$P<0.05$）；3 年和 6 年时，措施间无显著差异（$P>0.05$）；10 年和 15 年时表现为围栏封育大于水平沟和鱼鳞坑（$P<0.05$）。

随着恢复年限的增加，多样性指数在封育草地和水平沟措施下整体上呈上升趋势（$P<0.05$），鱼鳞坑则呈先上升后下降趋势（$P<0.05$）。恢复 1 年（0 年）和 10 年时，多样性指数表现为水平沟和鱼鳞坑高于封育草地（$P<0.05$）；3 年、6 年和 15 年时 3 种措施无显著差异。

均匀度指数在封育草地和鱼鳞坑措施下随着恢复年限的增加整体上呈先上升后下降趋势（$P<0.05$），水平沟措施呈上升趋势（$P<0.05$）。同一（相近）年限不同处理下，1 年（0 年）、3 年时，均匀度指数表现为鱼鳞坑>水平沟>封育（$P<0.05$）；6 年时，3 种措施无显著差异（$P>0.05$）；10 年时，以鱼鳞坑措施最高，15 年时以鱼鳞坑和水平沟较高（$P<0.05$）。

总体上，各措施下，F0（放牧地）丰富度指数、多样性指数和均匀度指数显著低于其余处理（$P<0.05$），而优势度指数则恰恰相反（$P<0.05$）；同一（相近）年限不同处理下，丰富度、多样性和均匀度指数整体表现为：水平沟、鱼鳞坑>封育系列，而优势度指数表现与其相反。

4.4　群落稳定性

由表 4-3、图 4-2 可知，各处理下所求点均离稳定点(20,80)较远，说明 15 种处理下的植物群落均处于不稳定的演替阶段（马红彬等，2013）。其中封育 15 年的交点坐标(36.84,63.16)离稳定点距离最近，鱼鳞坑 6 年的交点坐标次之，水平沟 6 年的交点坐标离稳定点最远，因此各处理下群落稳定性以封育 15 年最高，鱼鳞坑 6 年次之，水平沟 6 年最低。

表 4-3　不同恢复措施下植物群落稳定性

措施	曲线方程	相关系数（R^2）	F 值	交点坐标 (x,y)	距离(20,80)的距离（D）	群落稳定性
F0	$y=-0.0105x^2+1.9949x+2.0251$	0.9772	256.87**	(37.70,62.30)	25.03	不稳定
F3	$y=-0.0086x^2+1.8995x-5.2031$	0.9938	996.22**	(41.36,58.64)	30.20	不稳定
F6	$y=-0.0097x^2+1.9800x-2.7004$	0.9927	1081.00**	(39.56,60.44)	27.66	不稳定
F10	$y=-0.0084x^2+1.8054x-0.7952$	0.9928	1175.00**	(40.95,59.05)	29.63	不稳定
F15	$y=-0.0074x^2+1.6293x+10.077$	0.9933	1475.00**	(36.84,63.16)	23.82	不稳定
S1	$y=-0.0094x^2+1.9256x+0.3589$	0.9934	1137.00**	(38.93,61.07)	26.77	不稳定
S3	$y=-0.0071x^2+1.6076x+10.146$	0.9845	538.39**	(38.49,61.51)	26.15	不稳定

续表

措施	曲线方程	相关系数 (R^2)	F 值	交点坐标 (x,y)	距离(20,80)的距离（D）	群落稳定性
S6	$y=-0.0054x^2+1.4446x+8.5289$	0.9915	1045.00**	(49.89,50.11)	42.28	不稳定
S10	$y=-0.0021x^2+1.1454x+3.0195$	0.9904	1237.00**	(47.40,52.60)	38.75	不稳定
S15	$y=-0.0054x^2+1.6363x-6.5391$	0.9934	1353.00**	(44.46,55.54)	34.59	不稳定
Y1	$y=-0.0005x^2+0.9721x+10.771$	0.9861	462.38**	(45.78,54.22)	36.45	不稳定
Y3	$y=-0.0064x^2+1.5178x+8.4382$	0.9826	565.25**	(40.54,59.46)	29.05	不稳定
Y6	$y=-0.0096x^2+1.8859x+6.4721$	0.9907	852.27**	(36.95,63.05)	23.97	不稳定
Y10	$y=-0.0053x^2+1.5179x+1.0504$	0.9935	1596.00**	(43.23,56.77)	32.86	不稳定
Y15	$y=-0.0019x^2+1.1961x-3.6588$	0.9837	631.89**	(49.30,50.70)	41.44	不稳定

**表示极显著相关（$P<0.01$）

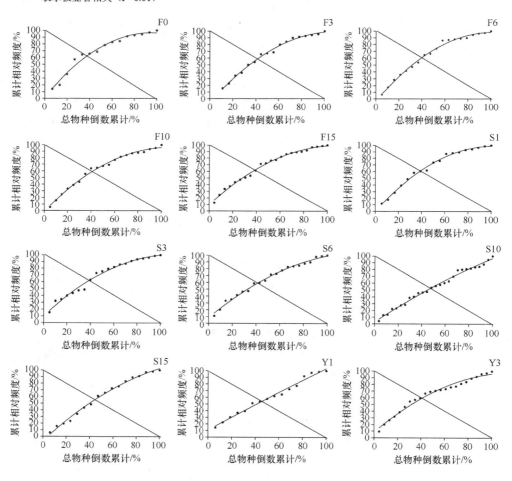

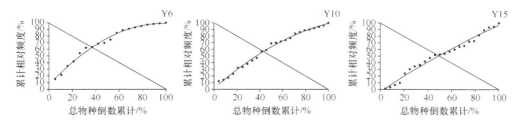

图 4-2 不同恢复措施下植物群落稳定性

曲线为稳定性散点的平滑线（趋势线），直线是 x 轴和 y 轴 100 刻度处的连线，表示 $y=100-x$ 的线

4.5 群落相似性

由表 4-4 可知，S6 和 Y6、Y10 群落物种组成的相似性较高，相似系数在 [0.75,1.00]，属于极相似，其中，S6 和 Y10 相似系数在所有处理中相似性最高，达到 0.79；F0 和 F15 相似系数为 0.15，在所有的处理中相似性最小。处理间相似系数在[0.50,0.75)的中等相似较多，其中 F3、S6、S10、Y3 和 Y6 处理两两属于中等相似；F3、F6、F10 和 Y15，以及 F6、F10、S10 和 S15 处理两两属于中等相似；F3、S6 和 S10，Y3、F6 和 F10，S6、S10 和 Y10，以及 Y3、Y6 和 Y10 三个处理间两两属于中等相似；F0 和 Y10、F3 和 Y10、F10 和 S3、S1 和

表 4-4 不同恢复措施下植物群落物种组成的相似系数

措施	F0	F3	F6	F10	F15	S1	S3	S6	S10	S15	Y1	Y3	Y6	Y10	Y15
F0	1.00														
F3	0.41	1.00													
F6	0.29	0.50	1.00												
F10	0.34	0.57	0.61	1.00											
F15	0.15	0.35	0.46	0.30	1.00										
S1	0.40	0.43	0.39	0.41	0.22	1.00									
S3	0.46	0.43	0.43	0.50	0.24	0.48	1.00								
S6	0.43	0.62	0.49	0.47	0.23	0.32	0.41	1.00							
S10	0.41	0.55	0.59	0.54	0.39	0.44	0.63	0.50	1.00						
S15	0.29	0.46	0.65	0.58	0.45	0.37	0.46	0.35	0.52	1.00					
Y1	0.48	0.48	0.40	0.47	0.26	0.70	0.50	0.42	0.45	0.43	1.00				
Y3	0.43	0.53	0.53	0.56	0.37	0.41	0.55	0.66	0.63	0.53	0.42	1.00			
Y6	0.46	0.56	0.43	0.46	0.24	0.39	0.39	0.78	0.53	0.38	0.50	0.65	1.00		
Y10	0.50	0.58	0.46	0.45	0.21	0.38	0.47	0.79	0.51	0.33	0.44	0.57	0.72	1.00	
Y15	0.45	0.54	0.54	0.53	0.32	0.39	0.36	0.53	0.48	0.50	0.40	0.66	0.43	0.43	1.00

Y1、Y1 和 Y6、Y3 和 Y15 中等相似；S10、Y1、Y3 和 S3 中等相似，Y3、Y15 和 S15 中等相似。

随着恢复年限的增加，围栏封育、水平沟和鱼鳞坑 3 种措施群落的相似性均无明显变化规律。相近或同一恢复年限下，整体上呈现水平沟、鱼鳞坑措施与封育草地群落物种组成的相似性较低。水平沟和鱼鳞坑措施间群落相似系数大多在 0.50 以上，相似性较高，尤其 S6 与 Y6 的相似系数为 0.78，二者相似性达到最高。

4.6 群落特征与土壤理化因子的关系

由图 4-3 可知，丰富度指数与土壤含水率、土壤黏粒、土壤有机质和土壤速效氮呈正相关，与剩余其他因子呈负相关；土壤含水率、土壤黏粒与优势度指数呈负相关，与多样性指数呈正相关；均匀度指数与土壤含水率、土壤容重和土壤黏粒呈正相关，与剩余其他因子呈负相关；盖度与土壤容重呈负相关，与剩余其他因子呈正相关；高度和地上生物量与土壤容重、土壤速效钾均呈负相关，与剩余其他因子均呈正相关。

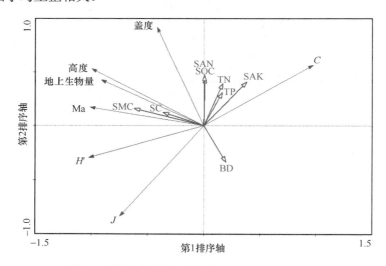

图 4-3　植物群落特征与土壤理化因子 RDA 排序

Ma. 丰富度指数；C. 优势度指数；H′. 多样性指数；J. 均匀度指数；SMC. 土壤含水率；SC. 土壤黏粒；BD. 土壤容重；SOC. 土壤有机质；TN. 土壤全氮；TP. 土壤全磷；SAK. 土壤速效钾；SAN. 土壤速效氮

进一步进行 Pearson 相关分析发现（表 4-5），植被丰富度指数、多样性指数、盖度和高度与土壤含水率呈显著或极显著正相关（$P<0.05$ 或 $P<0.01$）；优势度指数与土壤含水率呈显著负相关（$P<0.05$），与土壤速效钾呈显著正相关（$P<0.05$）；植被高度与土壤容重呈显著负相关（$P<0.05$），盖度与土壤有机质、土壤速效氮

呈显著正相关（$P<0.05$）。由此可见，影响该区植被特征的土壤理化因子主要是含水率、容重、有机质、速效钾和速效氮，其中植物特征与土壤含水率差异大多显著，说明随着含水率的增加，物种多样性、植被盖度及高度有明显增加的趋势。

表 4-5　植物群落特征与土壤理化因子 Pearson 相关分析

	土壤水分	土壤容重	土壤黏粒	土壤有机质	土壤全氮	土壤全磷	土壤速效钾	土壤速效氮
丰富度指数	0.807**	−0.245	0.389	0.027	−0.131	−0.105	−0.219	0.040
优势度指数	−0.524*	0.014	−0.273	0.287	0.409	0.365	0.627*	0.294
多样性指数	0.629*	−0.088	0.294	−0.126	−0.262	−0.241	−0.490	−0.124
均匀度指数	0.361	0.078	0.288	−0.301	−0.351	−0.244	−0.509	−0.320
盖度	0.581*	−0.470	0.422	0.517*	0.443	0.399	0.403	0.544*
高度	0.658**	−0.517*	0.451	0.395	0.199	0.158	−0.018	0.418
地上生物量	0.341	−0.378	0.298	0.416	0.214	0.050	−0.064	0.422

**表示极显著相关（$P<0.01$），*表示显著相关（$P<0.05$）

4.7　小　　结

　　各措施在恢复 10 年左右时多年生草本物种数、物种及重要值比例最高，其中多年生草本物种和重要值比例以封育较高，鱼鳞坑和水平沟接近，物种总数以封育 10 年和水平沟 10 年最多，放牧地最少。研究发现，水平沟 6 年和 10 年、鱼鳞坑 10 年和 15 年植物物种数已接近封育 15 年，说明水平沟和鱼鳞坑措施下植物物种数均有所增加。半灌木由于耐牧性较差，在家畜的持续采食下在放牧草地中消失，耐牧的多年生禾草成为放牧草地最大群体。长期禁牧情况下，封育 15 年草地植物建群种和优势种得到明显恢复，一年生物种比例和重要值下降，多年生草本占绝对优势。封育 15 年草地植物群落半灌木物种及重要值比例较封育前期呈增加趋势，存在趋于灌丛化的可能，因此，封育草地在条件适当情况下应考虑适度利用。

　　封育草地植被盖度、高度及地上生物量呈逐年上升趋势；水平沟和鱼鳞坑盖度呈逐年上升趋势；相近年限下，盖度以封育草地最高，水平沟最低；高度及地上生物量表现为放牧地最低，水平沟和鱼鳞坑居中，封育草地最高。未封育草地（放牧地）虽然植物高度和地上生物量最低，但植被盖度与封育 3 年接近，说明适度放牧干扰会促进植物的再生（丛日慧等，2017）。本研究中，随着封育年限增加，植被盖度、高度及地上生物量整体上均呈上升趋势，与贾晓妮（2008）的部分研究结果一致。水平沟和鱼鳞坑整地时人为在沟（坑）中种植沙打旺，种植初期沙打旺占据优势地位，随着恢复年限的增加，沙打旺逐渐被新的物种所取代，一年生、多年生等不同生活型的天然植物不断地进入群落，植物群落物种组成呈波动变化，致使水平沟和鱼鳞坑措施下随恢复年限的增加地上生物量均无明显变化规律。经过多年的恢复，虽然水平沟 15 年和鱼鳞坑 15 年植被好于放牧草地，但二者植被盖度、高度及地上生物量仍没有达到封育 15 年水平，还处于恢复演替阶段，群落相似系数也表明了水平沟和鱼鳞坑干扰下草地与封育草地存在一定差异。

封育、鱼鳞坑和水平沟均在 10 年时群落多样性最高；相近年限下，丰富度、多样性和均匀度指数表现为水平沟和鱼鳞坑较高，封育较低。各处理下，植物丰富度指数、多样性指数和均匀度指数三者整体上呈两两正相关，与优势度指数呈负相关，与绝大多数学者研究结果一致（柳小妮等，2008）。随着恢复年限的增加，3 种恢复措施下丰富度指数、多样性指数及均匀度指数变化与一些学者研究的结论具有一定相似性（谷长磊等，2013），这与水平沟、鱼鳞坑整地措施能收集更多的地表径流进而影响植物多样性有关。较高的生态优势度，说明群落优势种少或单一，优势种的地位突出。未封育草地（放牧地）由于家畜的选择性采食，草地优势物种突出，随着封育时间的延长，草地中的优势物种逐渐占据主要资源空间，优势度逐渐变大，因此优势度指数呈先下降后上升规律。水平沟和鱼鳞坑措施下优势度指数变化规律与郝文芳（2010）的研究结果一致。

随着恢复年限的增加，各措施下植物群落相似性无明显变化规律；相近年限下水平沟和鱼鳞坑间相似性较高，二者与封育草地相似性较低。各恢复措施下群落均为不稳定阶段。相近恢复年份下，水平沟和鱼鳞坑间群落物种组成的相似性较高，两者与封育草地相似性较低，与水平沟和鱼鳞坑措施改变植物生长小环境有关。各处理下植物群落均处于不稳定的演替阶段，与马红彬等（2013）研究结果类似。土壤与植物是相互统一的有机体，土壤中的养分和水分被植物不断吸收利用，同时植物产生的凋落物既可以改善土壤结构和养分，又能提高土壤蓄水能力（张海涛等，2016）。然而，受不同植被类型、立地条件和演替阶段等因素的影响（彭东海等，2016），植物和土壤之间的关系较为复杂，不同研究者对不同地域的试验结果也不尽一致（罗琰等，2018；彭东海等，2016；张海涛等，2016）。本研究发现，影响该区植被特征的土壤因子主要是土壤含水率、容重、有机质、速效钾和速效氮，其中土壤含水率是最主要因子。

综上可见，植物物种数量尤其是多年生草本数量和比例、植被高度及盖度和生物量以封育草地较好，但多样性以水平沟和鱼鳞坑措施较好。封育作为投资少、简便易行、见效快的恢复措施，在草地生态恢复中被普遍使用，但应注意长期封育会使群落的多样性下降。水平沟、鱼鳞坑干扰措施在一定程度上增加了物种多样性，但这两种方式需要较大的人力物力投入。因此，在具体实践中，应因地制宜科学合理地选择恢复措施。

参 考 文 献

丛日慧, 刘思齐, 朱羚, 等. 2017. 短期放牧下典型草原草畜生产和转化效率研究. 中国草地学报, 39(6): 47-53.

谷长磊, 刘琳, 邱扬, 等. 2013. 黄土丘陵区生态退耕对草本层植物多样性的影响. 水土保持研究, 20(5): 99-103.

郝文芳. 2010. 陕北黄土丘陵区撂荒地恢复演替的生态学过程及机理研究. 西北农林科技大学博士学位论文.

贾晓妮. 2008. 云雾山 25 年本氏针茅草地群落特征及演替的研究. 中国科学院研究生院教育部水土保持与生态环境研究中心硕士学位论文.

柳小妮, 孙九林, 张德罡, 等. 2008. 东祁连山不同退化阶段高寒草甸群落结构与植物多样性特征研究. 草业学报, 17(4): 1-11.

罗琰, 苏德荣, 纪宝明, 等. 2018. 辉河湿地不同草甸植被群落特征及其与土壤因子的关系. 草业学报, 27(3): 33-43.

马红彬, 沈艳, 谢应忠, 等. 2013. 不同恢复措施对宁夏黄土丘陵区典型草原植物群落特征的影响. 西北农业学报, 22(1): 200-206.

彭东海, 侯晓龙, 何宗明, 等. 2016. 金尾矿废弃地不同植被恢复阶段物种多样性与土壤特性的演变. 水土保持学报, 30(1): 159-164.

张海涛, 梁继业, 周正立, 等. 2016. 塔里木河中游荒漠河岸林土壤理化性质分布特征与植被关系. 水土保持研究, 23(2): 6-12.

第 5 章　人工修复过程中草原植物种群格局及生态位

5.1　种群格局特征

5.1.1　主要植物种群分布格局

由表 5-1 可知，试验区本氏针茅、百里香、大针茅、赖草、阿尔泰狗娃花和二裂委陵菜 6 个主要植物种群分布格局有 3 种，即聚集分布、随机分布和均匀分布。整体来看，各处理下种群分布格局大多为聚集分布（62 个），随机分布次之（17 个），均匀分布种群最少（仅为 3 个），分别是 S6（二裂委陵菜）、Y1（阿尔泰狗娃花）和 Y6（本氏针茅）。呈聚集分布的种群表现为：封育（23个）>鱼鳞坑（20 个）>水平沟（19 个）；随机分布表现为：水平沟（6 个）=鱼鳞坑（6 个）>封育（5 个）；均匀分布表现为：鱼鳞坑（2 个）>水平沟（1个）>封育（0 个）。

封育 0～15 年，本氏针茅和赖草的分布格局基本没有变化，均为聚集分布；二裂委陵菜的分布格局为：随机分布（F0）→聚集分布（F3、F6、F10 和 F15）；百里香的分布格局为：聚集分布（F3）→随机分布（F6）→聚集分布（F10、F15）；大针茅的分布格局为：聚集分布（F3、F6）→随机分布（F10）→聚集分布（F15）；阿尔泰狗娃花的分布格局为：聚集分布（F0）→随机分布（F3、F6）→聚集分布（F10、F15）。

水平沟 1～15 年，赖草的分布格局无明显变化，为聚集分布；大针茅的分布格局为：随机分布（S6、S10）→聚集分布（S15）；本氏针茅的分布格局为：聚集分布（S3）→随机分布（S6）→聚集分布（S10、S15）；百里香的分布格局为：聚集分布（S1）→随机分布（S6）→聚集分布（S10、S15）；二裂委陵菜的分布格局为：聚集分布（S1、S3）→均匀分布（S6）→聚集分布（S10、S15）；阿尔泰狗娃花的分布格局为：随机分布（S1）→聚集分布（S3、S6）→随机分布（S10）→聚集分布（S15）。

鱼鳞坑 1～15 年，百里香和赖草的分布格局为：随机分布（Y1）→聚集分布（Y3、Y6、Y10 和 Y15）；阿尔泰狗娃花的分布格局为：均匀分布（Y1）→聚集分布（Y3、Y6、Y10 和 Y15）；大针茅的分布格局为：聚集分布（Y3、Y6）→随机分布（Y10、Y15）；二裂委陵菜的分布格局为：聚集分布（Y3、Y6、Y10）→

表 5-1　不同恢复措施下主要植物种群分布格局

措施	木氏针茅 方差/均值(C)	木氏针茅 负二项式K值	木氏针茅 t检验	木氏针茅 分布格局类型	百里香 方差/均值(C)	百里香 负二项式K值	百里香 t检验	百里香 分布格局类型	大针茅 方差/均值(C)	大针茅 负二项式K值	大针茅 t检验	大针茅 分布格局类型	赖草 方差/均值(C)	赖草 负二项式K值	赖草 t检验	赖草 分布格局类型	阿尔泰狗娃花 方差/均值(C)	阿尔泰狗娃花 负二项式K值	阿尔泰狗娃花 t检验	阿尔泰狗娃花 分布格局类型	二裂委陵菜 方差/均值(C)	二裂委陵菜 负二项式K值	二裂委陵菜 t检验	二裂委陵菜 分布格局类型
F0	21.234	3.599	21.395**	聚集	—	—	—	—	—	—	—	—	20.000	0.175	20.090**	聚集	14.389	0.710	14.158**	聚集	3.084	4.959	2.203	随机
F3	14.826	1.410	14.619**	聚集	3.678	5.103	2.832*	聚集	28.419	1.009	28.992**	聚集	4.313	2.314	3.503*	聚集	2.720	5.814	1.819	随机	4.746	3.159	3.961**	聚集
F6	12.639	1.475	12.307**	聚集	2.055	1.739	1.115	随机	26.025	0.866	26.460**	随机	4.893	7.705	4.117**	聚集	2.757	2.182	1.857	随机	5.544	4.695	4.804**	聚集
F10	10.035	8.006	9.553**	聚集	8.600	1.754	8.036**	聚集	2.641	13.811	1.735	随机	7.519	2.071	6.892**	聚集	3.772	5.230	2.931*	聚集	8.479	2.652	7.908**	聚集
F15	5.735	1.936	5.006**	聚集	32.867	0.565	33.695**	聚集	17.400	2.073	17.341**	聚集	7.222	5.063	6.579**	聚集	9.323	0.621	8.800**	聚集	4.240	4.630	3.426*	聚集
S1	—	—	—	—	31.680	1.885	32.440**	聚集	—	—	—	—	4.434	4.562	3.631*	聚集	3.000	1.000	2.115	随机	11.231	0.424	10.818**	聚集
S3	8.029	3.486	7.432**	聚集	—	—	—	—	—	—	—	—	4.133	7.660	3.313*	聚集	7.829	1.367	7.220**	聚集	16.544	0.536	16.436**	聚集
S6	3.016	12.151	2.132	随机	1.829	11.261	0.876	随机	1.677	16.004	0.716	随机	8.585	4.241	8.021**	聚集	4.171	1.471	3.353*	聚集	0.114	-2.634	-0.937	均匀
S10	4.830	7.050	4.049**	聚集	16.156	1.694	16.025**	聚集	1.569	37.509	0.601	聚集	7.458	5.136	6.829**	聚集	1.833	14.400	0.881	随机	5.171	2.237	4.411**	聚集
S15	13.770	0.874	13.503**	聚集	4.615	3.735	3.822*	聚集	10.412	2.638	9.952**	聚集	14.400	1.119	14.169**	聚集	15.394	2.339	15.220**	聚集	6.998	4.474	6.342**	聚集
Y1	9.324	0.770	8.802**	聚集	1.041	425.995	0.043	随机	—	—	—	—	1.243	148.001	0.257	随机	0.935	-22.976	-0.069	均匀	74.812	0.221	78.046**	聚集
Y3	2.509	8.502	1.596	随机	18.910	0.646	18.937**	聚集	8.950	0.655	8.406**	聚集	6.941	0.647	6.282**	聚集	4.139	9.096	3.320*	聚集	—	—	—	—
Y6	0.386	-30.171	-0.649	均匀	12.269	2.091	11.915**	均匀	7.860	4.540	7.253**	聚集	5.078	12.309	4.312**	聚集	16.451	2.273	16.337**	聚集	3.557	0.771	2.704*	聚集
Y10	11.251	2.080	10.840**	聚集	38.307	0.974	39.448**	聚集	2.025	6.563	1.084	随机	6.045	2.710	5.335**	聚集	10.107	1.310	9.630**	聚集	37.032	0.371	38.099**	聚集
Y15	22.329	0.467	22.553**	聚集	14.901	5.151	14.699**	聚集	1.270	1.961	0.285	随机	4.168	1.920	3.350*	聚集	20.973	1.482	21.119**	聚集	1.450	7.957	0.476	随机

*表示显著水平；**表示极显著水平

随机分布（Y15）；本氏针茅的分布格局为：聚集分布（Y1）→随机分布（Y3）→均匀分布（Y6）→聚集分布（Y10、Y15）。

同一（相近）年限下，3 种恢复措施主要植物种群分布格局具体表现如下：实施 1（0）年后，本氏针茅在 F0 和 Y1 时为聚集分布；百里香在 S1 时为聚集分布，Y1 时为随机分布；赖草在 F0 和 S1 时均为聚集分布，Y1 时为随机分布；阿尔泰狗娃花在 F0 时为聚集分布，S1 时为随机分布，Y1 时为均匀分布；二裂委陵菜在 F0 时为随机分布，在 S1 时为聚集分布。实施 3 年时，赖草和二裂委陵菜在 3 种措施下均为聚集分布；本氏针茅在 F3 和 S3 时为聚集分布，Y3 时为随机分布；百里香和大针茅在 F3 和 Y3 时均为聚集分布；阿尔泰狗娃花在 F3 时为随机分布，S3 和 Y3 时为聚集分布。实施 6 年时，赖草在 3 种措施下均为聚集分布；本氏针茅在 F6 时为聚集分布，S6 时为随机分布，Y6 时为均匀分布；百里香在 F6 和 S6 时为随机分布，Y6 时为聚集分布；大针茅在 F6 和 Y6 时均为聚集分布，S6 时为随机分布；阿尔泰狗娃花在 F6 时为随机分布，S6 和 Y6 时为聚集分布；二裂委陵菜在 F6 和 Y6 时为聚集分布，S6 时为随机分布。实施 10 年时，3 种措施下的本氏针茅、百里香、赖草和二裂委陵菜均为聚集分布；大针茅在 3 种措施下均为随机分布；阿尔泰狗娃花在 F10 和 Y10 时为聚集分布，S10 时为随机分布。实施 15 年时，3 种措施下的本氏针茅、百里香、赖草和阿尔泰狗娃花均为聚集分布；大针茅和二裂委陵菜在 F15 和 S15 时均为聚集分布，在 Y15 时均为随机分布。

5.1.2 主要植物种群聚集强度

聚集强度是度量一个种群空间格局的聚集程度，不同聚集指标的测度，并不是度量同一种群聚集程度的不同方法，而是从不同角度来度量同一种群的聚集特性（慕宗杰，2009）。3 种恢复措施下，主要植物的分布格局以聚集分布为主，但聚集程度有所不同。对各聚集指数计算的结果进行对比，总体上 m^*、I、PI、CA、GI 的测定结果一致。由表 5-2 可得，F0 的本氏针茅平均拥挤度最大，达 93.068，说明 F0 的本氏针茅拥挤程度和聚集强度最强，也证明其拥挤效应越大。Y15 年的大针茅平均拥挤度最小，仅为 0.799。

比较分析表 5-2 发现，同一恢复措施下（封育、水平沟或鱼鳞坑措施），本氏针茅、百里香、大针茅、赖草、阿尔泰狗娃花和二裂委陵菜的种群聚集强度随着恢复年限的延长均无明显变化规律；同一年限（0 年或 1 年、3 年、6 年、10 年或 15 年）下，这 6 种植物的种群聚集强度在封育、水平沟和鱼鳞坑措施间均无明显变化规律。不同恢复措施下，群落内 6 种植物种群聚集强度大体上呈现：鱼鳞坑>封育>水平沟。其中，本氏针茅、大针茅的种群聚集强度在封育措施下最大，鱼鳞坑次之，水平沟最小；百里香、二裂委陵菜的种群聚集强度在鱼鳞坑整地下

表 5-2　不同恢复措施下主要植物种群聚集强度

措施	木地针茅					百里香					大针茅					赖草					阿尔泰狗娃花					二裂委陵菜				
	m^*	I	PI	CA	GI	m^*	I	PI	CA	GI	m^*	I	PI	CA	GI	m^*	I	PI	CA	GI	m^*	I	PI	CA	GI	m^*	I	PI	CA	GI
F0	93.068	20.234	1.278	0.278	4.407	—	—	—	—	—	—	—	—	—	—	22.333	19.000	6.700	5.700	3.800	22.889	13.389	2.409	1.409	2.678	12.417	2.084	1.202	0.202	0.417
F3	33.326	13.826	1.709	0.709	2.765	16.345	2.678	1.196	0.196	0.536	—	—	—	—	—	10.980	3.313	1.432	0.432	0.663	11.720	1.720	1.172	0.172	0.344	15.580	3.746	1.317	0.317	0.749
F6	28.806	11.639	1.678	0.678	2.328	2.888	1.055	1.575	0.575	0.211	55.086	27.419	1.991	0.991	5.484	33.893	3.893	1.130	0.130	0.779	5.590	1.757	1.458	0.458	0.351	25.877	4.544	1.213	0.213	0.909
F10	81.368	9.035	1.125	0.125	1.807	20.933	7.600	1.570	0.570	1.520	46.691	25.025	2.155	1.155	5.005	20.019	6.519	1.483	0.483	1.304	17.272	2.772	1.191	0.191	0.554	27.312	7.479	1.377	0.377	1.496
F15	13.901	4.735	1.516	0.516	0.947	49.867	31.867	2.770	1.770	6.373	50.400	16.400	1.482	0.482	3.280	37.722	6.222	1.198	0.198	1.244	13.489	8.323	2.611	1.611	1.665	18.240	3.240	1.216	0.216	0.648
S1	—	—	—	—	—	88.513	30.680	1.530	0.530	6.136	—	—	—	—	—	19.101	3.434	1.219	0.219	0.687	4.000	2.000	2.000	1.000	0.400	14.564	10.231	3.361	2.361	2.046
S3	31.529	7.029	1.287	0.287	1.406	—	—	—	—	—	—	—	—	—	—	27.133	3.133	1.131	0.131	0.627	16.162	6.829	1.732	0.732	1.366	23.877	15.544	2.865	1.865	3.109
S6	26.516	2.016	1.082	0.082	0.403	10.162	0.829	1.089	0.089	0.166	11.510	0.677	1.062	0.062	0.135	39.752	7.585	1.236	0.236	1.517	7.838	3.171	1.680	0.680	0.634	1.448	-0.886	0.620	-0.380	-0.177
S10	30.830	3.830	1.142	0.142	0.766	40.823	15.156	1.590	0.590	3.031	21.902	0.569	1.027	0.027	0.114	39.625	6.458	1.195	0.195	1.292	12.833	0.833	1.069	0.069	0.167	13.505	4.171	1.447	0.447	0.834
S15	23.937	12.770	2.144	1.144	2.554	17.115	3.615	1.268	0.268	0.723	34.245	9.412	1.379	0.379	1.882	28.400	13.400	1.893	0.893	2.680	48.061	14.394	1.428	0.428	2.879	32.831	5.998	1.224	0.224	1.200
Y1	14.736	8.324	2.298	1.298	1.665	17.564	0.041	1.002	0.002	0.008	13.158	7.950	2.526	1.526	1.590	36.145	0.243	1.007	0.007	0.049	1.424	-0.065	0.956	-0.044	-0.013	—	-0.065	0.956	-0.044	-0.013
Y3	14.340	1.509	1.118	0.118	0.302	29.487	17.910	2.547	1.547	3.582	37.999	6.860	1.220	0.220	1.372	9.784	5.941	2.546	1.546	1.188	31.694	3.139	1.110	0.110	0.628	90.151	73.812	5.517	4.517	14.762
Y6	17.905	-0.614	0.967	-0.033	-0.123	34.827	11.269	1.478	0.478	2.254	—	—	—	—	—	54.281	4.078	1.081	0.081	0.816	50.570	15.451	1.440	0.440	3.090	4.528	2.557	2.297	1.297	0.511
Y10	31.576	10.251	1.481	0.481	2.050	73.649	37.307	2.027	1.027	7.461	7.755	1.025	1.152	0.152	0.205	18.717	5.045	1.369	0.369	1.009	21.040	9.107	1.763	0.763	1.821	49.393	36.032	3.697	2.697	7.206
Y15	31.290	21.329	3.141	2.141	4.266	85.509	13.901	1.194	0.194	2.780	0.799	0.270	1.510	0.510	0.054	9.253	3.168	1.521	0.521	0.634	49.583	19.973	1.657	0.675	3.995	4.035	0.450	1.126	0.126	0.090

最大，水平沟次之，封育最小；赖草的种群聚集强度在封育措施下最大，水平沟次之，鱼鳞坑最小。

5.1.3 主要植物种间关系分析

对各恢复措施下样方内的 6 种植物物种密度进行 PCA 排序，结果显示（图 5-1），15 个排序图前两轴（第 1 和第 2 排序轴）的特征值为 76.0%～95.5%，均大于 75%，说明排序结果良好。排序图中箭头长度表示物种多度的大小，各物种之间夹角的余弦值表明了种间关系特征，夹角越小相关性越大，夹角为锐角时为正相关关系（种间吸引），夹角为钝角时为负相关关系（种间排斥）。

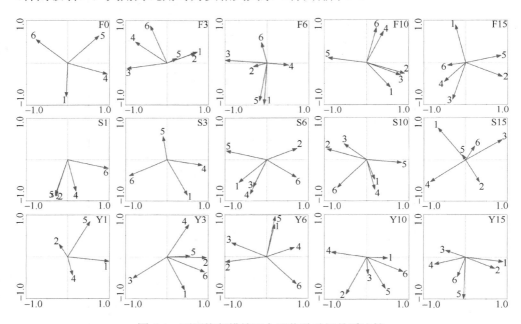

图 5-1 不同恢复措施下主要物种种间关系比较

1. 本氏针茅；2. 百里香；3. 大针茅；4. 赖草；5. 阿尔泰狗娃花；6. 二裂委陵菜

整体上，15 个排序图共有 189 对相互作用（种间排斥或吸引作用）的种，种间排斥的种对数（95 对）多于种间吸引的种对数（94 对），说明这 6 种植物在各恢复措施下种间排斥作用比吸引作用更普遍。种间排斥的种对数在 3 种恢复措施下表现为：封育（39 对）>鱼鳞坑（29 对）>水平沟（27 对），种间吸引的种对数在 3 种恢复措施下表现为：鱼鳞坑（37 对）>水平沟（30 对）>封育（27 对），表明这 6 种植物在封育措施下种间排斥作用强于水平沟和鱼鳞坑措施，而种间吸引作用正好相反，即水平沟、鱼鳞坑措施强于围栏封育。

总体来看（图 5-1 和表 5-3），典型草原主要植物种间关系对不同生态恢复措施的响应各不相同。同一恢复措施下，随着恢复年限变化大多数种间关系发生了变化；同一（相近）年限不同恢复措施下，大部分种间关系也会因恢复措施的不同而发生改变。

表 5-3　不同恢复措施下主要物种种间关系比较

措施	种间物种关系														
	1-2	1-3	1-4	1-5	1-6	2-3	2-4	2-5	2-6	3-4	3-5	3-6	4-5	4-6	5-6
F0	○	○	+	−	○	○	○	○	○	○	○	○	+	−	−
F3	+	−	−	+	−	−	−	+	−	+	−	+	−	+	−
F6	+	−	+	+	−	+	−	+	+	−	+	+	−	−	−
F10	+	+	−	−	−	+	+	−	−	+	−	−	−	−	−
F15	−	−	−	−	+	−	−	−	−	−	−	−	−	−	−
S1	○	○	○	○	○	○	+	+	−	○	○	○	+	−	−
S3	○	○	+	−	−	○	○	○	○	○	−	−	−	−	−
S6	−	−	+	+	−	−	−	−	+	−	+	+	−	−	−
S10	−	−	+	+	−	−	−	−	+	−	+	+	−	−	−
S15	−	−	+	+	+	+	+	−	−	−	−	−	−	−	+
Y1	−	○	+	+	−	○	−	+	○	○	−	−	−	−	−
Y3	+	+	−	+	−	−	−	−	−	+	−	−	−	−	+
Y6	−	+	+	+	−	+	−	−	−	−	+	+	−	+	−
Y10	+	+	+	+	+	+	+	−	−	−	−	−	−	−	+
Y15	+	−	−	+	−	−	−	+	−	+	−	+	+	+	+

注：1. 本氏针茅；2. 百里香；3. 大针茅；4. 赖草；5. 阿尔泰狗娃花；6. 二裂委陵菜。"○"表示物种缺失，无数据；"＋"表示种间呈正相关关系；"－"表示种间呈负相关关系

同一恢复措施不同年限下，自封育 0 年到 15 年，本氏针茅与百里香、赖草与阿尔泰狗娃花种间关系：正相关→负相关；本氏针茅和二裂委陵菜种间关系：负相关→正相关；随着封育年限的延长，阿尔泰狗娃花与二裂委陵菜种间关系未发生改变，均呈负相关。水平沟措施下，从 1 年到 15 年，本氏针茅与大针茅、百里香与阿尔泰狗娃花、大针茅与赖草、大针茅与阿尔泰狗娃花种间关系：正相关→负相关；本氏针茅与阿尔泰狗娃花、本氏针茅与二裂委陵菜、百里香与大针茅、阿尔泰狗娃花与二裂委陵菜种间关系：负相关→正相关；随着水平沟年限的延长，本氏针茅与赖草、大针茅与二裂委陵菜、本氏针茅与百里香 3 对种间关系未发生改变，其中，本氏针茅与赖草、大针茅与二裂委陵菜呈正相关，本氏针茅与百里香呈负相关。鱼鳞坑措施下，从 1 年到 15 年，本氏针茅与大针茅、百里香与二裂委陵菜种间关系：正相关→负相关；大针茅与赖草、大针茅与二裂委陵菜种间关系：负相关→正相关；随着鱼鳞坑年限的延长，本氏针茅与阿尔泰狗娃花种间关

系未发生改变，均呈正相关。

同一（相近）年限不同恢复措施下，实施 1（0）年后，阿尔泰狗娃花与二裂委陵菜在 3 种恢复措施下均呈负相关关系。实施 3 年后，3 种措施下的种间关系无明显变化规律。实施 6 年后，3 种措施下的本氏针茅与赖草、本氏针茅与阿尔泰狗娃花、大针茅与阿尔泰狗娃花均呈正相关关系，而本氏针茅与二裂委陵菜、百里香与赖草、阿尔泰狗娃花与二裂委陵菜均呈负相关关系。实施 10 年后，3 种措施下的百里香与大针茅均呈正相关关系。实施 15 年后，3 种措施下的大针茅与二裂委陵菜均呈正相关关系，而本氏针茅与大针茅、百里香与二裂委陵菜、大针茅与阿尔泰狗娃花均呈负相关关系。

5.2 主要物种生态位特征

5.2.1 主要植物的生态位宽度

对本氏针茅、二裂委陵菜和百里香 3 个主要种群的生态位特征进行了研究。由表 5-4 可得，各处理下，3 种主要植物的生态位宽度均发生了一定变化。从整体来看，总生态位宽度表现为：本氏针茅>二裂委陵菜>百里香，说明本氏针茅对资源综合利用能力最强，二裂委陵菜次之，百里香相比前两者最弱。本氏针茅、百里香和二裂委陵菜分别在 F0、Y10 和 S1 生态位宽度达到最大，均达到 0.477。本

表 5-4　不同恢复措施下主要植物的生态位宽度

措施	本氏针茅	百里香	二裂委陵菜
F0	0.477	—	0.465
F3	0.436	0.396	0.455
F6	0.459	0.400	0.450
F10	0.468	0.405	0.361
F15	0.467	0.393	0.418
S1	0.468	0.466	0.477
S3	0.462	—	0.304
S6	0.468	0.461	0.452
S10	0.473	0.470	0.440
S15	0.460	0.441	0.470
Y1	0.465	0.411	0.449
Y3	0.366	0.425	0.458
Y6	0.427	0.475	0.374
Y10	0.468	0.477	0.408
Y15	0.429	0.441	0.455
总生态位宽度	1.757	1.574	1.672

注："—"表示未出现此物种，下同

氏针茅生态位宽度在鱼鳞坑 3 年时最小，为 0.366；百里香在封育 15 年时最小，为 0.393；二裂委陵菜在水平沟 3 年时最小，为 0.304。

随着恢复年限增加，本氏针茅生态位宽度在封育、水平沟和鱼鳞坑 3 种恢复措施下，均呈现下降—上升—下降的趋势；百里香生态位宽度在封育和鱼鳞坑措施下均呈先上升后下降趋势，水平沟措施下则呈下降—上升—下降趋势；二裂委陵菜生态位宽度在封育草地呈先下降后上升趋势，鱼鳞坑措施下呈上升—下降—上升趋势，水平沟措施下则无明显变化规律。总体上看，3 种恢复措施实施 0（1）～10 年促进了长芒草、百里香生态位的拓宽；封育、鱼鳞坑措施实施 0（1）～10 年抑制了二裂委陵菜生态位的拓宽；随着恢复年限的延长，水平沟措施对二裂委陵菜生态位宽度的影响并不明显。

总体来看，3 种主要物种（本氏针茅、百里香和二裂委陵菜）在相同（相近）年限下，各措施间生态位宽度无明显变化规律。实施 1（0）年时，本氏针茅：F0>S1>Y1；百里香：S1>Y1；二裂委陵菜：S1>F0>Y1。实施 3 年时，本氏针茅：S3>F3>Y3；百里香：Y3>F3；二裂委陵菜：Y3>F3>S3。实施 6 年时，本氏针茅和二裂委陵菜：S6>F6>Y6；百里香：Y6>S6>F6。实施 10 年时，本氏针茅：S10>F10=Y10；百里香：Y10>S10>F10；二裂委陵菜：S10>Y10>F10。实施 15 年时，本氏针茅：F15>S15>Y15；百里香：Y15=S15>F15；二裂委陵菜：S15>Y15>F15。

在总生态位宽度方面，从图 5-2 可见，本氏针茅的总生态位宽度表现为：水平沟>封育>鱼鳞坑；百里香表现为：鱼鳞坑>水平沟>封育；二裂委陵菜表现为：水平沟>鱼鳞坑>封育。本氏针茅、百里香、二裂委陵菜在 3 种恢复措施下的总生态位宽度最大与最小差值分别为 0.076、0.202、0.013。

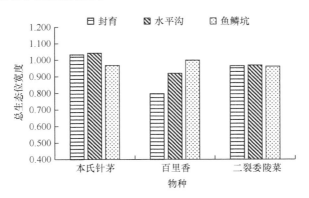

图 5-2　三种恢复措施下（0～15 年）主要物种总生态位宽度

5.2.2　主要植物的生态位重叠

从表 5-5 可知，由于未封育（放牧地）草地和实施 3 年的水平沟内没有测得百里香，因此这 2 个处理中百里香与其他两个物种（本氏针茅、二裂委陵菜）的生态位重叠系数均为 0。水平沟 10 年时本氏针茅与百里香的生态位重叠系数达到最大，为 0.990；水平沟 6 年时百里香与二裂委陵菜次之，为 0.989。总体来看，各处理下，3 种主要植物种间生态位重叠系数整体较高，介于 0.8～1.0 的占 73.33%，表明本氏针茅、百里香和二裂委陵菜对资源的需求具有很强的相似性。

表 5-5 不同恢复措施下主要植物的生态位重叠系数

措施	重叠物种		
	A-B	A-C	B-C
F0	—	0.970	—
F3	0.984	0.882	0.786
F6	0.713	0.821	0.980
F10	0.784	0.693	0.727
F15	0.937	0.921	0.951
S1	0.938	0.979	0.974
S3	—	0.835	—
S6	0.938	0.944	0.989
S10	0.990	0.964	0.928
S15	0.834	0.912	0.883
Y1	0.957	0.871	0.805
Y3	0.490	0.770	0.868
Y6	0.911	0.987	0.837
Y10	0.977	0.893	0.858
Y15	0.943	0.740	0.807

注：A. 本氏针茅；B. 百里香；C. 二裂委陵菜

随着封育年限的增加，本氏针茅与二裂委陵菜的生态位重叠系数呈先降低再升高趋势，本氏针茅与百里香、百里香与二裂委陵菜的生态位重叠系数呈升高—降低—升高趋势；随着水平沟年限的增加，本氏针茅与百里香、本氏针茅与二裂委陵菜、百里香与二裂委陵菜的生态位重叠系数呈降低—升高—降低趋势；随着鱼鳞坑年限的增加，本氏针茅与百里香、本氏针茅与二裂委陵菜生态位重叠系数呈降低—升高—降低趋势，百里香与二裂委陵菜的生态位重叠系数无明显变化规律。

相同（近）年限下，3 种主要植物的生态位重叠系数在各恢复措施下无明显规律性。

5.2.3 生态位重叠系数

图 5-3 表明，3 种恢复措施下主要物种的生态位重叠系数平均值表现为鱼鳞坑

>水平沟>封育措施，鱼鳞坑和水平沟措施下生态位重叠系数平均值较高，均为
0.8~1.0，分别为 0.848、0.807，封育措施最低，仅为 0.743。其中，鱼鳞坑措施
最明显，水平沟措施次之，封育措施最不明显。

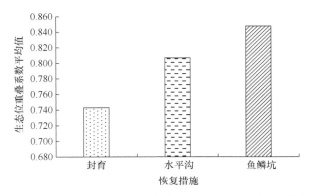

图 5-3　不同恢复措施下主要植物的生态位重叠系数平均值

5.3　小　　结

5.3.1　主要种群空间格局变化

多数研究表明，自然界中，植物种群个体的分布类型常为聚集分布（魏识广
等，2015），物种资源较为丰富的热带地区聚集分布尤为普遍（Plotkin et al.，2000），
而呈均匀分布的自然种群极为少见（徐坤等，2006）。本研究中，呈聚集分布的
种群最多，随机分布次之，均匀分布最少，分别为 62 个、17 个和 3 个，表明不
同生态恢复措施下宁夏典型草原优势植物种群也符合这种规律，说明封育、水平
沟和鱼鳞坑恢复措施下黄土高原丘陵区典型草原优势植物种群格局尚处在一个动
态变化的过程中（徐坤等，2006）。经过 0（1）~15 年演替，封育和水平沟措施
下，6 种主要植物种群分布格局最终均转变为聚集分布，鱼鳞坑措施下，4 种植物
种群分布格局最终均转变为聚集分布，而大针茅和二裂委陵菜转变为随机分布。
这种种群格局的形成一方面与物种自身的生物学特性有关，另一方面与所处环境
或种群间的效应息息相关（邓东周等，2017；张强强等，2011）。封育草地没有
家畜放牧干扰和人工整地干扰，各种群个体在自然状态下，随着封育时间的延长，
优势种占据较强的生态位，形成自己稳定的分布格局，即聚集分布。而鱼鳞坑、
水平沟受人为整地和自身局部环境因子的影响形成了特有的种群格局。相对于水
平沟整地而言，鱼鳞坑人为扰动程度更大，在自然演替下，从植被群落恢复到稳
定阶段的时间来看，鱼鳞坑整地较水平沟更加耗时。因此，水平沟恢复到 15 年时，

各种群均为聚集分布；鱼鳞坑恢复到 15 年时，少部分种群仍为随机分布。这也很好地解释了呈聚集分布的种群个数表现为封育措施>水平沟、鱼鳞坑措施，呈随机和均匀分布的种群个数表现为：水平沟、鱼鳞坑措施>封育措施。

本研究中，m^*、I、PI、CA、GI 的测定结果大体一致，这与许多学者的研究结果相同（邓东周等，2017；张瑾等，2013）。聚集强度是度量种群个体聚集成块（丛生、蔓延或群集）的程度（慕宗杰，2009）。受放牧胁迫的影响，本氏针茅种群在母体附近繁殖大量新植株，提高种群聚集程度（小尺度范围内），来抵御家畜的践踏与采食（乔丽红，2016）。因此，放牧地中的本氏针茅种群拥挤程度和聚集强度最强。综合研究结果可见，群落内 6 种植物种群聚集强度大体上呈鱼鳞坑最高、水平沟最低。这与鱼鳞坑整地后其地形特征更有利于汇集风和径流带来的种子，加之鱼鳞坑能够收集一定的地表径流，为坑内种子的萌发提供充足的水分条件，从而使鱼鳞坑内种群个体聚集成块的程度较高有关。而未经干扰的封育草地，优势物种占据了较强的生态位，受重力作用种子的传播距离有限，种子往往落在母株周围，种子萌发之后形成了群集现象（贾希洋等，2018）。

整体上，封育措施下种间排斥作用强于水平沟、鱼鳞坑，而种间吸引作用正好相反。6 种植物在各恢复措施下种间排斥作用比吸引作用更为普遍，这与许多学者研究结果一致（杨庆松，2014）。一方面是由于资源竞争（光照、水分和养分等）形成相互排斥。另一方面则可能是有的植物个体通过分泌一些化感物质来抑制其他物种的生长，达到种间排斥（陈锋等，2017）。另外，本研究中仍然存在一定比例的正相互作用的种对。物种异群保护假说认为：当异种之间的互利作用大于种间竞争时，种间会表现出吸引作用（祝燕等，2009）。另外，种间的互利作用也可能形成种间相互吸引，互利作用通常在环境胁迫（干旱、寒冷和盐渍等）的情况下发生，而研究区域夏季干旱少雨，冬季较为寒冷，因此，互利作用也可能是该区域种间吸引作用产生的一个重要原因（杨龙等，2012）。

5.3.2 主要种群生态位变化

生态位宽度既可以度量种群对环境资源利用的尺度，也可以表达种群在群落中的地位（陈丝露等，2018）。同一物种，生态位会随植被演替阶段的变化而发生变化（张德魁等，2007），也会伴随小环境的改变而发生变化（程中秋等，2010）。本研究中，本氏针茅、百里香和二裂委陵菜 3 种主要植物在 15 个处理中的生态位宽度均发生了一定变化。经过人工整地后，百里香相对于本氏针茅与二裂委陵菜而言，它对资源利用能力较弱且对所在生态环境有较窄的适应力。另外，放牧地中没有百里香，应该与家畜的选择性采食密切相关。总体来看，经过 0（1）~10 年演替，3 种恢复措施均促进了长芒草、百里香生态位的拓宽；封育、鱼鳞坑措施均抑制了二裂委陵菜生态位的拓宽，这与史晓晓（2015）的研究结果类似。当演替进行到 10～15 年时，作为建群种和优势种的多年生优质牧草（本氏针茅和百里香）生态位宽度呈下降趋势，而二裂委陵菜呈增加趋势，意味着禁牧封育 10 年后，该地区草地存在趋于退化、灌丛化的可能，植物生活型组成、物种多样性及群落数量特征等均印证了这一规律，由此可见，适度科学利用对草地的可持续发展意义重大。

研究发现，水平沟措施对本氏针茅生态位宽度的拓宽作用更明显，而鱼鳞坑措施对百里香更明显，二裂委陵菜生态位宽度虽呈现水平沟>鱼鳞坑>封育措施，但总生态位宽度最大与最小差值仅为 0.013，说明二裂委陵菜适应 3 种恢复措施能力最强，整地措施对其生态位影响不大。

生态位重叠反映种群之间对资源利用的相似程度和竞争关系（胡相明等，2006）。较高的生态位重叠系数意味着种群之间对环境资源具有相似的生态学要求，因而可能在有限的资源中存在激烈的竞争。生态位重叠系数研究表明，各处理下 3 种主要植物种间生态位重叠系数整体较高，表明本氏针茅、百里香和二裂委陵菜对资源的需求具有很强的相似性，生态位重叠系数平均值表现为鱼鳞坑>水平沟>封育。水平沟 10 年时本氏针茅与百里香的生态位重叠系数达到最大，达到 0.990，这与本氏针茅、百里香较大的生态位宽度密切相关；然而，研究中也出现生态位较窄的物种之间存在较大的生态位重叠，如封育 3 年时本氏针茅和百里香生态位宽度虽较低，但两个物种之间生态位重叠系数较大（0.984），这与胡相明等（2006）研究结果一致，造成这种现象的原因是优势种群间激烈竞争环境资源。诸多研究表明，土壤水分是黄土高原丘陵区植被恢复的主要影响因素（杨磊等，2011），围栏封育、水平沟和鱼鳞坑措施均有涵养水分、蓄积地表径流的作用，一定的土壤水分条件有利于本氏针茅、百里香及二裂委陵菜产生更多不定芽、分蘖及根系等，但有限的土壤水资源，使这些优势种群对资源的需求很强烈，故而各处理下主要植物种间生态位重叠系数整体较高。

参 考 文 献

陈锋, 孟永杰, 帅海威, 等. 2017. 植物化感物质对种子萌发的影响及其生态学意义. 中国生态农业学报, 25(1): 36-46.

陈丝露, 赵敏, 李贤伟, 等. 2018. 柏木低效林不同改造模式优势草本植物多样性及其生态位. 生态学报, 38(1): 143-155.

程中秋, 张克斌, 常进, 等. 2010. 宁夏盐池不同封育措施下的植物生态位研究. 生态环境学报, 19(7): 1537-1542.

邓东周, 贺丽, 鄢武先, 等. 2017. 川西北高寒区不同沙化类型草地优势种群空间格局分析. 草地学报, 25(3): 492-498.

胡相明, 程积民, 万惠娥, 等. 2006. 黄土丘陵区不同立地条件下植物种群生态位研究. 草业学报, 15(1): 29-35.

贾希洋, 马红彬, 周瑶, 等. 2018. 不同生态恢复措施对宁夏典型草原优势植物种群分布格局及种间关系的影响//贾希洋. 中国草学会年会论文集. 成都: 中国草学会: 233-244.

慕宗杰. 2009. 不同载畜率下荒漠草原植物群落优势种群分布格局研究. 内蒙古农业大学硕士学位论文.

乔丽红. 2016. 放牧与刈割对典型草原优势种种群空间格局的影响. 内蒙古大学硕士学位论文.

史晓晓. 2015. 黄土高原百里香种群生态特性研究. 西北农林科技大学硕士学位论文.

魏识广, 李林, 许睿, 等. 2015. 井冈山植物群落优势种空间分布格局与种间关联. 热带亚热带植物学报, (1): 74-80.

徐坤, 谢应忠, 李世忠. 2006. 宁南黄土丘陵区退化草地群落主要植物种群空间分布格局对比研究. 西北农业学报, 15(5): 123-127.

杨磊, 卫伟, 莫保儒, 等. 2011. 半干旱黄土丘陵区不同人工植被恢复土壤水分的相对亏缺. 生态学报, 31(11): 3060-3068.

杨龙, 刘楠, 王俊. 2012. 植物护理效应研究综述. 热带地理, 32(3): 321-330.

杨庆松. 2014. 常绿阔叶林的种间关联格局及其形成机制. 华东师范大学博士学位论文.

张德魁, 王继和, 马全林, 等. 2007. 古浪县北部荒漠植被主要植物种的生态位特征. 生态学杂志, 26(4): 471-475.

张瑾, 陈文业, 张继强, 等. 2013. 甘肃敦煌西湖荒漠湿地生态系统优势植物种群分布格局及种间关联性. 中国沙漠, 33(2): 349-357.

张强强, 靳瑰丽, 朱进忠, 等. 2011. 不同建植年限混播人工草地主要植物种群空间分布格局分析. 草地学报, 19(5): 735-739.

祝燕, 米湘成, 马克平. 2009. 植物群落物种共存机制: 负密度制约假说. 生物多样性, 17(6): 594-604.

Plotkin J B, Potts M D, Leslie N, et al. 2000. Species-area curves, spatial aggregation, and habitat specialization in tropical forests. Journal of Theoretical Biology, 207(1): 81-99.

第6章　人工修复过程中草原土壤种子库特征

6.1　土壤种子库萌发动态

由图 6-1 可知，可将不同恢复措施下土壤种子库萌发时间（约 76 天）大体分为高峰期、瓶颈期和低峰期三个阶段。放牧草地、封育草地、水平沟整地和鱼鳞坑整地措施下土壤种子库种子萌发数量特征具有相似性，但种子萌发数量变化与萌发时间相关性并不一致。其中，F0、F6 和 Y3 处理萌发高峰期均出现在 2～13 天，其他 13 个处理萌发均出现 2～3 个高峰期，出现在 2～27 天。

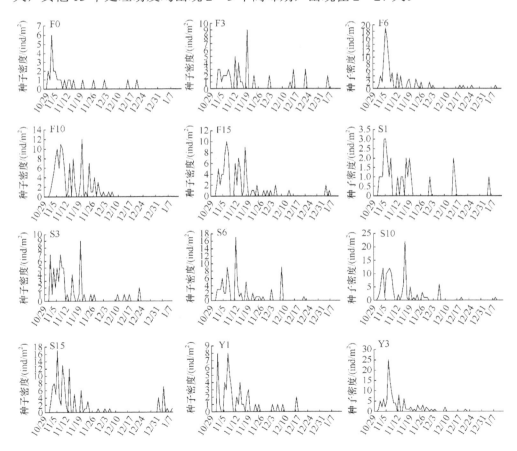

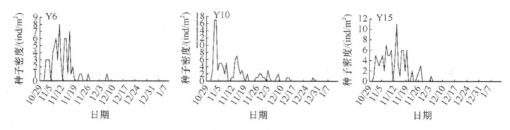

图 6-1　不同处理下土壤种子库萌发动态

由不同萌发时间下土壤种子库萌发数量比例可知（表 6-1），虽然各处理下在一定时间内种子萌发比例不尽相同，但总体来看，萌发第 10 天时，萌发数约占种子库密度的 44.08%，第 20 天时约占 75.97%，第 30 天时累计有 89.60% 的种子萌发，第 40 和 50 天时，萌发数分别约占种子库密度的 93.63% 和 96.96%。典型草原在种子库萌发 30 天内，可获得绝大多数种子数量。

表 6-1　不同萌发时间下土壤种子库萌发比例（%）

萌发比例	第 10 天	第 20 天	第 30 天	第 40 天	第 50 天
F0	64.00	80.00	88.00	92.00	96.00
F3	25.49	56.86	78.43	82.35	90.20
F6	64.58	81.25	92.71	95.83	95.83
F10	38.60	68.42	93.86	100.00	100.00
F15	39.33	71.91	89.89	95.51	96.63
S1	42.86	67.86	82.14	85.71	96.43
S3	46.88	71.88	92.19	92.19	95.31
S6	34.15	69.51	82.93	87.80	98.78
S10	45.67	82.68	92.13	98.43	98.43
S15	40.35	76.32	85.96	88.60	88.60
Y1	45.28	77.36	90.57	94.34	100.00
Y3	53.57	82.14	92.86	97.32	99.11
Y6	36.92	93.85	98.46	100.00	100.00
Y10	50.94	77.36	84.91	94.34	99.06
Y15	32.63	82.11	98.95	100.00	100.00
平均	44.08	75.97	89.60	93.63	96.96

6.2　土壤种子库物种组成

萌发试验共鉴定出的幼苗种类有 29 种（表 6-2），涉及 14 科，其中菊科物种最多，有 7 种，占物种总数的 24.13%；蔷薇科有 6 种，占总数的 20.68%；禾本

表 6-2　不同处理土壤种子库物种组成及密度（粒/m²）

科	种	生活型	F0	F3	F6	F10	F15	S1	S3	S6	S10	S15	Y1	Y3	Y6	Y10	Y15
菊科	猪毛蒿	A		339.70±42.46	382.16±00.00	509.55±127.38		382.16±127.38	212.31±84.92	254.77±00.00	467.09±185.09	764.33±127.38	297.23±42.46	1358.81±112.34	169.85±42.46	1146.95±84.92	509.55±127.38
	风毛菊	A		127.38±73.54			212.31±153.10	318.47±63.69		127.38±00.00		191.08±63.69	212.31±42.46	552.01±153.10	254.77±73.54	297.23±42.46	84.92±42.46
	茵陈蒿	P														382.16±127.38	
	艾蒿	P			84.92±42.46		382.16±147.09										
	山苦荬	P		84.92±42.46	84.92±42.46				169.85±42.46		1061.57±306.20			382.16±73.54		212.31±42.46	
	铁杆蒿	P					84.92±42.46							424.62±84.92			
	香青	A	84.92±42.46														
禾本科	木氏针茅	P	84.92±42.46			127.38±00.00			127.38±73.54								
	大针茅	P		127.38±73.54	84.92±42.46		467.09±153.10			127.38±00.00		509.55±127.38		212.31±84.92		84.92±42.46	169.85±42.46
	糙隐子草	P		127.38±73.54	84.92±42.46	318.47±63.69	84.92±42.46		169.85±42.46			828.02±191.08		84.92±42.46	169.85±42.46	169.85±42.46	127.38±73.54
蔷薇科	委陵菜	P		84.92±42.46		127.38±00.00	84.92±42.46		84.92±42.46								
	星毛委陵菜	P					84.92±42.46										
	二裂委陵菜	P		84.92±42.46	254.77±73.54	191.08±63.69	84.92±42.46	191.08±63.69	169.85±42.46						212.31±42.46	212.31±42.46	
	掌叶多裂委陵菜	P					84.92±42.46					191.08±63.69					
	多茎委陵菜	P				191.08±63.69	127.38±73.54	318.47±63.69		191.08±63.69		318.47±63.69					
	西山委陵菜	P	127.38±73.54					127.38±00.00		191.08±63.69	254.77±73.54			297.23±42.46	84.92±42.46	169.85±42.46	
豆科	扁蓿豆	P											84.92±42.46				
	猫头米口袋	P	297.23±112.34														
堇菜科	裂叶堇菜	P		127.38±73.54		191.08±63.69	169.85±42.46		84.92±42.46		339.70±42.46		84.92±42.46	84.92±42.46			509.55±73.54
十字花科	蜀葵芥	P	84.92±42.46	1868.36±185.09	3312.10±628.39	3885.35±1337.57	1613.58±297.23	318.47±63.69	976.64±112.34	2866.24±1082.80	2165.60±588.38	2292.99±254.77	849.25±278.44	1486.19±472.84	1571.12±153.10	1188.49±73.54	1740.97±306.20
	苣里香	P		84.92±42.46	212.31±42.46	191.08±63.69	191.08±63.69	127.38±00.00	169.85±42.46	191.08±63.69			594.47±153.10		169.85±42.46	212.31±42.46	169.85±42.46
唇形科	猪毛菜	A							169.85±42.46							382.16±73.54	
旋花科	银灰旋花	P								318.47±63.69							

续表

科	种	生活型	F0	F3	F6	F10	F15	S1	S3	S6	S10	S15	Y1	Y3	Y6	Y10	Y15
龙胆科	秦艽	P	127.38±73.54	169.85±84.92	594.47±153.10	445.85±191.08		127.38±00.00	254.77±73.54	382.16±127.38		636.94±127.38	169.85±42.46	424.62±112.34	297.23±84.92		721.86±84.92
车前科	大车前	P	169.85±42.46				84.92±42.46				212.31±42.46						
	象叶车前	P														169.85±42.46	
苋科	反枝苋	A	84.92±42.46														
芸香科	北芸香	P		84.92±42.46										169.85±42.46			
蓼科	蓼	P														382.16±73.54	
总计			1061.57±297.23g	3099.78±42.46cdef	5180.46±886.65ab	4670.91±1531.01abc	3481.95±224.69bcde	1592.35±191.08fg	2420.38±127.38efg	4458.59±1146.49abcd	4501.06±793.27abc	5732.48±127.38a	2208.06±258.29efg	5053.07±153.10ab	2760.08±278.44defg	4501.06±112.34abcd	4033.97±430.95abcde

注：同行不同字母表示差异显著（$P<0.05$），P 代表多年生草本，A 代表一年生草本，下同

科有 3 种,占总数的 10.34%;豆科、车前科各有 2 种,各占总数的 6.89%,其他 9 科各只有 1 种。

与放牧草地相比,随着封育年限的增加,植物种类呈上升趋势,以 F15 处理种子库植物种类最多,达到 12 种;随着水平沟恢复年限的增加,土壤种子库植物种类呈先增加后降低趋势,以 S1 处理种子库植物种类最少,仅为 7 种,S3 处理种子库植物种类最多,达到 10 种;随着鱼鳞坑恢复年限的增加,土壤种子库植物种类呈先增加后降低再增加再降低趋势,以 Y3 和 Y10 处理种子库植物种类较多,分别达到 11 种和 12 种,以 Y1 处理种子库植物种类最少,为 6 种。

不同措施相近恢复年限下,恢复 3 年以封育和鱼鳞坑措施种子库植物种数最多,6 年以封育措施种子库植物种数最多,10 年以鱼鳞坑措施种子库植物种数最多,15 年以封育措施种子库植物种数最多,说明相对于放牧而言,鱼鳞坑、水平沟和封育均可提高土壤种子库植物种数,且恢复 3 年以封育和鱼鳞坑措施最为明显,6 年以封育措施最为明显,10 年以鱼鳞坑措施最为明显,15 年以封育措施最为明显。

由表 6-3 可以看出,各措施下土壤种子库均表现为多年生草本植物物种数大于一年生草本植物,但不同恢复措施下土壤种子库植物生活型所占比例呈现出不一样的变化规律。与放牧草地相比,随着封育年限的增加,一年生草本植物呈下降趋势,以 F3 处理一年生草本植物种类最多,F15 处理最少;水平沟和鱼鳞坑整地后土壤种子库生活型无明显变化规律,整地后 1~3 年的一年生草本植物比例较大。

表 6-3　不同恢复措施下土壤种子库的生活型组成

处理	F0	F3	F6	F10	F15	S1	S3	S6	S10	S15	Y1	Y3	Y6	Y10	Y15
P 种子比例/%	92.9	84.93	92.63	89.10	93.91	56.01	84.22	91.43	89.63	83.33	76.93	62.19	84.62	67.92	100
A 种子比例/%	7.10	15.07	7.37	10.90	6.09	43.99	15.78	8.57	10.37	16.67	23.07	37.81	15.38	32.08	0.00

对封育、水平沟和鱼鳞坑恢复过程中种子库所含物种数目和生活型比例进行分析可得(表 6-2),水平沟整地恢复 1~3 年土壤种子库物种以一年生的猪毛蒿为主,整地 6 年以上土壤种子库的优势物种为多年生草本,多为蚓果芥;放牧草地种子库优势物种以一年生风毛菊为主,F3~F15 处理以多年生草本蚓果芥为主。

从植物科组成看,菊科、禾本科、蔷薇科和十字花科是种子库物种主体,占物种种类的 50%以上,其中禾本科物种比例以 Y15 和 S15 处理最高,蔷薇科物种比例以 F15 处理最高,菊科物种比例以 Y3 处理最高(表 6-4)。

表 6-4　不同恢复措施下土壤种子库植物科组成

处理	物种数目	禾本科比例/%	蔷薇科比例/%	菊科比例/%	十字花科比例/%	其他科比例/%
F0	8	12.50	12.50	12.50	12.50	50.00
F3	11	9.09	18.18	27.27	9.10	36.36
F6	9	22.22	11.11	33.34	11.11	22.22
F10	9	22.22	22.22	11.12	11.11	33.33
F15	12	16.67	33.33	25	8.33	16.67
S1	7	0.00	28.57	28.57	14.29	28.57
S3	10	20.00	20.00	20.00	10.00	30.00
S6	8	12.50	12.50	25.00	12.50	37.50
S10	6	0.00	16.67	33.33	16.67	33.33
S15	8	25.00	25.00	25.00	12.50	12.50
Y1	6	0.00	0.00	33.33	16.67	50.00
Y3	11	18.19	9.09	36.36	9.09	27.27
Y6	7	0.00	28.57	28.57	14.29	28.57
Y10	12	16.67	16.67	33.33	8.33	25.00
Y15	8	25.00	0.00	25.00	12.50	37.5

6.3　土壤种子库大小（密度特征）

6.3.1　不同恢复措施下土壤种子库密度

由表 6-2 可见，相同恢复措施下，随着封育年限的增加，种子库总密度呈现先上升后下降趋势，以 F6 处理土壤种子库总密度最大，F10 处理次之，F3 处理最低。F3 处理为 3099.78 粒/m^2，种子库种子密度以蚓果芥最高，猪毛蒿次之，其中蚓果芥的密度为 1868.36 粒/m^2，占总密度的 60.27%，是 F3 处理土壤种子库的优势物种，其中 F6 处理为 5180.46 粒/m^2，种子库种子密度以蚓果芥最高，猪毛蒿次之，其中蚓果芥的密度为 3312.10 粒/m^2，占总密度的 63.93%，是 F6 处理土壤种子库的优势物种；F10 处理为 4670.91 粒/m^2，种子库种子密度以蚓果芥最高，秦艽次之，其中蚓果芥的密度为 3885.35 粒/m^2，占总密度的 83.18%，是 F10 处理土壤种子库的优势物种；F15 处理为 3481.95 粒/m^2，种子库种子密度以蚓果芥最高，大针茅次之，其中蚓果芥的密度为 1613.58 粒/m^2，占总密度的 46.34%，是 F15 处理土壤种子库的优势物种。

随着水平沟恢复年限的增加，种子库总密度呈现逐渐上升趋势，以 S15 处理土壤种子库总密度最大，S10 处理次之，S1 处理最低。S1 处理为 1592.35 粒/m^2，种子库种子密度以猪毛蒿最高,风毛菊和蚓果芥次之,其中猪毛蒿的密度为 382.16 粒/m²,占总密度的 23.99%,是 S1 处理土壤种子库的优势物种;S3 处理为 2420.38 粒/m²,种子库种子密度以蚓果芥最高,秦艽次之,其中蚓果芥的密度为 976.64 粒/m²,占总密度的 40.35%,是 S3 处理土壤种子库的优势物种;S6 处理为 4458.59 粒/m²,种子库种子密度以蚓果芥最高,秦艽次之,其中蚓果芥的密度为 2866.24 粒/m²,占总密度的 64.28%,是 S6 处理土壤种子库的优势物种;S10 处理为 4501.06 粒/m²,种子库种子密度以蚓果芥最高,山苦荬次之,其中蚓果芥的密度为 2165.60 粒/m²,占总密度的 48.11%,是 S10 处理土壤种子库的优势物种,其中 S15 处理为 5732.48 粒/m²,种子库种子密度以蚓果芥最高,糙隐子草次之,其中蚓果芥的密度为 2292.99 粒/m²,占总密度的 39.99%,是 S15 处理土壤种子库的优势物种。

比较不同鱼鳞坑恢复演替阶段种子库总密度可得,随着鱼鳞坑恢复年限的增加,种子库总密度呈现先上升后下降再上升的趋势,以 Y3 处理土壤种子库总密度最大,Y10 处理次之,Y1 处理最低。其中,Y1 处理为 2208.06 粒/m²,种子库种子密度以蚓果芥最高,百里香次之,其中蚓果芥的密度为 849.25 粒/m²,占总密度的 38.46%,是 Y1 处理土壤种子库的优势物种;Y3 处理为 5053.07 粒/m²,种子库种子密度以蚓果芥最高,猪毛蒿次之,其中蚓果芥的密度为 1486.19 粒/m²,占总密度的 29.41%,是 Y3 处理土壤种子库的优势物种;Y6 处理为 2760.08 粒/m²,种子库种子密度以蚓果芥最高,秦艽次之,其中蚓果芥的密度为 1571.12 粒/m²,占总密度的 56.92%,是 Y6 处理土壤种子库的优势物种;Y10 处理为 4501.06 粒/m²,种子库种子密度以蚓果芥最高,山苦荬次之,其中蚓果芥的密度为 1188.49 粒/m²,占总密度的 26.40%,是 Y10 处理土壤种子库的优势物种;Y15 处理为 4033.97 粒/m²,种子库种子密度以蚓果芥最高,秦艽次之,其中蚓果芥的密度为 1740.97 粒/m²,占总密度的 43.15%,是 Y15 处理土壤种子库的优势物种。

不同处理下土壤种子库总密度差异显著($P<0.05$)。与放牧草地相比,各措施下土壤种子库总密度均有不同程度增加。恢复 3 年左右时,土壤种子库密度以鱼鳞坑措施最大,6 年和 10 年以封育措施种子库密度最大,15 年以水平沟措施种子库密度最大,说明相对于放牧而言,鱼鳞坑、水平沟和封育均可提高土壤种子库密度,且恢复 3 年以鱼鳞坑措施最为明显,6 年和 10 年以封育措施最为明显,15 年以水平沟措施最为明显。

6.3.2　土壤种子库的垂直分布

由图 6-2 可知,不同恢复措施下土壤种子库垂直密度分布具有相似规律性,种子库密度均表现出随着土层加深呈下降趋势,说明土壤种子库具有表聚性。其中 F0、F10 和 S1 处理下 0~5cm、5~10cm 和 10~15cm 三层间垂直差异不显著

（$P>0.05$）；F3 和 Y15 处理 0～5cm、5～10cm 和 10～15cm 三层间垂直差异显著（$P<0.05$）；Y1 处理 0～5cm 种子库密度最大，10～15cm 最低，不同土层间总体差异显著（$P<0.05$）；F6、F15、S3、S6、S10、S15、Y3、Y6 和 Y10 处理 0～5cm 与 5～10cm、10～15cm 两层间垂直差异显著（$P<0.05$），说明 F0、F10 和 S1 处理土壤中有活力种子在 0～15cm 土层分布较均匀，这可能与整地对土壤的扰动以及放牧干扰有关。

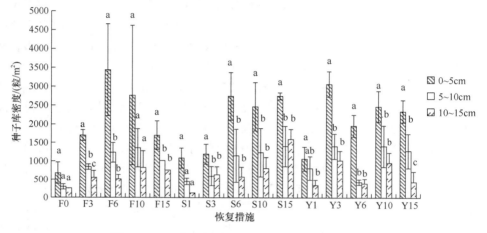

图 6-2 不同恢复措施下土壤种子库密度垂直变化

6.4 种子库多样性及其与地上植被关系

6.4.1 不同恢复措施下土壤种子库物种多样性

由表 6-5 可知，封育措施下，种子库群落物种多样性随着封育年限的延长无明显变化规律。Margalef 丰富度指数（Ma）、生态优势度指数（SN）、Shannon-Wiener 多样性（SW）与 Pielou 均匀度指数（PW）以 F15 最高，其中 Margalef 丰富度指数以 F3 次之，F10 处理最低（$P<0.05$）；生态优势度指数处理间总体差异不大（$P>0.05$）；Shannon-Wiener 多样性以 Y10 处理最高（$P<0.05$）；Pielou 均匀度指数以 F3 与 F6 处理次之，F10 处理最低（$P<0.05$）。

从水平沟不同演替阶段来看，种子库群落物种多样性随着恢复年限的延长无明显变化规律。其中 Margalef 丰富度指数以 S3 处理最高，S1 处理次之，S10 处理最低（$P<0.05$）；生态优势度指数差异不显著（$P>0.05$）；Shannon-Wiener 多样性以 S1 和 S3 处理较高，S6 处理指数最低（$P<0.05$）；Pielou 均匀度指数以 S3 处理最高，S10 处理最低（$P<0.05$）。

表 6-5　土壤种子库群落物种多样性特征

处理	丰富度（Ma）	优势度（SN）	多样性（SW）	均匀度（PW）
F0	8.09±0.90a	0.06±0.03b	2.48±0.11bcde	0.81±0.03f
F3	6.49±0.02cde	0.37±0.06ab	1.96±0.23 f	0.99±0.00c
F6	5.66±0.28ef	0.41±0.01ab	1.89±0.04 f	0.99±0.00c
F10	5.14±0.08fgh	0.41±0.05ab	1.94±0.14f	0.95±0.00d
F15	7.63±0.12ab	0.72±0.47a	2.48±0.04bcde	1.07±0.00a
S1	5.49±0.26fg	0.10±0.02b	2.64±0.08abc	0.83±0.01f
S3	7.04±0.13bcd	0.17±0.01b	2.63±0.03abc	0.99±0.00c
S6	4.60±0.34ghi	0.39±0.10ab	1.94±0.31f	0.90±0.00e
S10	3.28±0.19j	0.29±0.06b	2.02±0.16ef	0.77±0.00g
S15	4.23±0.02i	0.21±0.02b	2.51±0.11bcd	0.90±0.00e
Y1	4.06±0.16ij	0.23±0.03b	2.14±0.10def	0.77±0.00g
Y3	6.09±0.12def	0.16±0.01b	2.85±0.10ab	1.03±0.00b
Y6	4.51±0.13hi	0.34±0.06ab	1.98±0.19f	0.84±0.00f
Y10	7.10±0.04b	0.14±0.01b	2.97±0.07a	1.07±±0.00a
Y15	4.69±0.15ghi	0.23±0.02b	2.32±0.15cdef	0.90±0.00e

注：同列不同字母表示差异显著（$P<0.05$），下同

从鱼鳞坑不同演替阶段来看，种子库群落物种多样性随着恢复年限的延长无明显变化规律。其中 Margalef 丰富度指数以 Y10 处理最高，Y3 处理次之，Y1 处理最低（$P<0.05$）；生态优势度指数差异不显著（$P>0.05$）；Shannon-Wiener 多样性以 Y3 处理较高，Y6 处理指数最低（$P<0.05$）；Pielou 均匀度指数以 Y10 处理最高，Y3 处理次之，Y1 处理最低（$P<0.05$）。

虽然三种措施不同演替年限下随着恢复年限的增加无明显变化规律，但各处理间土壤种子库物种多样性差异显著（$P<0.05$）。恢复 3 年时，Margalef 丰富度指数以水平沟措施最高，生态优势度指数以封育最高，Shannon-Wiener 多样性以鱼鳞坑措施最高，Pielou 均匀度指数以鱼鳞坑措施最高（$P<0.05$）；恢复 6 年时，Margalef 丰富度指数、生态优势度指数和 Pielou 均匀度指数均以封育最高，Shannon-Wiener 多样性以水平沟措施最高（$P<0.05$）；恢复 10 年 Margalef 丰富度指数、Shannon-Wiener 多样性和 Pielou 均匀度指数以鱼鳞坑措施最高，生态优势度指数以封育最高（$P<0.05$）；恢复 15 年 Margalef 丰富度指数、生态优势度指数和 Pielou 均匀度指数以封育最高，Shannon-Wiener 多样性以水平沟措施最高（$P<0.05$）。

6.4.2　土壤种子库与地上植被的关系

6.4.2.1　土壤种子库与地上植被的物种多样性

不同恢复措施下土壤种子库与地上植被物种多样性关系表明，土壤种子库与

地上植被之间存在一定差异（图 6-3～图 6-6）。总体来看，土壤种子库的多样性指数、丰富度指数和均匀度指数大于对应的地上植被，而地上植被的生态优势度又远远大于土壤种子库，其中丰富度指数和地上植被相差最大。与放牧草地相比，各处理下地上植被与种子库的丰富度指数以 F0 处理相差最大，F15 次之，S10 处理相差最小；多样性指数以 Y10 处理相差最大，F3 处理相差最小，其中 F3、F6

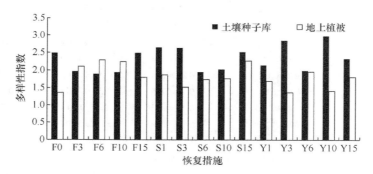

图 6-3　土壤种子库与地上植被多样性指数

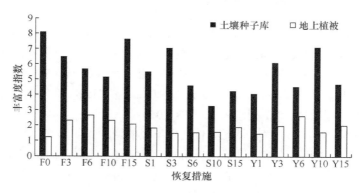

图 6-4　土壤种子库与地上植被丰富度指数

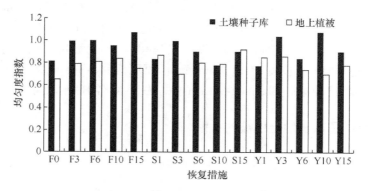

图 6-5　土壤种子库与地上植被均匀度指数

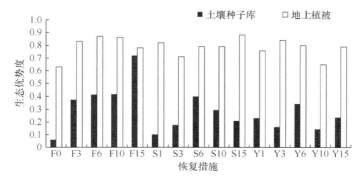

图 6-6　土壤种子库与地上植被生态优势度

和 F10 地上植被的多样性指数大于土壤种子库；种子库与地上植被的均匀度指数
以 Y10 和 F15 处理相差较大，S10 处理相差最小，其中 S1、S10、S15 和 Y1 地上
植被的均匀度指数大于土壤种子库；生态优势度在各处理下差异都较大，其中以
S1 和 Y3 处理相差较大，约为 0.67。方差分析表明，不同恢复措施下土壤种子库
与地上植被物种多样性均未达到显著性相关水平（$P>0.05$）。

6.4.2.2　土壤种子库与地上植被的相似性

由表 6-6 可见，与放牧草地相比，封育 3 年到 15 年，地上植物种数呈上升趋
势；水平沟恢复措施下，随着整地年限的增加，地上植物种数呈先下降后上升趋

表 6-6　土壤种子库与地上植被的相似性

处理	地上植物种数	种子库物种数	共有物种数	地上优势种	种子库优势种	相似系数
F0	12	8	3	本氏针茅	扁蓿豆	0.30
F3	18	10	4	本氏针茅	蚓果芥	0.28
F6	18	10	4	百里香	蚓果芥	0.28
F10	18	9	5	本氏针茅	猪毛蒿	0.37
F15	20	12	5	本氏针茅	蚓果芥	0.31
S1	15	7	3	百里香	猪毛蒿	0.27
S3	12	10	3	猪毛菜	蚓果芥	0.27
S6	13	8	4	赖草	蚓果芥	0.38
S10	14	6	3	茵陈蒿	蚓果芥	0.30
S15	18	8	3	本氏针茅	蚓果芥	0.23
Y1	11	6	1	百里香	蚓果芥	0.12
Y3	14	11	4	猪毛蒿	蚓果芥	0.32
Y6	22	7	2	百里香	蚓果芥	0.13
Y10	14	12	4	百里香	蚓果芥	0.31
Y15	17	8	3	百里香	蚓果芥	0.24

势；鱼鳞坑恢复措施下，随着整地年限的增加，地上植物种数呈先上升后下降再上升趋势，以 Y6 地上植物种数最多，达到 22 种，但不同恢复措施下随着年限的增加土壤种子库物种数无明显变化规律。

各处理下地上植被与土壤种子库优势种均不一致，在地上植被和种子库共有物种方面，以 F10 与 F15 处理地上植被与土壤种子库的共有物种数最多，均达到 5 种；Y1 处理地上植被与土壤种子库共有物种数最少，为 1 种。

Sorensen 相似系数表明，随着封育年限的增加，种子库的相似系数呈先增加后降低趋势，以 F10 处理最高，F3 最低；水平沟随着恢复年限的增加，种子库的相似系数呈先增加后降低趋势，以 S6 处理最高，S15 最低；随着鱼鳞坑恢复年限的增加，种子库的相似系数无明显变化规律，以 Y3 处理最高，Y1 最低。

各处理下，地上植被与土壤种子库相似系数为 0.12～0.38，相似系数整体不高。相近恢复年限下，恢复 3 年时土壤种子库相似系数在鱼鳞坑措施下最高，6 年以水平沟措施相似系数最高，10 年以封育措施种子库相似系数最高，15 年以封育处理下种子库相似系数最高。

6.4.3　土壤种子库与土壤特征因子典型对应分析

6.4.3.1　土壤特征因子与排序轴的相关系数

由表 6-7 可看出，速效钾与第 1 排序轴相关性最大，相关系数为 0.4813，土壤含水率最小。第 2 排序轴与速效氮相关性最大，相关系数为 0.7343。水平沟和鱼鳞坑措施是一种人为整地对土壤环境的干扰方式，表现在对土壤环境因子的综合影响上，因而与环境的相关性较大。

表 6-7　土壤环境因子与 CCA 排序轴的相关系数

土壤环境因子	第 1 排序轴	第 2 排序轴	第 3 排序轴	第 4 排序轴
土壤含水率	−0.2147	−0.0682	−0.0649	−0.1529
容重	0.0568	−0.7621	−0.0939	0.3187
黏粒含量	−0.1816	0.0520	0.7366	0.2279
有机质	0.1258	0.6477	0.2894	−0.3831
全氮	0.2442	0.5498	0.3039	−0.4955
全磷	0.2074	0.5182	0.1970	−0.3974
速效钾	0.4813	0.5470	0.2035	−0.2642
速效氮	0.1241	0.7343	0.2113	−0.3465

从图 6-7 可看出，土壤容重、土壤速效钾和土壤速效氮的箭头长度明显大于其他土壤特征因子，说明这三个环境因子对土壤种子库物种的分布影响最大。土

壤速效钾与第 1 排序轴的夹角最小，土壤全氮、全磷、土壤有机质次之，说明第 1 排序轴是一个沿土壤速效氮、土壤有机质、土壤全氮、土壤速效钾、全磷梯度变化轴。土壤含水率和黏粒（CC）与第 2 排序轴相关性高，说明典型对应分析（CCA）的第 2 排序轴是一个黏粒和土壤含水率梯度变化轴。由此可见，土壤环境因子对典型草原土壤种子库物种的分布具有重要作用。

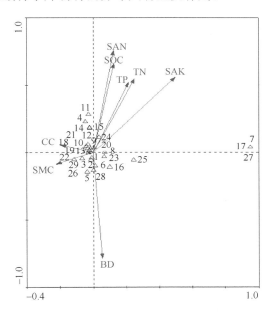

图 6-7　植物种与土壤环境因子的 CCA 排序

环境因子代号：SMC. 土壤含水率；CC. 土壤黏粒；BD. 土壤容重；SOC. 土壤有机质；TN. 土壤全氮；TP. 土壤全磷；SAK. 土壤速效钾；SAN. 土壤速效氮。植物代号：1. 猪毛蒿；2. 风毛菊；3. 茵陈蒿；4. 艾蒿；5. 山苦荬；6. 铁杆蒿；7. 香青；8. 本氏针茅；9. 大针茅；10. 糙隐子草；11. 委陵菜；12. 星毛委陵菜；13. 二裂委陵菜；14. 掌叶多裂委陵菜；15. 多茎委陵菜；16. 西山委陵菜；17. 扁蓿豆；18. 狭叶米口袋；19. 裂叶堇菜；20. 蚓果芥；21. 百里香；22. 猪毛菜；23. 银灰旋花；24. 秦艽；25. 大车前；26. 条叶车前；27. 反枝苋；28. 北芸香；29. 藜

6.4.3.2　土壤种子库物种的排序结果

由图 6-7 可知，土壤种子库物种与 8 个环境因子存在不同程度相关。与土壤黏粒正相关由大到小的物种分别为委陵菜、艾蒿、掌叶多裂委陵菜、多茎委陵菜、大针茅、裂叶堇菜、糙隐子草、星毛委陵菜、本氏针茅、扁蓿豆、猪毛菜、反枝苋；与土壤黏粒负相关由大到小的物种分别为山苦荬、西山委陵菜、条叶车前、二裂委陵菜、藜、银灰旋花、大车前、猪毛菜、茵陈蒿和猪毛蒿。

与土壤含水率（SMC）呈显著正相关的物种分别为猪毛菜、藜和条叶车前，与土壤含水率呈显著负相关的物种分别为香青、扁蓿豆和反枝苋。

与土壤速效氮（SAN）、土壤有机质（SOC）、土壤全氮（TN）、土壤速效钾（SAK）和全磷（TP）呈显著负相关的物种分别为猪毛菜、藜、条叶车前、糙隐子草、掌叶多裂委陵菜；呈显著正相关的物种分别为条叶车前、扁蓿豆、香青、大车前、西山委陵菜，即这些植物生长与这6种环境因子具有相关性。

6.5 小 结

6.5.1 恢复措施对土壤种子库萌发动态的影响

种子库的萌发动态直接或间接地影响着地上植被的更新和演替，不同物种萌发时间长短影响地表植被的生产功能（Coffin and Lauenroth，1989）。一些研究表明，不同物种的萌发时间不同，致使萌发格局也发生改变，大多数物种萌发时间呈现单峰型（吴敏等，2011）；一年生、两年生植物的种子萌发周期较长（4～6周）（Bai et al.，2004）。研究表明，多种植物种子萌发与环境的适应性有关，使萌发时间格局趋势一致（于顺利等，2007；于顺利和蒋高明，2003）。本研究中，放牧草地、封育草地、水平沟和鱼鳞坑种子库种子萌发时间集中在2周左右，均呈现单峰型格局，萌发格局与前人的研究结果相似。

6.5.2 恢复措施对土壤种子库物种组成的影响

本研究中，与放牧草地相比，封育、水平沟和鱼鳞坑措施下种子库的植物物种数有所增加，说明相对于放牧而言，鱼鳞坑、水平沟和封育均可提高土壤种子库植物种数，且恢复3年以封育和鱼鳞坑措施最为明显，6年以封育措施最为明显，10年以鱼鳞坑措施最为明显，15年以封育措施最为明显。对3种措施不同恢复年限进行综合对比，以封育措施植物种最多，鱼鳞坑恢复其次，水平沟恢复最低，这与研究区实施的一系列生态恢复工程措施有关。封育相对于水平沟和鱼鳞坑整地措施，地表的植被群落较丰富，结实的种子数也较多，地表覆盖物丰富更有利于土壤保存种子。从水平沟和鱼鳞坑不同恢复年限来看，整地1年后，植物种类最少，这可能与水平沟和鱼鳞坑整地措施有关，整地过程将地表物种种子翻耕于地下深层，使0～15cm土壤种子库物种数量减少。同时，水平沟和鱼鳞坑1年时，整地后植被恢复时间较短，也使种子库物种减少。

通过调查发现，本试验中，放牧和不同封育年限草地地上植物群落分别为本氏针茅+阿尔泰狗娃花群落、百里香+猪毛菜群落、本氏针茅+大针茅群落、本氏针茅+大针茅群落、铁杆蒿+大针茅群落；水平沟措施不同年限地上植物群落分别为沙打旺+猪毛菜群落、猪毛菜+早熟禾群落、本氏针茅+百里香群落、大针茅+赖草群落、本氏针茅+大针茅群落；鱼鳞坑措施不同年限地上植物群落分别为沙打旺+猪毛蒿群落、百里香+猪毛蒿群落、本氏针茅+大针茅群落、本氏针茅+西山委陵菜群落、百里香+铁杆蒿群落。土壤种子库植物生活型组成与地上植被相似，亦以多年生草本植物为主。3 种措施不同年限种子库植物生活型组成由一年生草本植物向多年生草本植物转变，与刘华和王占军（2016）对不同封育年限土壤种子库植物生活型组成变化结果类似。

各处理下，种子库植物生活型组成以多年生植物为主，其中菊科、禾本科、蔷薇科和十字花科是种子库物种主体。禾本科物种比例以 Y15 和 S15 处理最高，蔷薇科物种比例以 F15 处理最高，菊科物种比例以 Y3 处理最高。不同恢复措施下以菊科比例最高，蔷薇科次之，种子库主要植物组成与地上植被存在一定差异，家畜放牧、封育以及整地干扰改变了土壤种子库的物种组成，与前人在黄土丘陵区典型草原的研究结果类似（赵凌平等，2008；苏楞高娃等，2007；黄欣颖等，2011；袁宝妮等，2009）。

6.5.3　恢复措施对土壤种子库密度特征的影响

研究发现，黄土高原丘陵沟壑区退耕地土壤种子库密度为 1067～14 717 粒/m^2（王宁等，2009），封育草地种子库为 4880～6130 粒/m^2（袁宝妮等，2009），封育的高寒草地为 3640～15330 粒/m^2（柴锦隆等，2016）。本研究中，宁夏典型草原土壤种子库密度为 1601～5732 粒/m^2，其大小与前人的研究相似。土地利用类型不同、家畜放牧和人类干扰均会影响土壤种子库的密度大小，种子库优势物种在不同措施下并不相同（王会仁等，2012），这与植被环境或干扰等因素有关（程积民等，2006）。本试验中，封育 3 年到 15 年种子库总密度呈现先上升后下降趋势，以 F6 处理最大；水平沟整地 3 年到 15 年种子库总密度呈现逐渐上升趋势，以 S15 处理最大；鱼鳞坑整地 3 年到 15 年种子库总密度呈现先上升后下降再上升趋势，以 Y3 处理最大。董杰（2007）分析内蒙古锡林郭勒盟典型草原土壤种子库密度时发现种子数量随着围封时间的延长呈现增加趋势,但1996年围封大于1983年围封的种子库密度，与本研究结果类似，说明并不是整地时间越长，草地土壤种子库密度越大，这对典型草原植被恢复与演替具有重要意义。

与放牧草地相比，各措施下 0～15cm 土壤种子库密度均有不同程度增加。相近恢复年限下，3 年以鱼鳞坑措施最大，6 年和 10 年以封育措施最大，15 年以水平沟措施最大。放牧草地由于家畜采食，减少了植物结实机会，降低了土壤种子库的物种多样性和一些物种的种子库密度，种子库显著小于封育草地、水平沟和鱼鳞坑措施（吴涛等，2009）。有研究发现，封育草地土壤种子库随封育年限增加呈现先上升后下降趋势，在封育 10 年时种子库密度最大和植被生长最好而 15

年呈下降趋势（周华坤等，2003），这可能与地上一年生植物比例减少有关。水平沟和鱼鳞坑整地措施土壤种子库密度增加，这与两种措施下的特殊地形更易聚集种子雨有关。当植被生长良好、物种丰富度指数高时，种子库种子数量和种类较高（马全林等，2015），这也表明相对于放牧，封育、鱼鳞坑和水平沟整地可在一定程度上丰富土壤种子库的物种数量。

随着土层加深，土壤种子库密度呈递减趋势，其规律与前人的研究相似，说明试验区土壤种子库具有表聚性（沈彦等，2008；闫瑞瑞等，2011）。

6.5.4 种子库多样性及其与地上植被关系

6.5.4.1 不同恢复措施下土壤种子库物种多样性

封育、鱼鳞坑、水平沟及放牧草地土壤种子库生态优势度指数、Shannon-Wiener 多样性和 Pielou 均匀度指数无明显差异，3 种恢复措施在相近恢复年限下物种多样性没有明显变化规律。这与典型草原实施的恢复措施有关，与放牧相比，封育、水平沟和鱼鳞坑措施并没有显著改变种子库物种多样性，这与放牧使草地优势植物种子减少以及土壤种子库种子来源和它的记忆功能有关（黄欣颖等，2011），与在黄土高原典型草原区草地土壤种子库的研究和江河源区退化高寒种子库物种多样性研究结果相似（赵凌平等，2013；尚占环，2006）。

封育、水平沟和鱼鳞坑措施随着恢复年限的增加，土壤种子库丰富度指数、生态优势度指数、多样性指数和均匀度指数无明显变化规律，与蒋德明等（2013）在科尔沁沙地研究中发现土壤种子库的物种多样性和均匀度随着封育年限的增加而降低的结果不同，可能与水平沟和鱼鳞坑整地导致地表种子进入种子库有关。

6.5.4.2 土壤种子库与地上植被相似性

放牧家畜的采食和排泄、鱼鳞坑和水平沟整地改变了植物种子传播和聚集情况，使土壤种子库和地上植被优势物种产生了差异（刘淑丽等，2016；包秀霞等，2010）。一些研究发现，退化草地土壤种子库与地表植被相似性较高，植被演替至相对稳定阶段时，与地表植被相似系数也较高（马全林等，2015）。也有文献报道，土壤种子库与地表植被植物种组成的相似性较低，在植被演替后期阶段相似性也较小（张建利等，2008）。本研究中，土壤种子库与地表植被物种多样性、均匀度、丰富度和生态优势度均存在一定差异。封育草地地上植被与土壤种子库共有物种比例最高，土壤种子库和地上植被的相似性最高，这可能与封育草地地表植被盖度较高有关（李洪远等，2009）。土壤种子库和地表植被相似性总体较低（0.12～0.38），与刘建立等（2005）、张建利等（2008）研究结果类似。这是因为种子繁殖特性与适宜的生长环境有关，在一个试验中很难创造出植物种子萌发最适合且满足所有植物种子的萌发条件（王向涛等，2015），从而降低了种子库物种数量，使得种子库与地表植被相似性差异较大（柴锦隆等，2016；李吉玫等，2008）。封育措施在不同年限整体相似性较高，水平沟和鱼鳞坑措施的相似性较低，说明封育能更好地提高种子库与地上物种的相似性；与放牧草地相比，10 年和 15 年封育、6 年和 10 年水平沟草地、3 年和 10 年鱼鳞坑草地相似性得到提高，说明各措施恢复一定时间后能增加地上植被与种子库共有物种，与刘华和王占军（2016）在不同封育年限荒漠草原上的结果一致。

6.5.4.3　土壤种子库与土壤特征因子 CCA 分析

典范对应分析可直观地反映土壤理化特性与植物种类分布间的关系。排序结果表明：土壤容重、土壤速效钾和土壤速效氮是影响该区土壤种子库分布的主要土壤因子，一些物种受土壤容重影响较大，对黏粒、有机质和其他土壤化学特性要求可能并不高。这与贺梦璇等（2014）、翟付群等（2013）对不同植被类型种子库植物种与环境因子的研究结果类似。

参 考 文 献

包秀霞, 易津, 刘书润, 等. 2010. 不同放牧方式对蒙古高原典型草原土壤种子库的影响. 中国草地学报, 32(5): 66-72.

柴锦隆, 徐长林, 鱼小军, 等. 2016. 不同改良措施对退化高寒草甸土壤种子库的影响. 草原与草坪, 36(4): 34-40.

程积民, 万惠娥, 胡相明. 2006. 黄土高原草地土壤种子库与草地更新. 土壤学报, 43(4): 679-683.

董杰. 2007. 封育对退化典型草原土壤理化性质与土壤种子库的影响研究. 内蒙古农业大学硕士学位论文.

贺梦璇, 莫训强, 李洪远, 等. 2014. 天津滨海典型盐碱湿地土壤种子库特征及 CCA 分析. 生态学杂志, 33(7): 1762-1768.

黄欣颖, 王堃, 王宇通, 等. 2011. 典型草原封育过程中土壤种子库的变化特征. 草地学报, 19(1): 38-42.

蒋德明, 苗仁辉, 押田敏雄, 等. 2013. 封育对科尔沁沙地植被恢复和土壤特性的影响. 生态环境学报, 22(1): 40-46.

李洪远, 莫训强, 郝翠. 2009. 近 30 年来土壤种子库研究的回顾与展望. 生态环境学报, 18(2): 731-737.

李吉玫, 徐海量, 张占江, 等. 2008. 塔里木河下游不同退化区地表植被和土壤种子库特征. 生态学报, 28(8): 3626-3636.

刘华, 王占军. 2016. 不同封育年限对宁夏荒漠草原土壤种子库萌发特征的影响研究. 宁夏农林科技, 57(6): 1-2.

刘建立, 袁玉欣, 彭伟秀, 等. 2005. 坝上地区孤石牧场土壤种子库与地上植被的关系. 草业科学, 22(12): 57-62.

刘淑丽, 林丽, 张法伟, 等. 2016. 放牧季节及退化程度对高寒草甸土壤有机碳的影响. 草业科学, 33(1): 11-18.

马全林, 卢琦, 魏林源, 等. 2015. 干旱荒漠白刺灌丛植被演替过程土壤种子库变化特征. 生态学报, 35(7): 2285-2294.

尚占环. 2006. 江河源区退化高寒草地土壤种子库及其植被更新. 甘肃农业大学博士学位论文.

沈彦, 冯起勇, 张克斌, 等. 2008. 围栏封育对农牧交错区沙化草地植物群落影响: 以宁夏盐池为例. 干旱区资源与环境, 22(6): 156-160.

苏楞高娃, 敖特根, 齐晓荣. 2007. 封育对沙化典型草原土壤种子库的影响. 草原与草业, 19(1): 46-48.

王会仁, 黄茹, 王洪峰. 2012. 土壤种子库研究进展. 宁夏农林科技, 53(11): 57-59.

王宁, 贾燕锋, 白文娟, 等. 2009. 黄土丘陵沟壑区退耕地土壤种子库特征与季节动态. 草业学报, 18(3): 43-52.

王向涛, 高洋, 苗彦军, 等. 2015. 围栏和退化条件下西藏高山嵩草草甸土壤种子库的比较. 西北农林科技大学学报(自然科学版), 43(4): 203-209.

吴敏, 张文辉, 周建云, 等. 2011. 秦岭北坡不同生境栓皮栎种子雨和土壤种子库动态. 应用生态学报, 22(11): 2807-2814.

吴涛, 王雪芹, 盖世广, 等. 2009. 春夏季放牧对古尔班通古特沙漠南部土壤种子库和地上植被的影响. 中国沙漠, 29(3): 499-507.

闫瑞瑞, 卫智军, 辛晓平, 等. 2011. 放牧制度对荒漠草原可萌发土壤种子库的影响. 中国沙漠, 31(3): 703-708.

于顺利, 陈宏伟, 郎南军. 2007. 土壤种子库的分类系统和种子在土壤中的持久性. 生态学报, 27(5): 2099-2108.

于顺利, 蒋高明. 2003. 土壤种子库的研究进展及若干研究热点. 植物生态学报, 27(4): 552-560.

袁宝妮, 李登武, 李景侠, 等. 2009. 黄土丘陵沟壑区植被自然恢复过程中土壤种子库特征. 干旱地区农业研究, 27(6): 215-222.

翟付群, 许诺, 莫训强, 等. 2013. 天津蓟运河故道消落带土壤种子库特征与土壤理化性质分析. 环境科学研究, 26(1): 97-102.

张建利, 张文, 毕玉芬. 2008. 金沙江干热河谷草地土壤种子库与植被的相关性. 生态学杂志, 27(11): 1908-1912.

赵凌平, 程积民, 万惠娥. 2008. 黄土高原典型草原区草地土壤种子库的动态分析. 水土保持通报, 28(5): 60-65.

赵凌平, 程积民, 王占彬. 2013. 持久种子库在黄土高原植被恢复中的作用. 草业科学, 30(1): 104-109.

周华坤, 周立, 刘伟, 等. 2003. 封育措施对退化与未退化矮嵩草草甸的影响. 中国草地学报, 25(5): 15-22.

Bai W M, Bao X M, Li L H. 2004. Effects of *Agriophyllum squarrosum* seed banks on its colonization in a moving sand dune in Hunshandake Sand Land of China. Journal of Arid Environments, 59(1): 151-157.

Coffin D P, Lauenroth W K. 1989. Spatial and temporal variation in the seed bank of a semiarid grassland. American Journal of Botany, 76(1): 53-58.

第7章 人工修复过程中草原土壤理化性状变化

7.1 土壤物理性状变化

7.1.1 土壤颗粒组成及分形维数

由表 7-1 可知,不同措施对土壤颗粒组成有一定的影响。试验区 0~40cm 土层土壤颗粒组成中粉粒体积百分比最高,达到 74.48%~91.24%;砂粒体积百分比次之,为 6.18%~22.83%;黏粒体积百分比最低,仅为 1.97%~3.90%。封育措施下,封育 15 年土壤黏粒体积百分比显著高于 F0 和 F6 处理;从封育 3 年到 15 年,粉粒和砂粒体积百分比均表现为随封育年限的延长无明显变化,分形维数整体呈上升趋势。水平沟措施下,随着年限的增加,黏粒体积百分比呈上升趋势,粉粒

表 7-1 不同措施下土壤颗粒组成及分形维数的变化

	黏粒体积百分比/%	粉粒体积百分比/%	砂粒体积百分比/%	分形维数
F0	1.97±0.03eg	91.24±0.74a	6.79±0.73ef	2.05
F3	2.15±0.01cdefg	89.07±0.02ab	8.78±0.01de	2.07
F6	2.05±0.03defg	90.67±1.31ab	7.28±1.33ef	2.06
F10	2.17±0.01cdefg	90.43±0.46ab	7.40±0.46ef	2.07
F15	2.76±0.59bc	90.47±1.29ab	6.77±0.93ef	2.13
S1	2.52±0.04bcde	81.08±0.55de	16.40±0.57b	2.11
S3	2.29±0.01cdefg	85.21±0.01c	12.50±0.00c	2.08
S6	2.50±0.03cdef	78.43±1.05e	19.07±1.04b	2.11
S10	2.53±0.08bcd	81.63±0.59d	15.84±0.52b	2.11
S15	3.90±0.29a	89.92±1.80ab	6.18±1.60f	2.21
Y1	2.42±0.07cdefg	80.92±1.20de	16.66±1.13b	2.10
Y3	2.57±0.14bcd	81.54±0.89de	15.89±1.02b	2.11
Y6	2.69±0.01bcd	74.48±0.93f	22.83±0.94a	2.12
Y10	3.29±0.18ab	80.32±1.27de	16.39±1.09b	2.17
Y15	2.25±0.01cdefg	87.27±1.06bc	10.48±0.82cd	2.08

注:同列数据后标注不同字母表示差异显著($P<0.05$),下同

体积百分比呈先下降后上升趋势，砂粒呈先上升后下降趋势，分形维数除水平沟
1年外，随着恢复年限延长呈上升趋势。鱼鳞坑措施下，随着整地年限的增加，
黏粒体积百分比呈先上升后下降趋势，10年时达到最高，粉粒和砂粒体积百分比
变化趋势与水平沟一致，分形维数呈先上升后下降趋势。相近恢复年限下，整体
上水平沟和鱼鳞坑措施的黏粒、砂粒体积百分比及分形维数均高于封育措施。垂
直分布方面（图 7-1），土壤黏粒、粉粒和砂粒体积百分比在各措施下表现为随着
土壤深度的增加整体上差异不大（$P>0.05$）。

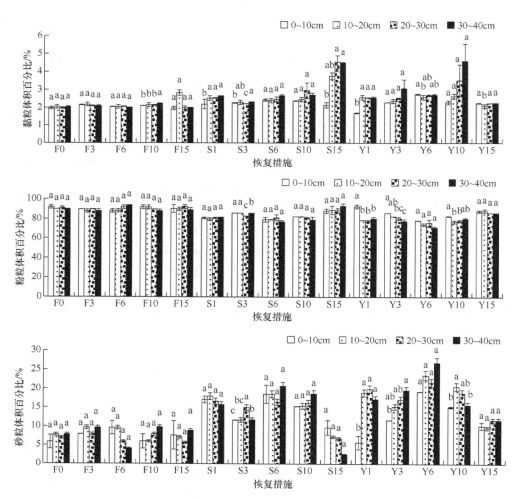

图 7-1　不同措施下土壤颗粒组成的垂直变化

不同小写字母表示同一处理不同土层差异显著（$P<0.05$），下同

7.1.2　分形维数与土壤颗粒组成之间的关系

分形维数（D）与土壤颗粒粒径累计含量有关。为进一步研究土壤分形维数与土壤颗粒组成的关系，本研究对土壤颗粒体积分形维数和体积百分比进行了相关分析（图 7-2）。结果表明，分形维数与土壤黏粒体积百分比呈极显著正相关（$P<0.01$），与粉粒体积百分比呈负相关（$P>0.05$），与砂粒体积百分比呈正相关但不显著（$P>0.05$）。

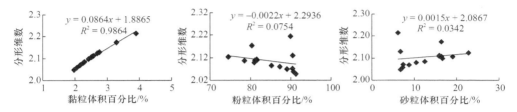

图 7-2　分形维数与土壤颗粒组成的相关性

7.1.3　土壤容重、孔隙度和持水量

从表 7-2 可知，封育措施下，从封育 0 年到 15 年，土壤容重随着年限的增加呈下降趋势，而饱和持水量、毛管持水量、田间持水量、非毛管孔隙度、毛管孔隙度和总孔隙度表现为上升趋势。水平沟和鱼鳞坑措施下，土壤容重随着恢复年限的增加呈现先下降后上升再下降趋势，而饱和持水量、毛管持水量、田间持水量、非毛管孔隙度、毛管孔隙度和总孔隙度均表现为先上升后下降再上升趋势。相近恢复年限下，土壤容重在 6 年和 10 年以封育较低；饱和持水量、毛管持水量、田间持水量、毛管孔隙度和总孔隙度在相同年限下整体上三种措施间差异不显著。垂直分布方面（图 7-3），各措施下 0～40cm 土壤容重、饱和持水量、毛管持水量、田间持水量、非毛管孔隙度、毛管孔隙度和总孔隙度整体上随着土层的加深垂直变化规律不明显。

表 7-2　不同措施下土壤容重、孔隙度和持水量的变化

处理	容重/(g/cm³)	饱和持水量/%	毛管持水量/%	田间持水量/%	非毛管孔隙度/%	毛管孔隙度/%	总孔隙度/%
F0	1.14±0.01bcd	48.68±0.36cd	46.35±0.28de	35.61±0.30cd	2.65±0.13ab	52.6±0.97ab	55.25±1.10cd
F3	1.09±0.02de	52.06±0.79bc	50.12±1.10bcd	42.39±0.88ab	2.12±0.40b	54.54±0.35a	56.66±0.05abc
F6	1.08±0.01def	51.79±0.91bc	49.60±0.95cd	38.39±0.60bc	2.34±0.08b	53.13±0.52ab	55.47±0.45bcd
F10	0.99±0.04fg	59.66±3.57a	55.69±2.38ab	46.01±3.54a	3.88±1.01ab	55.20±0.18a	59.08±1.19a
F15	0.96±0.00g	62.05±1.00a	57.79±1.50a	44.72±2.10a	4.08±0.50ab	55.11±1.09a	59.18±0.59a
S1	1.22±0.04abc	43.66±2.43de	41.34±2.30efg	31.33±2.39de	2.79±0.09ab	49.72±1.72bcd	52.51±1.81de

续表

处理	容重/(g/cm³)	饱和持水量/%	毛管持水量/%	田间持水量/%	非毛管孔隙度/%	毛管孔隙度/%	总孔隙度/%
S3	1.09±0.03de	52.47±1.73bc	50.35±1.67bcd	38.59±1.67bc	2.30±0.015b	54.35±0.72a	56.64±0.73abc
S6	1.23±0.06ab	41.14±1.27e	38.78±1.03fg	29.52±1.12e	2.89±0.15ab	47.50±0.80de	50.39±0.66efg
S10	1.26±0.04a	37.93±3.00e	35.81±3.34g	26.19±3.523e	2.70±0.51ab	44.78±2.88d	47.48±2.36g
S15	1.04±0.01efg	56.65±0.45ab	52.15±2.12abc	42.13±1.00ab	4.67±1.69a	53.92±1.74a	58.59±0.05ab
Y1	1.22±0.05abc	42.10±3.10e	39.78±3.34fg	29.47±2.39e	2.82±0.43ab	48.12±1.95cde	50.93±1.52ef
Y3	1.13±0.03cd	49.33±2.16cd	45.98±1.86de	35.95±2.53cd	3.77±0.23ab	51.79±0.66abc	55.56±0.89bcd
Y6	1.27±0.02a	38.96±0.44e	36.88±0.23fg	27.33±0.41e	2.62±0.81ab	46.46±0.91de	49.08±0.11fg
Y10	1.20±0.02abc	43.73±0.63de	41.78±0.5ef	31.95±0.46de	2.32±0.13b	49.96±0.07bcd	52.28±0.06def
Y15	1.02±0.04efg	56.88±3.78ab	53.33±2.12abc	42.23±1.95ab	3.45±1.45ab	54.18±0.07a	57.62±1.38abc

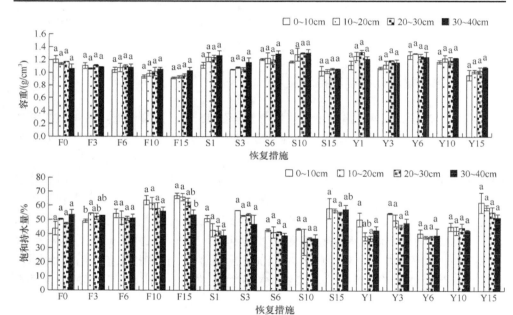
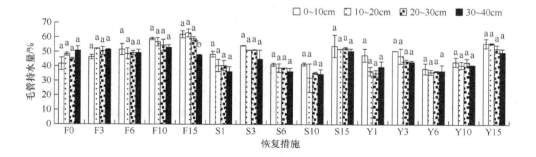

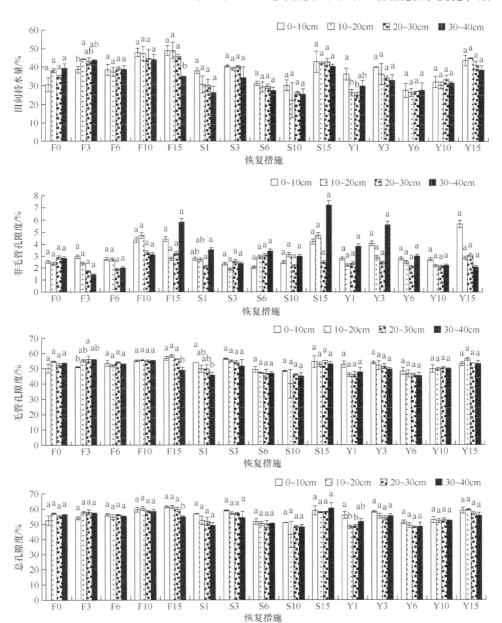

图 7-3　不同措施下土壤容重、孔隙度和持水量的垂直变化

7.2　土壤团聚体稳定性变化

土壤团聚体的稳定性是评价团聚体特征的重要指标。一般把具有抵抗外力破

坏能力的团聚体称为机械稳定性团聚体,常用干筛法测得的土壤各粒级团聚体的含量来反映土壤团聚体的机械稳定性。水稳性团聚体对保持土壤结构稳定性有重要贡献,因而比机械稳定性团聚体更重要(刘文利等,2014),一般用湿筛法测得的团聚体是土壤的水稳性团聚体。团聚体破坏率是团聚体稳定性的重要指标,破坏率越大,结构越不稳定,反之则越稳定。

7.2.1 土壤机械稳定性团聚体分布及其评价参数

不同措施下土壤机械稳定性团聚体组成见表 7-3。封育措施下,>10mm 的团聚体含量以封育 6 年草地最高;水平沟措施下,以 10 年最高,达到 54.38%;鱼鳞坑措施下,以 1 年最高,达到 58.61%。土壤中>0.25mm 机械团聚体是较为理想的团聚体。不同措施>0.25mm 机械团聚体含量达到 55.18%~84.14%。封育措施下,>0.25mm 团聚体含量随着年限的延长变化较大;水平沟和鱼鳞坑措施呈先下降后上升再下降趋势。<0.25mm 土壤团聚体在不同措施下随着年限的延长变化规律与>0.25mm 相反。相近恢复年限下,除 1 年和 10 年外,>0.25mm 团聚体含量均以封育较高。

表 7-3　不同措施下土壤机械稳定性团聚体组成(%)

处理	>10mm	10~5mm	5~2mm	2~1mm	1~0.5mm	0.5~0.25mm	<0.25mm
F0	51.03	9.09	5.64	4.87	2.57	2.45	24.37
F3	41.69	9.30	7.10	6.65	3.66	3.35	28.26
F6	52.47	9.20	6.10	5.15	2.96	2.83	21.29
F10	16.77	7.33	7.50	9.60	7.03	6.95	44.82
F15	31.83	7.23	8.29	10.91	7.52	6.89	27.33
S1	51.76	8.68	5.60	4.68	2.68	2.75	23.84
S3	34.19	8.44	6.89	7.34	5.06	5.65	32.43
S6	42.76	11.13	6.85	6.13	3.09	2.87	27.18
S10	54.38	10.61	7.22	6.25	3.09	2.59	15.86
S15	26.15	6.73	7.44	9.31	6.80	6.82	36.76
Y1	58.61	7.59	4.76	4.05	2.04	1.89	21.06
Y3	30.09	8.91	7.29	8.50	5.17	4.78	35.27
Y6	47.88	11.78	6.70	6.63	3.07	2.65	21.29
Y10	41.19	12.00	8.07	7.09	3.72	3.19	24.75
Y15	25.11	7.76	8.36	10.25	6.69	5.66	36.17

分形维数是反映土壤结构几何形状的参数。土壤团聚体分形维数越小,则土

壤越具有良好的结构和稳定性。封育措施下随着封育年限增加土壤分形维数呈下降趋势（表 7-4）；水平沟和鱼鳞坑措施下，10 年分形维数最低，说明水平沟 10 年和鱼鳞坑 10 年土壤较其他年限具有更好的团聚体结构。封育措施下，土壤平均重量直径（MWD）和几何平均直径（GMD）在封育 6 年最高，封育 15 年最低；水平沟和鱼鳞坑措施下 10 年达到最高，15 年最低。相近恢复年限下，不同措施土壤机械团聚体分形维数相近，土壤平均重量直径（MWD）和几何平均直径（GMD）除 10 年外，其余年限均为封育较高。

表 7-4　不同措施下土壤机械稳定性团聚体评价参数

处理	分形维数	MWD/mm	GMD/mm
F0	2.76	4.74	2.04
F3	2.75	4.48	1.82
F6	2.72	4.74	2.12
F10	2.68	4.05	1.69
F15	2.67	3.86	1.48
S1	2.76	4.49	1.80
S3	2.78	3.78	1.34
S6	2.72	3.89	1.41
S10	2.67	5.06	2.59
S15	2.79	3.11	0.97
Y1	2.74	4.95	2.24
Y3	2.78	3.43	1.10
Y6	2.71	4.56	2.05
Y10	2.70	5.13	2.55
Y15	2.78	3.27	1.06

7.2.2　土壤水稳定性团聚体分布及其评价参数

由表 7-5 可见，经湿筛后，土壤中较大团聚体部分崩解，>0.25mm 土壤团聚体明显减少，总量为 29.94%～60.02%，<0.25mm 土壤团聚体迅速增多。封育措施下，>0.25mm 水稳定性团聚体随着年限的延长变化较大；水平沟和鱼鳞坑措施下整体上呈先下降后上升再下降趋势，在 10 年达到最高。<0.25mm 土壤水稳定性团聚体在不同措施下随着年限的延长变化规律与>0.25mm 相反。相近年限下，除 10 年外，其余年限>0.25mm 水稳定性团聚体含量均以封育较高。

表7-5 不同措施下土壤水稳定性团聚体分布（%）

处理	>5mm	5～2mm	2～1mm	1～0.5mm	0.5～0.25mm	<0.25mm
F0	44.27	3.48	5.47	2.94	2.58	41.25
F3	33.85	3.01	5.67	2.96	3.11	51.41
F6	40.97	3.64	5.04	5.02	3.21	42.11
F10	12.70	2.92	7.91	6.40	5.42	64.65
F15	30.40	5.61	12.33	6.85	4.83	39.99
S1	13.83	2.58	8.33	6.99	6.82	61.44
S3	10.31	2.62	7.74	7.24	7.30	64.79
S6	14.25	1.71	5.34	4.83	7.05	66.82
S10	16.51	2.34	8.49	6.67	5.55	60.43
S15	12.98	5.02	8.48	7.09	5.52	60.91
Y1	9.85	3.42	9.94	8.00	5.79	63.01
Y3	7.23	3.67	9.61	7.16	6.20	66.12
Y6	10.33	1.97	5.62	5.16	6.86	70.05
Y10	9.38	3.24	8.10	8.80	7.76	62.72
Y15	15.25	3.36	7.70	5.29	4.55	63.86

由表 7-6 可知，随着年限增加，封育措施下水稳定性团聚体分形维数整体上呈下降趋势；水平沟和鱼鳞坑措施下整体上呈先上升后下降趋势。封育措施下，土壤平均重量直径（MWD）在封育 6 年最高，封育 15 年最低，而几何平均直径在封育 3 年最低；水平沟措施下呈先上升后下降趋势，在 10 年达到最高；鱼鳞坑措施下整体上呈上升趋势，在 15 年达到最高。相近恢复年限下，土壤水稳定性团聚体分形维数整体上呈封育措施最低；土壤平均重量直径（MWD）和几何平均直径（GMD）均为封育最高。

表7-6 不同措施下土壤水稳定性团聚体评价参数

处理	分形维数	MWD/mm	GMD/mm
F0	2.82	3.49	0.99
F3	2.84	3.27	0.83
F6	2.82	3.56	1.02
F10	2.80	2.99	0.84
F15	2.76	2.96	0.87
S1	2.89	1.40	0.34
S3	2.89	1.37	0.34

处理	分形维数	MWD/mm	GMD/mm
S6	2.92	1.65	0.36
S10	2.89	1.95	0.45
S15	2.87	1.49	0.38
Y1	2.87	1.01	0.31
Y3	2.89	1.07	0.31
Y6	2.93	1.29	0.30
Y10	2.89	1.28	0.36
Y15	2.88	1.45	0.36

7.2.3　土壤团聚体破坏率

不同措施下不同粒级土壤团聚体破坏率见表 7-7，封育措施下，各级土壤团聚体破坏率随着年限的延长整体呈先上升后下降趋势；水平沟和鱼鳞坑措施下，>5mm 和>2mm 土壤团聚体破坏率随着年限的延长整体呈下降趋势，其余粒

表 7-7　不同措施下不同粒级土壤团聚体破坏率（%）

处理	>5mm	>2mm	>1mm	>0.5mm	>0.25mm
F0	26.19	27.21	24.46	23.09	22.16
F3	33.49	36.43	34.18	33.37	32.14
F6	33.55	34.15	31.89	27.93	26.43
F10	47.14	50.42	42.70	37.73	35.73
F15	22.04	23.83	16.89	15.97	17.28
S1	77.05	75.08	64.91	56.65	49.23
S3	75.76	73.83	63.56	54.81	47.76
S6	73.51	73.67	68.09	62.58	54.35
S10	74.49	73.78	65.01	58.12	52.78
S15	60.48	55.29	46.57	40.44	38.12
Y1	85.10	81.28	69.02	59.44	53.07
Y3	81.43	76.41	62.49	53.76	47.58
Y6	82.53	81.30	75.22	69.37	61.61
Y10	82.35	79.39	69.68	59.02	50.45
Y15	53.51	54.78	48.80	45.58	43.27

级土壤团聚体破坏率整体呈先上升后下降趋势。相近恢复年限下，三种措施下各级土壤团聚体破坏率整体上以封育措施最低。

7.2.4 土壤团聚体有机碳和全氮

不同措施下 0～40cm 土壤团聚体有机碳和全氮含量如图 7-4 所示。各措施下土壤团聚体有机碳含量整体上表现为 0.25～2mm 较大、<0.055mm 最小，而团聚体全氮含量变化差异不明显（$P>0.05$）。相近年限下，土壤各粒级团聚体有机碳含量整体上呈水平沟>封育>鱼鳞坑（$P<0.05$），团聚体全氮含量整体上封育最高，水平沟和鱼鳞坑相近。

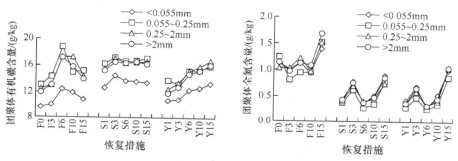

图 7-4 不同措施下土壤团聚体有机碳和全氮含量变化

7.2.4.1 不同措施下<0.055mm 土壤团聚体有机碳、全氮含量的差异

不同措施 0～40cm 下<0.055mm 土壤团聚体有机碳、全氮含量差异显著（$P<0.05$）（图 7-5）。封育和水平沟措施下，团聚体有机碳含量整体上随着恢复时间的延长呈先上升后下降趋势，鱼鳞坑措施则呈上升趋势；封育措施下团聚体全氮含量整体上随着年限的增加呈上升趋势，水平沟和鱼鳞坑措施下则呈先上升后下降再上升趋势。相近恢复年限下，团聚体有机碳含量整体上以水平沟较高，封

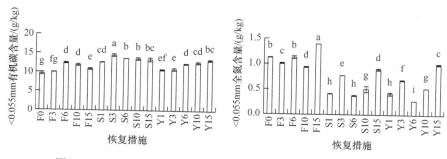

图 7-5 不同措施下<0.055mm 土壤团聚体有机碳、全氮含量变化

育最低；全氮含量则以封育较高，水平沟和鱼鳞坑整体上相近。不同措施下
<0.055mm 土壤团聚体有机碳、全氮含量垂直变化见表 7-8。可以看出，随着土层
的加深，各处理下<0.055mm 土壤团聚体有机碳、全氮含量整体上表现为随着土
层的加深而下降。

表 7-8　不同措施下<0.055mm 土壤团聚体有机碳、全氮含量垂直变化（单位：g/kg）

处理	团聚体有机碳含量				团聚体全氮含量			
	0～10cm	10～20cm	20～30cm	30～40cm	0～10cm	10～20cm	20～30cm	30～40cm
F0	9.59±0.33a	9.67±0.69a	9.54±0.31a	9.80±0.26a	1.16±0.03a	1.16±0.01a	1.11±0.01ab	1.08±0.01b
F3	10.83±0.04a	10.72±0.04a	9.25±0.19b	9.37±0.02b	1.06±0.04a	1.01±0.02a	0.99±0.01a	0.99±0.01a
F6	13.41±0.15a	13.30±0.28a	12.96±0.28a	10.04±0.05b	1.19±0.01a	1.07±0.08a	1.09±0.03a	1.18±0.02a
F10	13.08±0.19a	13.18±0.13a	10.85±0.55b	10.52±0.59b	0.96±0.03a	0.94±0.04a	0.90±0.04a	0.98±0.01a
F15	12.55±0.25a	10.43±0.55b	10.09±0.16b	10.47±0.46b	1.48±0.04a	1.33±0.01b	1.34±0.02b	1.46±0.03a
S1	12.83±0.22a	12.70±0.17a	12.50±0.28a	12.64±0.01a	0.54±0.02a	0.52±0.01a	0.35±0.00b	0.27±0.01c
S3	13.35±0.29a	14.00±0.26ab	15.15±0.69a	15.51±0.18a	0.80±0.03a	0.79±0.00a	0.76±0.01a	0.77±0.03a
S6	14.50±0.36a	13.48±0.38ab	13.20±0.08b	13.57±0.11ab	0.44±0.05a	0.41±0.02ab	0.35±0.01ab	0.33±0.04b
S10	14.40±0.41a	13.66±0.02a	12.89±0.14a	13.40±0.81a	0.57±0.08a	0.53±0.07a	0.51±0.05a	0.43±0.05a
S15	13.82±0.55a	14.64±0.37a	13.69±0.47a	11.56±0.58b	0.94±0.03a	0.92±0.03a	0.93±0.03a	0.81±0.01b
Y1	11.33±0.42a	10.67±0.25ab	10.22±0.17b	10.94±0.23ab	0.57±0.02a	0.40±0.02b	0.36±0.07b	0.36±0.02b
Y3	11.30±0.83a	10.82±0.27a	10.75±0.16a	10.90±0.41a	0.83±0.02a	0.77±0.04a	0.65±0.02b	0.53±0.03c
Y6	13.03±0.13a	13.38±0.15a	12.12±0.59ab	10.94±0.34b	0.39±0.07a	0.29±0.00ab	0.25±0.05ab	0.21±0.02b
Y10	12.43±0.2b	13.81±0.45a	13.31±0.13ab	11.21±0.24c	0.68±0.03a	0.60±0.04a	0.44±0.01b	0.40±0.02b
Y15	13.18±0.4a	13.69±0.28a	13.49±0.27a	13.05±0.12a	1.07±0.05a	1.00±0.02a	1.02±0.02a	0.93±0.13a

注：同行数据后标注不同字母表示土层间差异显著（$P<0.05$），下同

7.2.4.2　不同措施下 0.055～0.25mm 土壤团聚体有机碳、全氮含量的差异

不同措施 0～40cm 下 0.055～0.25mm 土壤团聚体有机碳、全氮含量差异显著
（$P<0.05$）（图 7-6）。封育和水平沟措施下，团聚体有机碳含量整体上随着恢复时
间的延长呈先上升后下降趋势，鱼鳞坑措施则呈上升趋势；封育措施下团聚体全
氮含量随着年限的增加呈上升趋势，水平沟和鱼鳞坑措施下则呈先上升后下降再
上升趋势。相近年限下，团聚体有机碳含量整体上以水平沟较高，封育最低；全
氮含量则以封育较高，水平沟和鱼鳞坑整体上相近。不同措施下 0.055～0.25mm
土壤团聚体有机碳、全氮含量垂直变化见表 7-9。封育和鱼鳞坑措施下，土壤团聚
体有机碳含量随着土层的加深整体上表现为下降趋势，而水平沟措施下随着土层
的加深则无明显变化。各措施下 0.055～0.25mm 土壤团聚体全氮含量整体上呈现
随着土层的加深而下降的趋势。

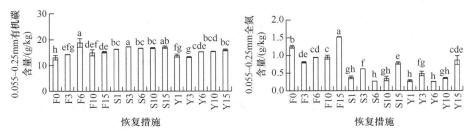

图 7-6 不同措施下 0.055～0.25mm 土壤团聚体有机碳、全氮含量变化

表 7-9 不同措施下 0.055～0.25mm 土壤团聚体有机碳、全氮含量垂直变化（单位：g/kg）

处理	团聚体有机碳含量				团聚体全氮含量			
	0～10cm	10～20cm	20～30cm	30～40cm	0～10cm	10～20cm	20～30cm	30～40cm
F0	13.52±0.96a	12.80±1.26a	12.39±0.58a	13.49±0.74a	1.47±0.12a	1.36±0.03ab	1.10±0.07bc	1.08±0.01c
F3	15.19±0.63a	15.53±0.03a	13.54±0.04b	13.01±0.43b	0.92±0.03a	0.82±0.02b	0.76±0.03b	0.74±0.00b
F6	21.01±1.99a	19.46±1.55a	20.41±3.05a	14.31±0.03a	1.02±0.05a	0.91±0.02a	0.84±0.07a	1.04±0.11a
F10	17.71±0.99a	19.65±1.90a	17.67±7.67a	14.90±0.07a	0.99±0.04a	0.96±0.04a	0.93±0.03a	0.93±0.11a
F15	16.97±0.08a	14.60±0.51b	14.48±0.47b	14.78±0.22b	1.68±0.02a	1.60±0.03b	1.48±0.00c	1.35±0.03d
S1	16.38±0.10a	16.04±0.34a	16.26±0.39a	16.41±0.06a	0.60±0.08a	0.47±0.11ab	0.24±0.01b	0.21±0.02b
S3	18.09±0.98a	16.44±0.02a	17.12±0.71a	17.30±0.15a	0.68±0.02a	0.61±0.01b	0.59±0.01b	0.61±0.00b
S6	17.24±0.04a	16.74±0.29a	16.34±0.58a	16.26±0.07a	0.44±0.07a	0.30±0.04ab	0.20±0.03b	0.15±0.02b
S10	17.34±0.46a	16.66±0.17a	16.29±0.26a	16.67±0.49a	0.41±0.04a	0.39±0.10a	0.30±0.11a	0.31±0.03a
S15	17.31±0.68a	17.67±0.37a	16.98±0.32a	16.41±0.46a	0.92±0.05a	0.82±0.05ab	0.73±0.05b	0.68±0.01b
Y1	16.01±1.06a	13.78±0.20ab	11.25±0.58b	14.36±0.57a	0.45±0.04a	0.22±0.01b	0.26±0.10ab	0.20±0.04b
Y3	13.49±2.73a	14.91±1.45a	13.31±0.23a	11.34±0.34a	0.60±0.08a	0.55±0.10a	0.45±0.05a	0.35±0.04a
Y6	16.92±0.09a	16.22±0.14b	14.69±0.11c	13.26±0.18d	0.48±0.05a	0.22±0.02b	0.19±0.05b	0.14±0.00b
Y10	15.47±0.02ab	16.53±0.75a	15.44±0.07ab	14.07±0.42b	0.54±0.01a	0.41±0.06b	0.24±0.00c	0.23±0.01c
Y15	17.84±0.72a	14.96±0.02b	15.54±0.45b	15.61±0.31b	0.92±0.14a	0.95±0.10a	0.87±0.15a	0.74±0.14a

7.2.4.3 不同措施下 0.25～2mm 土壤团聚体有机碳、全氮含量的差异

不同措施 0～40cm 下 0.25～2mm 土壤团聚体有机碳、全氮含量差异显著（$P<0.05$）（图 7-7）。封育和水平沟措施下，团聚体有机碳含量整体上随着时间的延长呈先上升后下降趋势，鱼鳞坑措施则呈上升趋势；封育措施下团聚体全氮含量整体上随着年限的增加呈上升趋势，水平沟和鱼鳞坑措施下则呈先上升后下降再上升趋势。相近恢复年限下，团聚体有机碳含量整体上以水平沟较高，鱼鳞坑最低；全氮含量则以封育较高，水平沟和鱼鳞坑相近。不同措施下 0.25～2mm 土

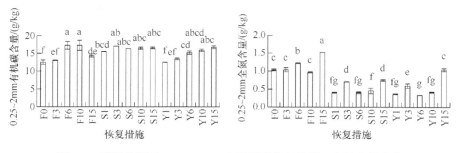

图 7-7　不同措施下 0.25～2mm 土壤团聚体有机碳、全氮含量变化

壤团聚体有机碳、全氮含量垂直变化见表 7-10。封育和鱼鳞坑措施下，土壤团聚体有机碳含量随着土层的加深整体上表现为显著下降趋势（$P<0.05$），水平沟措施下亦呈下降趋势但不显著（$P>0.05$）；随着土层的加深，各处理下 0.25～2mm 土壤团聚体全氮含量整体上表现为随着土层的加深而下降。

表 7-10　不同措施下 0.25～2mm 土壤团聚体有机碳、全氮含量垂直变化（单位：g/kg）

处理	团聚体有机碳含量				团聚体全氮含量			
	0～10cm	10～20cm	20～30cm	30～40cm	0～10cm	10～20cm	20～30cm	30～40cm
F0	12.59±0.67a	12.11±0.67a	12.20±0.76a	12.93±0.44a	1.16±0.05a	1.07±0.06ab	0.95±0.03b	0.95±0.02b
F3	14.42±0.38a	13.91±0.23a	12.14±0.06b	11.68±0.28b	1.14±0.03a	1.03±0.10a	0.95±0.11a	1.03±0.02a
F6	19.84±0.75a	17.51±1.84ab	18.70±1.73a	13.04±0.10b	1.35±0.01a	1.24±0.03b	1.15±0.01c	1.16±0.01c
F10	19.67±1.95a	18.93±1.57a	15.94±1.57a	14.58±0.75b	1.02±0.04a	1.05±0.07a	0.95±0.02a	0.89±0.05a
F15	16.23±0.7a	13.75±1.06a	13.21±0.46a	14.37±0.96a	1.66±0.01a	1.57±0.02ab	1.49±0.09ab	1.37±0.09b
S1	15.67±0.16a	15.59±0.26a	15.17±0.18a	15.67±0.11a	0.56±0.02a	0.50±0.03a	0.32±0.02b	0.27±0.04b
S3	17.03±0.36a	16.35±0.4a	17.34±0.67a	17.63±0.06a	0.75±0.00ab	0.69±0.00a	0.68±0.01b	0.70±0.01ab
S6	17.09±0.04a	16.07±0.37b	16.41±0.03ab	15.89±0.28b	0.57±0.01a	0.42±0.05b	0.33±0.04b	0.31±0.02b
S10	17.14±0.30a	16.37±0.06a	15.94±0.31a	16.59±0.59a	0.55±0.11a	0.49±0.08a	0.40±0.10a	0.38±0.02a
S15	17.16±0.67a	17.25±0.03a	16.73±0.38ab	15.30±0.19b	0.96±0.01a	0.53±0.01c	0.80±0.04b	0.70±0.06b
Y1	12.89±0.73a	12.96±0.37a	11.12±0.24b	13.06±0.01a	0.5±0.01a	0.34±0.03b	0.32±0.03b	0.32±0.01b
Y3	14.95±0.35a	14.07±0.68ab	12.66±0.65b	12.03±0.53b	0.74±0.06a	0.65±0.10ab	0.58±0.04ab	0.42±0.06b
Y6	16.95±0.29a	15.75±0.77ab	14.77±0.48bc	13.43±0.29c	0.51±0.07a	0.31±0.02b	0.27±0.03b	0.25±0.01b
Y10	15.29±0.37bc	17.90±1.10a	16.78±0.05ab	13.70±0.06c	0.59±0.05a	0.45±0.03b	0.32±0.03bc	0.31±0.02c
Y15	17.73±0.35a	16.81±0.5ab	16.78±0.33ab	15.8±0.54b	1.31±0.03a	1.13±0.26a	0.91±0.05a	0.83±0.12a

7.2.4.4　不同措施下>2mm 土壤团聚体有机碳、全氮含量的差异

不同措施 0～40cm 下>2mm 土壤团聚体有机碳、全氮含量差异显著（$P<0.05$）

（图 7-8）。封育和水平沟措施下，团聚体有机碳含量随着时间的延长整体上呈先上升后下降趋势，鱼鳞坑措施则呈上升趋势；封育措施下团聚体全氮含量随着年限的增加整体上呈上升趋势，水平沟和鱼鳞坑措施下则呈先上升后下降再上升趋势。相近恢复年限下，团聚体有机碳含量整体上以水平沟较高，鱼鳞坑最低；全氮含量则以封育较高，水平沟和鱼鳞坑相近。不同措施下>2mm 土壤团聚体有机碳、全氮含量垂直变化见表 7-11。封育和鱼鳞坑措施下，土壤团聚体有机碳含量随着土层的加深整体上表现为下降趋势，而水平沟措施下随着土层的加深变化不明显；各措施下土壤团聚体全氮含量整体上表现为随着土层的加深而下降。

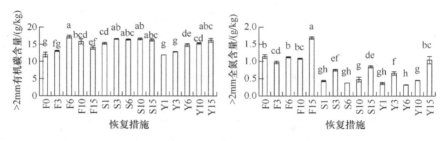

图 7-8   不同措施下>2mm 土壤团聚体有机碳、全氮含量变化

表 7-11   不同措施下>2mm 土壤团聚体有机碳、全氮含量垂直变化（单位：g/kg）

处理	团聚体有机碳含量				团聚体全氮含量			
	0～10cm	10～20cm	20～30cm	30～40cm	0～10cm	10～20cm	20～30cm	30～40cm
F0	11.96±0.88a	11.98±0.59a	11.60±0.60a	12.36±0.66a	1.24±0.10a	1.19±0.08a	1.14±0.01a	1.02±0.04a
F3	14.27±0.03a	14.18±0.16a	12.16±0.64b	11.5±0.28b	1.09±0.07a	1.00±0.03ab	0.92±0.03b	0.88±0.02b
F6	19.63±0.19a	18.39±0.6a	17.77±1.04a	13.02±0.18b	1.27±0.03a	1.15±0.01b	1.04±0.01c	1.05±0.02c
F10	16.48±0.79ab	18.06±0.65a	14.87±0.85b	13.74±0.76b	1.18±0.01a	1.12±0.02ab	1.06±0.05bc	0.98±0.00c
F15	15.76±0.14a	13.40±0.86ab	13.03±0.50b	13.76±0.74ab	1.81±0.04a	1.76±0.02a	1.70±0.08ab	1.48±0.11b
S1	15.48±0.47a	14.92±0.29a	15.27±0.12a	15.35±0.25a	0.60±0.04a	0.53±0.07a	0.33±0.02b	0.30±0.01b
S3	15.89±0.25a	16.06±0.65a	16.62±0.67a	17.56±0.28a	0.79±0.05a	0.78±0.03a	0.72±0.02a	0.77±0.02a
S6	16.53±0.13a	16.52±0.27a	16.39±0.03a	16.00±0.45a	0.55±0.01a	0.42±0.02b	0.30±0.01c	0.27±0.01c
S10	17.17±0.605a	16.52±0.34a	16.32±0.36a	16.20±0.42a	0.58±0.09a	0.51±0.06a	0.43±0.11a	0.40±0.03a
S15	17.14±0.33a	17.14±0.36a	16.70±0.19a	13.96±0.38b	1.02±0.04a	0.88±0.02b	0.85±0.05b	0.68±0.02c
Y1	12.63±0.08a	11.66±0.51ab	11.02±0.36b	12.32±0.08a	0.51±0.05a	0.38±0.02b	0.32±0.04b	0.28±0.06b
Y3	14.07±0.53a	13.40±0.05a	12.06±0.15b	11.63±0.20b	0.84±0.10a	0.75±0.08ab	0.58±0.01bc	0.48±0.00c
Y6	16.29±0.38a	15.97±0.32ab	14.14±0.91bc	12.79±0.11c	0.46±0.07a	0.34±0.02ab	0.27±0.02b	0.23±0.00b
Y10	14.96±0.31bc	17.01±0.71a	15.68±0.20ab	13.47±0.37c	0.68±0.01a	0.49±0.01b	0.35±0.01bc	0.32±0.02c
Y15	15.43±0.42a	15.94±0.55a	16.01±0.47a	17.24±0.72a	1.12±0.01a	1.13±0.04a	1.04±0.13a	0.91±0.17a

7.3　土壤养分含量变化

从表 7-12 可知，不同措施下土壤养分含量存在显著差异（$P<0.05$）。封育措施下，有机质、全氮、速效氮、全磷和速效钾含量整体上表现为从封育 3 年到 15 年随封育年限的延长而增加，放牧草地土壤养分含量居中。水平沟和鱼鳞坑措施下，从 1 年到 15 年，土壤有机质、全氮、速效氮、全磷和速效钾含量整体上呈现先上升后下降再上升趋势。相近恢复年限下，土壤全氮、有机质、全磷和速效氮含量除 3 年为鱼鳞坑草地最高外，其余年限整体上为封育草地最高，速效钾含量则呈现为封育草地最高。垂直变化方面（图 7-9），封育措施下，随着土层的加深，

表 7-12　不同措施下土壤养分的差异

处理	有机质含量/（g/kg）	全氮含量/（g/kg）	速效氮含量/（mg/kg）	全磷含量/（g/kg）	速效钾含量/（mg/kg）
F0	32.11±0.03b	2.44±0.07b	101.38±0.10b	0.67±0.01a	228.37±2.00a
F3	22.49±0.18g	1.41±0.01f	55.84±0.189h	0.55±0.00f	117.98±4.13e
F6	28.97±0.15c	1.55±0.02e	94.24±0.38d	0.62±0.01c	136.88±3.88d
F10	27.47±0.31d	1.75±0.00d	86.82±0.75e	0.60±0.00d	146.19±0.88c
F15	52.32±0.50a	2.92±0.06a	161.75±0.39a	0.65±0.00b	168.37±3.50b
S1	13.92±0.05i	0.86±0.01h	45.45±0.19i	0.47±0.00h	74.47±2.00gh
S3	14.61±0.10h	1.19±0.03g	38.03±0.19k	0.54±0.00f	79.62±1.75g
S6	6.36±0.01m	0.67±0.01i	19.11±0.19o	0.42±0.01j	62.72±1.50i
S10	11.42±0.01j	0.860.01h	33.21±0.19l	0.45±0.00i	71.65±2.38h
S15	24.53±0.13f	1.49±0.01e	77.17±0.74f	0.57±0.00e	132.53±2.63d
Y1	10.32±0.05k	0.71±0.01i	30.79±0.37m	0.45±0.00i	59.19±0.13i
Y3	26.18±0.12e	1.93±0.03c	68.26±0.00g	0.62±0.02cd	107.46±0.88f
Y6	8.53±0.02l	0.51±0.00j	20.97±0.19n	0.46±0.00hi	70.45±1.13h
Y10	13.64±0.05i	0.83±0.01h	40.44±0.00j	0.49±0.00g	80.12±1.25g
Y15	27.80±0.21d	1.71±0.00d	100.17±0.00c	0.62±0.01cd	103.68±0.25f

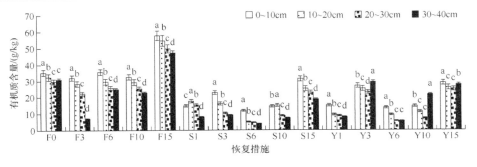

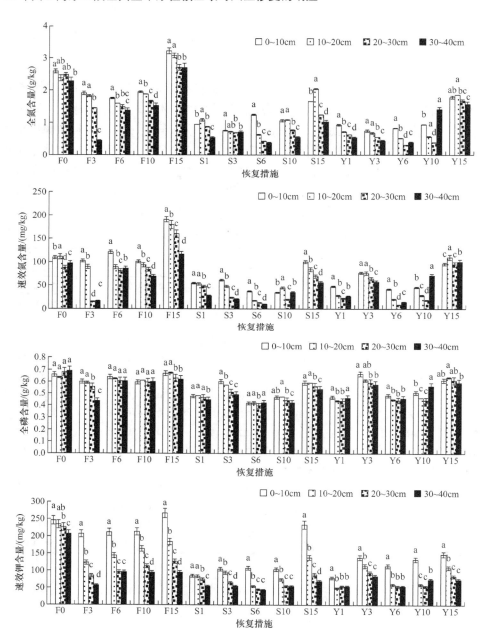

图 7-9　不同措施下土壤养分的垂直差异

土壤有机质、全氮、速效氮、全磷和速效钾含量整体上呈现下降变化。水平沟和鱼鳞坑措施下，速效钾含量随土层加深呈现明显下降趋势，其他养分垂直变化不明显。

7.4　土壤碳氮储量变化

7.4.1　不同措施下土壤 C/N 变化

从表 7-13 可知，不同恢复措施下土壤 C/N 存在显著差异（$P<0.05$）。封育措施下，0～40cm 土壤 C/N 为 6 年最高。水平沟措施下，0～40cm 土壤 C/N 随着年限的增加整体上呈先下降后上升趋势，鱼鳞坑措施下，0～40cm 土壤 C/N 随着年限的增加整体上呈先上升后下降趋势，10 年时达到最高。

表 7-13　不同措施下土壤 C/N

处理	0～10cm	10～20cm	20～30cm	30～40cm	0～40cm
F0	7.91±0.16a	7.94±0.19a	6.97±0.21b	7.86±0.25a	7.77±0.1i
F3	9.79±0.19a	9.08±0.22b	9.00±0.04b	9.23±0.13ab	9.25±0.02e
F6	11.82±0.04a	10.82±0.03ab	10.10±0.51b	10.51±0.36b	10.71±0.1a
F10	9.71±0.23a	9.09±0.22ab	8.83±0.06b	8.68±0.03b	9.04±0.05f
F15	10.44±0.19a	10.33±0.06a	10.68±0.26a	10.15±0.02a	10.46±0.06b
S1	9.16±0.02bc	9.47±0.44ab	10.14±0.07a	8.59±0.04c	9.30±0.04e
S3	7.84±0.16a	6.45±0.03c	6.94±0.12b	7.02±0.16b	7.12±0.06k
S6	5.55±0.04b	4.62±0.11c	6.33±0.14a	6.16±0.10a	5.67±0.01l
S10	8.00±0.35a	8.06±0.13a	6.62±0.10b	7.84±0.10a	7.58±0.05j
S15	11.03±0.03a	7.20±0.13c	10.76±0.08ab	10.65±0.12b	9.95±0.04c
Y1	9.48±0.25a	7.67±0.13c	8.05±0.06bc	8.60±0.38ab	8.46±0.01g
Y3	6.95±0.20b	7.21±0.10b	7.29±0.08b	10.81±0.48a	8.15±0.09h
Y6	9.62±0.04b	10.52±0.15a	10.38±0.04a	8.23±0.17c	9.69±0.01d
Y10	8.96±0.06c	9.03±0.00c	11.44±0.21a	10.68±0.04b	10.04±0.02c
Y15	10.24±0.24a	9.06±0.06b	9.08±0.40b	9.28±0.05b	9.38±0.03e

相近恢复年限情况下，土壤 C/N 整体上为封育高于其他措施。垂直变化方面（表 7-13），封育措施下，土壤 C/N 整体上呈下降趋势，水平沟措施下，除 1 年外，其他年限呈先下降后上升趋势，鱼鳞坑措施下则变化不规律。

7.4.2　不同措施下土壤 C、N 密度变化

本研究仅对 15 年封育、15 年鱼鳞坑和水平沟以及放牧草地进行了土壤有机碳、全氮密度比较。各措施下土壤容重差异不大，因此有机碳、全氮密度更多受

碳、氮含量影响。关于有机碳和全氮密度的研究表明（图 7-10），除 0～10cm 土层水平沟有机碳密度大于鱼鳞坑外，其他土层有机碳密度大小均表现为封育>放牧>鱼鳞坑>水平沟草地（$P<0.05$）。不同措施下，土壤有机碳密度均随着土层的加深而降低。全氮密度方面，0～10cm、10～20cm 土层呈封育≈放牧>鱼鳞坑≈水平沟草地；20～30cm 土层土壤全氮密度呈放牧>封育>鱼鳞坑>水平沟草地，30～40cm 呈封育>放牧>鱼鳞坑>水平沟草地。各措施下土壤全氮密度垂直变化规律不明显。

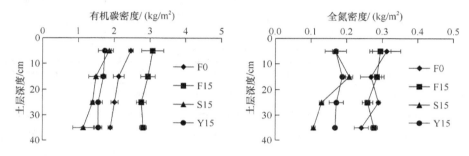

图 7-10　不同措施下土壤有机碳和全氮密度

7.4.3　不同措施下土壤 C、N 储量变化

本研究仅对 15 年封育、15 年鱼鳞坑和水平沟进行了土壤碳氮固持量和固持速率比较。由表 7-14 可知，不同措施下土壤碳固持量和固持速率均呈鱼鳞坑>封育草地>水平沟，而氮固持量和固持速率则为鱼鳞坑>水平沟>封育草地。随土层加深，封育草地碳氮固持量和固持速率整体上呈上升趋势，水平沟草地碳固持

表 7-14　不同措施下土壤碳氮固持量和固持速率

处理	土层深度/cm	碳固持量/（g/cm²）	碳固持速率/[g/(m²·年)]	氮固持量/（g/cm²）	氮固持速率/[g/(m²·年)]
F15	0～10	606.85±23.52	40.46±1.57	−17.49±0.92	−1.17±0.07
	10～20	813.80±18.61	54.25±1.24	16.61±4.12	1.11±0.28
	20～30	748.09±32.04	49.88±2.14	−30.58±1.00	−2.04±0.07
	30～40	914.43±25.53	60.96±1.70	35.56±5.18	2.38±0.35
	0～40	770.79±35.24	51.39±2.35	1.03±2.61	0.07±0.17
S15	0～10	895.84±1.39	59.72±0.13	63.45±0.52	4.23±0.05
	10～20	229.89±24.19	15.33±2.28	73.92±6.71	4.93±0.63
	20～30	309.91±9.16	20.66±0.86	22.61±064	1.51±0.06
	30～40	549.87±11.51	36.66±1.09	38.33±0.10	2.56±0.01
	0～40	496.37±15.37	33.09±1.02	49.58±1.93	3.31±0.13

续表

处理	土层深度/cm	碳固持量/（g/cm²）	碳固持速率/[g/（m·年）]	氮固持量/（g/cm²）	氮固持速率/[g/（m·年）]
	0～10	758.37±7.97	50.56±0.75	66.41±7.47	4.43±0.70
	10～20	1 016.15±11.00	67.74±1.04	98.55±1.63	6.57±0.15
Y15	20～30	889.83±31.22	59.32±2.94	88.76±4.62	5.92±0.44
	30～40	1 002.66±12.74	66.84±1.20	103.23±2.36	6.88±0.22
	0～40	916.75±22.25	61.12±1.48	89.23±0.75	5.95±0.05

量和固持速率呈先下降后上升趋势，而氮固持量和固持速率整体上呈先下降后上升趋势，鱼鳞坑草地碳氮固持量和固持速率均表现为先上升后下降再上升趋势。封育草地碳、氮储量最高（图 7-11）。

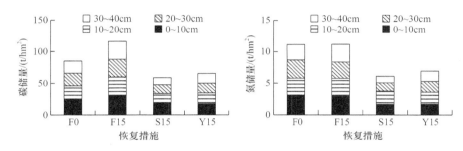

图 7-11　不同措施下土壤碳、氮储量

7.5　小　　结

　　土壤容重作为土壤重要的物理因子，能够影响土壤孔隙度和持水量等性质，进而影响土壤肥力状况（李翔等，2016），本研究中，随着恢复年限延长，封育草地土壤容重呈下降趋势，而水平沟和鱼鳞坑容重呈下降—上升—下降变化趋势，相近年限情况下，鱼鳞坑容重最高；土壤孔隙度的大小影响土壤的持水性和溶解矿质元素的性能，影响植物的扎根和根系的吸水能力，进而影响土壤的肥力状况（刘伟钦等，2003）；土壤颗粒组成作为重要的物理特性之一，能够影响土壤的水力特性、土壤肥力和土壤侵蚀等（王德等，2007）。大量研究表明土壤物理性质与土地利用方式和植被类型有一定的关系（吕圣桥等，2011；Xia et al.，2009）。本研究中，由于放牧家畜的践踏，土壤颗粒组成和容重发生变化，表现为黏粒的下降和容重的增加，水平沟和鱼鳞坑土壤容重居中，随着年限的增加，各恢复措施下土壤黏粒含量呈上升趋势，且水平沟和鱼鳞坑措施高于封育，这主要与水平沟和鱼鳞坑改良措施能够蓄积一定的地表径流携带的黏粒有关（沈艳等，2012）。封育措施下土壤持水量和孔隙度整体上高于水平沟和鱼鳞坑措施，可能是因为水平沟和鱼鳞坑整地后增加了降雨入渗到土壤深层，尤其是鱼鳞坑增加了土壤与空气接触的面积，增加了无效蒸发（李虹辰等，2014；李艳梅等，2008）。土壤黏粒体积百分比与分形维数呈极显著正相关关系，说明土壤黏粒百分比对颗粒组成分形维数有重要的影响（董莉丽和郑粉莉，2009）。

土壤团聚体的稳定性能说明土壤团聚体对不同破坏力的抵抗作用，近年来，许多国内外学者做了大量有关于土壤团聚体抗蚀性的研究，朱冰冰等（2009）研究表明随着植被恢复年限的增加，土壤水稳性团聚体分形维数减小。王景燕等（2010）对川南坡地不同退耕模式土壤团聚体分形特征进行研究，结果表明不同模式下，土壤团聚体和水稳性团聚体以及分形维数差异显著。本研究中不同恢复措施下土壤分形维数随着年限的增加，整体上 10 年后达到最低，15 年后上升，说明草地恢复 10 年后土壤结构达到最好。封育水稳性团聚体分形维数整体上低于其他两个处理，导致破坏率较低，是因为土壤水稳性团聚体含量主要与土壤有机质有关（章明奎等，1997），封育措施下每年有大量的枯落物转化为有机质，使土壤有机胶体含量增加，有利于土壤大团聚体的形成（蔡立群等，2012）。孙杰等（2017）研究表明土壤团聚体有机碳含量主要集中在大团聚体中，封育措施下土壤大团聚体居多，因此封育措施下土壤团聚体有机碳含量较高。

黄土丘陵区典型草原在放牧、封育、水平沟和鱼鳞坑措施下的土壤性状变化结果表明，人为干扰不仅影响植被特征，也对土壤性状产生了影响（李胜平和王克林，2016）。相关研究表明适度放牧草地土壤有机质和全氮含量增加（周贵尧等，2015）。本研究中，放牧草地全磷、速效钾含量较高，有机质、全氮和速效氮含量介于封育草地与水平沟和鱼鳞坑之间，这与一定程度的家畜采食加快了系统元素循环、家畜排泄物返还使一些养分处在较高水平有关（徐杰和宁远英，2010）。同时，试验区放牧羊只在冷季（11 月至翌年 4 月）和母畜产羔前后进行补饲，补饲也可能会给放牧草地带入外来元素。有研究表明，半干旱黄土高原地区，水平沟和鱼鳞坑可有效提高土壤养分含量（于洋等，2016）；在宁夏黄土丘陵区，放牧草地实施水平沟和鱼鳞坑整地后土壤养分含量增加（李生宝等，2007）。可见，植被恢复对草地土壤养分的影响明显。

土壤碳氮密度、储量与土壤碳氮含量、容重等理化性质有关，而土壤理化性质的变化与草地利用方式密切相关（李胜平和王克林，2016）。恢复措施不同，草原土壤养分和容重变化不同（沈艳等，2012）。本研究结果表明，土壤有机碳和全氮含量均以封育草地最高，这与何念鹏等（2011）研究结果一致。有研究发现，相对于天然草地，水平沟和鱼鳞坑措施实施 3～5 年后可提高土壤有机碳和全氮含量，水平沟高于鱼鳞坑（Zhao et al.，2016）。但本研究发现实施 15 年后的水平沟和鱼鳞坑有机碳与全氮含量低于封育草地，且鱼鳞坑高于水平沟。这是因为当地在设置水平沟和鱼鳞坑时会将先前的地上植被回填到浅层土壤，加之整地后播种的沙打旺（*Astragalus adsurgens*）的短期生长，土壤环境前期有利于养分的增加。但随着整地年限的延长，回填到土壤的植物遗体不断分解减少，加之播种的沙打旺群落 3 年后的死亡，到 15 年时水平沟和鱼鳞坑中的植被盖度和地上生物量低于封育草地，致使其土壤碳氮含量下降。相对于水平沟草地，鱼鳞坑地上生物量更高，使得鱼鳞坑草地枯落物增加，导致土壤有机碳和全氮也表现为鱼鳞坑高于水平沟。

土壤有机碳和全氮含量的比值是表征土壤质量变化的重要指标，不同措施下放牧草地 C/N 最低，封育草地 C/N 最高，这是因为放牧草地土壤全氮分解较快，且微生物同化同等重量的氮需要更多的碳。在干旱半干旱黄土高原 C/N 可指示地上植物生物量的大小，封育草地具有高的 C/N，说明封育更适合草地植被生长（张彦军等，2012；Zech et al.，2007）。不同措施下土壤有机碳、全氮含量具有表聚现象，这是因为植被根系主要集中在土壤表层，与前人研究结果一致（Jobbagy and Jackson，2000）。

参 考 文 献

蔡立群, 杜伟, 罗珠珠, 等. 2012. 陇中坡地不同退耕模式对土壤团粒结构分形特征的影响. 水土保持学报, 26(1): 200-202.

董莉丽, 郑粉莉. 2009. 陕北黄土丘陵沟壑区土壤粒径分形特征. 土壤, 42(2): 302-308.

何念鹏, 韩兴国, 于贵瑞. 2011. 长期封育对不同类型草地碳贮量及其固持速率的影响. 生态学报, 31(15): 4270-4276.

李虹辰, 赵西宁, 高晓东, 等. 2014. 鱼鳞坑与覆盖组合措施对陕北旱作枣园土壤水分的影响. 应用生态学报, 25(8): 2297-2303.

李生宝, 季波, 王月玲, 等. 2007. 宁南山区不同恢复措施对土壤环境效应的综合评价. 水土保持研究, 14(1): 51-53.

李胜平, 王克林. 2016. 人为干扰对桂西北喀斯特山地植被多样性及土壤养分分布的影响. 水土保持研究, 23(5): 20-27.

李翔, 杨贺菲, 吴晓, 等. 2016. 不同水土保持措施对红壤坡耕地土壤物理性质的影响. 南方农业学报, 47(10): 1677-1682.

李艳梅, 王克勤, 崔吉林, 等. 2008. 云南干热河谷不同坡面整地方式强化降雨入渗的效益. 中国水土保持, (11): 25-29.

刘伟钦, 陈步峰, 尹光天, 等. 2003. 顺德地区不同森林改造区土壤水分-物理特性研究. 林业科学研究, 16(4): 495-500.

刘文利, 吴景贵, 傅民杰, 等. 2014. 种植年限对果园土壤团聚体分布与稳定性的影响. 水土保持学报, 28(1): 129-135.

吕圣桥, 高鹏, 耿广坡, 等. 2011. 黄河三角洲滩地土壤颗粒分形特征及其土壤有机质的关系. 水土保持学报, 25(6): 134-138.

沈艳, 马红彬, 谢应忠, 等. 2012. 宁夏典型草原土壤理化性状对不同管理方式的响应. 水土保持学报, 26(5): 84-89.

孙杰, 田浩, 范跃新, 等. 2017. 长汀红壤侵蚀退化地植被恢复对土壤团聚体有机碳含量及分布的影响. 福建师范大学学报(自然科学版), (3): 87-94.

王德, 傅伯杰, 陈利顶, 等. 2007. 不同土地利用类型下土壤粒径分形分析: 以黄土丘陵沟壑区为例. 生态学报, 27(7): 3081-3089.

王景燕, 胡庭兴, 龚伟, 等. 2010. 川南坡地不同退耕模式对土壤团粒结构分形特征的影响. 应用生态学报, 21(6): 1410-1416.

徐杰, 宁远英. 2010. 科尔沁沙地持续放牧和不同强度放牧后封育草场中生物结皮生物量和土壤因子的变化. 中国沙漠, 30(4): 824-830.

于洋, 卫伟, 陈利顶, 等. 2016. 黄土丘陵区坡面整地和植被耦合下的土壤水分特征. 生态学报, 36(11): 3441-3449.

张彦军, 郭胜利, 南雅芳, 等. 2012. 黄土丘陵区小流域土壤碳氮比的变化及其影响因素. 自然资源学报, 27(7): 1214-1223.

章明奎, 何振立, 陈国潮, 等. 1997. 利用方式对红壤水稳定性团聚体形成的影响. 土壤学报, (4): 359-366.

周贵尧, 吴沿友, 张明明. 2015. 泉州湾洛阳江河口湿地土壤肥力质量特征分析. 土壤通报, 46(5): 1138-1144.

朱冰冰, 李占斌, 李鹏, 等. 2009. 黄丘区植被恢复过程中土壤团粒分形特征及抗蚀性演变. 西安理工大学学报, 25(4): 377-382.

Jobbagy E G, Jackson R B. 2000. The vertical distribution of soil organic carbon and its relation to climate and vegetation. Ecological Applications, 10(2): 423-436.

Xia L, Zhang G C, Heathman G C, et al. 2009. Fractal features of soil particle-size distribution as affected by plant communities in the forested region of Mountain Yimeng, China. Geoderma, 154(1): 123-130.

Zech M, Zech R, Glaser B. 2007. A 240, 000-year stable carbon and nitrogen isotope record from a loess-like palaeosol sequence in the Tumara Valley, Northeast Siberia. Chemical Geology, 242(3): 307-318.

Zhao C, Shao M, Jia X, et al. 2016. Particle size distribution of soils (0–500 cm) in the Loess Plateau, China. Geoderma Regional, 7(3): 251-258.

第8章 人工修复过程中草原土壤生物学
性状变化

8.1 土壤微生物数量变化

从土壤微生物类群组成看（表 8-1），试验区 0～40cm 土层以放线菌占绝对优势，占微生物总量的 86.18%～94.43%；细菌次之，占微生物总量的 5.34%～13.46%；真菌最少，仅占微生物总量的 0.24%～0.95%。不同措施对土壤微生物数量影响显著（$P<0.05$）。封育措施下，微生物总量、细菌和放线菌数量均表现为从封育 3 年到 15 年随封育年限的延长而增加；真菌数量表现为放牧和封育 6 年较低，封育 15 年最高。水平沟措施下，随着整地后恢复年限增加，微生物总量呈先上升后下降再上升趋势；细菌和放线菌数量变化规律与微生物总量相似，但真菌数量随整

表 8-1 不同措施下土壤微生物数量（平均值±标准误）

微生物总量/（×10³cfu/g）	细菌		放线菌		真菌	
	数量/（×10²cfu/g）	比例/%	数量/（×10³cfu/g）	比例/%	数量/（×10cfu/g）	比例/%
F0	30.64±1.58b	16.58±0.93gh	5.41	28.83±1.54b	94.11	14.58±0.22cd	0.48
F3	22.52±0.58ef	14.08±1.23h	6.25	20.92±0.51fgh	92.90	19.08±0.51b	0.85
F6	26.60±1.57cd	27.42±1.61de	10.31	23.75±1.46def	89.27	11.33±0.22e	0.43
F10	30.81±0.19b	30.42±1.17bcd	9.87	27.58±0.08b	89.53	18.25±1.38b	0.59
F15	38.93±1.23a	33.83±1.34a	8.69	35.25±1.13a	90.56	29.17±1.29a	0.75
S1	19.33±0.88f	18.17±0.08g	9.40	17.33±0.87ij	89.67	17.92±0.22b	0.93
S3	27.10±2.04cd	27.75±2.18de	10.24	24.17±1.88cde	89.19	15.50±0.29c	0.57
S6	19.68±0.46f	10.50±0.14i	5.34	18.58±0.46hij	94.43	4.67±0.79g	0.24
S10	24.95±1.73de	33.58±0.36ab	13.46	21.50±1.75efgh	86.18	8.83±0.36f	0.35
S15	29.44±0.48bc	32.42±1.31abc	11.01	25.92±0.58bcd	88.03	28.08±0.36a	0.95
Y1	25.39±1.46de	24.83±0.30ef	9.78	22.83±1.42defg	89.93	7.33±0.85f	0.29
Y3	29.07±0.54bc	29.83±0.60cd	10.27	25.90±0.55bcd	89.12	17.92±0.85b	0.62
Y6	19.42±0.75f	23.67±1.75f	12.19	16.98±0.60j	87.42	7.67±0.88f	0.39
Y10	22.36±0.92ef	19.83±0.68g	8.87	20.24±0.98ghi	90.54	13.17±1.24de	0.59
Y15	29.66±0.76bc	25.58±0.74ef	8.63	26.99±0.71bc	90.99	11.42±0.94e	0.38

地年限增加呈先下降再上升趋势。鱼鳞坑措施下，随着整地年限的增加，微生物总量呈先上升后下降再上升趋势，以鱼鳞坑 3 年和 15 年最高，分别为 29.07×10^3cfu/g、29.66×10^3cfu/g；细菌和放线菌数量变化规律与微生物总量相似，但真菌数量随整地年限增加波动较大。相近恢复年限下，微生物总量和放线菌数量除 3 年为封育最低外，其余年限均为封育措施最高；真菌和细菌在各措施下波动较大。

垂直分布方面（图 8-1），微生物总量、放线菌数量在各措施下表现为随着土壤深度的增加整体上呈现下降趋势；细菌数量除封育 3 年表现为 10～20cm 土层最高外，其他处理下随着土层加深呈现下降趋势；真菌数量在 F6、F10 和 Y10 措施下表现为 10～20cm 土层最高，在放牧草地中随土壤深度的增加呈上升趋势，其他各处理下随土层加深而下降。

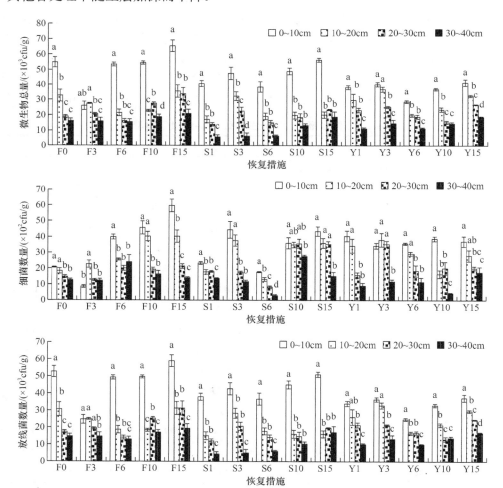

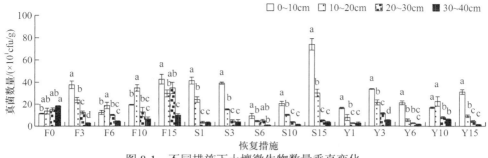

图 8-1　不同措施下土壤微生物数量垂直变化

8.2　土壤微生物生物量碳、氮变化

从表 8-2 可知，不同措施下土壤微生物生物量碳、氮存在显著差异（$P<0.05$）。封育措施下，微生物生物量碳、氮含量均表现为从封育 3 年到 15 年随封育年限的延长而增加。水平沟和鱼鳞坑措施下，土壤微生物生物量碳、氮均表现为从 1 年到 15 年随着年限的延长呈现先上升后下降再上升趋势。相近恢复年限下，微生物生物量碳除 3 年水平沟为 96.19mg/kg 达到最高外，其他年限下，均为封育草地最

表 8-2　不同措施下土壤微生物生物量碳、氮变化

处理	微生物生物量碳/（mg/kg）	微生物生物量氮/（mg/kg）
F0	71.58±0.00f	30.72±0.39ghi
F3	35.79±4.47g	28.26±0.00hi
F6	87.24±2.24ef	44.86±1.56cd
F10	125.27±2.24bc	52.63±2.33b
F15	201.32±4.48a	65.34±1.56a
S1	73.82±6.71f	32.28±1.17ghi
S3	96.19±11.91de	39.28±1.17def
S6	77.18±10.07ef	28.39±1.95hi
S10	109.61±2.24cd	34.49±1.56fgh
S15	143.16±2.24b	45.76±1.95cd
Y1	90.60±10.07def	26.83±3.50i
Y3	93.50±6.71de	43.56±5.45cd
Y6	83.89±10.07ef	36.56±0.78efg
Y10	107.37±6.71cd	41.61±2.72cde
Y15	144.28±3.36b	48.23±1.56bc

高；而微生物生物量氮除 3 年为鱼鳞坑草地最高外，其他年限下均为封育草地最高，放牧草地微生物生物量相对较低。垂直分布方面（图 8-2），不同措施下，土壤微生物生物量碳、氮整体上表现为从表层向深层递减（$P<0.05$）。

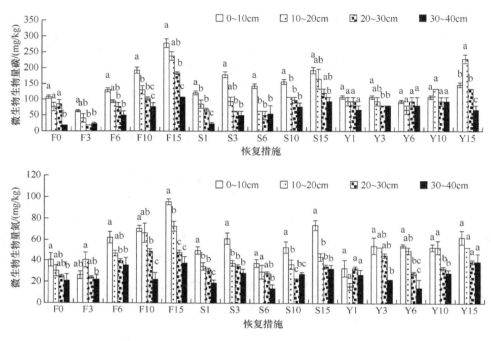

图 8-2 不同措施下土壤微生物生物量碳、氮变化

8.3 土壤酶活性变化

从表 8-3 可知，不同措施下土壤酶活性存在显著差异（$P<0.05$）。从封育 3 年到 15 年，蔗糖酶、蛋白酶、磷酸酶和脲酶活性均表现为不断增加，而过氧化氢酶活性随着年限的增加呈下降趋势。水平沟和鱼鳞坑措施下 1 年到 15 年，土壤蔗糖酶、蛋白酶、磷酸酶和脲酶活性均表现为先上升后下降再上升趋势，而过氧化氢酶活性随着恢复年限的增加呈先下降后上升趋势。

相近恢复年限下，蔗糖酶活性除 1 年和 3 年以鱼鳞坑最高外，其余年限均为封育最高；蛋白酶和磷酸酶活性均以封育最高；过氧化氢酶活性除 3 年为封育最高外，其余年限均为鱼鳞坑最高；脲酶活性除 1 年和 3 年以水平沟最高外，其余年限均为封育最高。

垂直分布方面（图 8-3），封育措施下，随着土层的加深，土壤脲酶、过氧化氢酶、蛋白酶、磷酸酶、蔗糖酶活性整体上呈下降趋势，表层土壤酶活性显著大

表 8-3 不同措施下土壤酶活性变化

处理	蔗糖酶活性/（mg/g）	蛋白酶活性/（μg/g）	过氧化氢酶活性/[ml/（g·h）]	磷酸酶活性/（mg/g）	脲酶活性/（mg/g）
F0	135.76±0.57i	226.92±0.55g	0.25±0.01e	26.24±0.50cd	41.00±2.13j
F3	164.98±0.44g	278.23±1.89e	0.24±0.01e	27.35±0.37c	51.54±1.03h
F6	177.63±1.27e	294.77±0.26d	0.24±0.01ef	31.11±0.26b	60.55±0.48de
F10	221.42±1.57b	337.29±2.17b	0.21±0.01g	32.51±0.57b	75.23±1.50b
F15	373.20±0.63a	372.15±5.52a	0.12±0.01i	37.87±0.46a	81.78±0.92a
S1	108.51±0.59j	67.63±0.76k	0.22±0.01fg	21.61±0.24fg	55.67±0.58fg
S3	169.03±0.32f	205.40±0.13h	0.21±0.01g	25.36±0.65cd	59.37±0.23ef
S6	134.11±0.39i	142.48±1.19i	0.14±0.00h	22.94±0.91ef	31.48±0.27k
S10	166.73±2.07fg	241.72±0.94f	0.33±0.01c	24.70±0.87de	63.77±0.14d
S15	206.59±1.85c	306.07±2.40c	0.34±0.00bc	31.06±0.43b	67.84±2.27c
Y1	144.03±0.13h	46.96±0.10l	0.34±0.00bc	14.30±0.02h	37.45±0.79j
Y3	178.24±0.54e	93.78±1.16j	0.20±0.02g	15.89±1.06h	55.18±0.14gh
Y6	72.61±0.73l	65.82±1.71k	0.30±0.01d	9.60±1.33i	47.20±1.57i
Y10	97.22±0.92k	91.62±0.46j	0.36±0.01ab	14.82±0.30h	51.62±2.49h
Y15	197.44±1.05d	204.38±3.17h	0.37±0.01a	19.78±1.72g	54.31±1.18gh

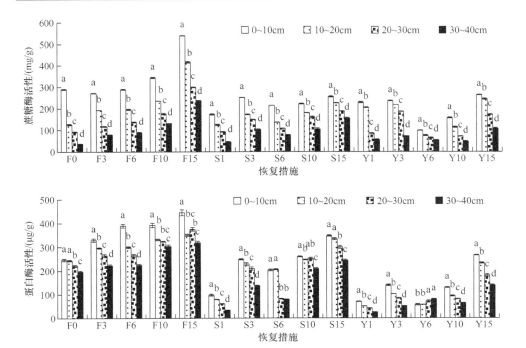

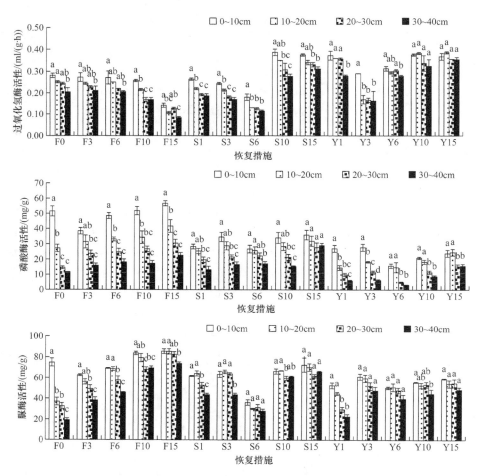

图 8-3　不同措施土壤酶活性垂直变化

于下层土壤；水平沟措施下，除 S15 处理的脲酶和磷酸酶活性、S6 处理的脲酶活性在 0~40cm 土层垂直变异不显著外（$P>0.05$），其他年限水平沟措施下各酶活性均随着土层的加深呈显著下降（$P<0.05$）。鱼鳞坑措施下，蔗糖酶和磷酸酶活性随着土层的加深呈下降趋势；蛋白酶活性除 Y6 处理外，其他年限随着土层的加深呈下降趋势；过氧化氢酶活性在 10 年和 15 年差异不显著，其余年限下的 30~40cm 土层过氧化氢酶活性低于其他土层；脲酶活性除 Y1 和 Y10 处理下垂直变化存在差异外，其他年限鱼鳞坑措施垂直变化不显著（$P>0.05$）。

8.4　小　结

土壤是一个有生命的自然体，是微生物良好的天然培养基，具有微生物生活所必需的营养物质和微生物繁殖所需的各种条件（张成霞和南志标，2010）。土壤微生物是土壤的重要组成部分，是土壤物质转化的参与者，也是土壤中各种生理和生化过程动态平衡的主要调节者（Smith et al.，1990）。土地利用方式对土壤微生物群落结构的影响较大，草地在不同管理方式下，土壤微生物区系组成和数量有较大差异（张成霞和南志标，2010；Jangid et al.，2008）。研究表明，放牧草地土壤微生物数量减少，封育草地因为没有家畜的采食与践踏，地上地下生物量和土壤养分增加，土壤结构得到了改善，更有利于土壤微生物的生长（王晓龙等，2006），但也有研究发现微生物数量在适度放牧草地和刈割草地高于完全禁牧草地，适当放牧有利于微生物活性增强（郭明英等，2012）。放牧草地微生物总量和放线菌数量变化可能与家畜排泄物影响了微生物的能量物质来源和数量，以及微生物生存环境有关（郭明英等，2012）。水平沟和鱼鳞坑整地后土壤微生物数量呈先上升后下降再上升趋势，这是因为整地时使先前的地上植物凋落物和地下植物根系回填到浅层土壤，加之整地后播种的沙打旺的短期生长，土壤环境前期有利于微生物的生存。但水平沟和鱼鳞坑的植被恢复较慢，回填到土壤的凋落物和根系因不断分解而减少，加之播种的沙打旺群落 3 年后的死亡，微生物生存环境变差、数量下降。随着整地年限的延长，水平沟和鱼鳞坑植被的恢复演替，以及地上地下生物量的逐渐积累，整地 10 年后微生物数量又呈上升变化。相近恢复年限下，微生物总量和放线菌数量除 3 年在鱼鳞坑最高外其余均为封育措施最高，真菌数量以封育措施最高，细菌数量则在措施间变化不一致。水平沟和鱼鳞坑整地改变了草地原有的土层结构和地上植被，从而使微生物的生存环境发生变化，致使土壤微生物数量相对于封育草地少。在垂直分布上，除放牧地真菌数量上升外，其他处理下微生物总量和放线菌、细菌、真菌数量呈下降变化，说明微生物数量具有明显表聚性（郭明英等，2012）。

土壤微生物生物量是植物养分转化和循环的驱动力，对土壤肥力起着重要作用（赵彤等，2013），土地利用方式对土壤微生物生物量碳、氮的影响明显（徐华勤等，2009；吴建国和艾丽，2008）。土壤微生物生物量碳、氮的含量是土壤微生物生命活动的直接结果（汪文霞等，2006），根系对于土壤中碳、氮的吸收与微生物对碳、氮的需求是一种竞争关系，植物对土壤中碳、氮的需求越大，土壤微生物的生物量碳、氮值就越小（黄靖宇等，2008）。但也有研究表明，较多的根系和凋落物输入土壤可以增加土壤养分，而且可以改善土壤的保水保肥效果，为微生物提供丰富的能源物质（盛海彦等，2008），这与本研究中，封育、水平沟和鱼鳞坑措施下草地土壤微生物生物量碳、氮差异显著及三种措施下微生物生物量变化规律不尽相同的结果一致。放牧草地土壤微生物生物量碳变化可能与放牧家畜排泄物和践踏使更多植物进入土壤有关（贾伟等，2008）。微生物生物量碳、氮含量均表现为随封育年限的延长而增加，水平沟和鱼鳞坑整地后随着年限的延长，呈上升—下降—上升变化趋势。封育、水平沟和鱼鳞坑措施影响着土壤微生物生物量及土壤其他性质，不同的恢复措施使原本一致的土壤属性发生改变，从而引起土壤微生物生物量的变化（张海燕等，2006）。

土壤酶是有机质分解过程中的生物催化剂（向泽宇等，2011），在土壤养分循环以及植被生长所需养分的供给过程中起着重要的作用，可以反映出土壤养分，尤其是氮、磷转化能力的强弱（王光华等，2007）。土壤蔗糖酶、蛋白酶、过氧化氢酶、脲酶和磷酸酶与土壤中元素的转化分解有关，表明了土壤有机残体的转化情况（文都日乐等，2010）。本研究中，相近年限下，除1年和3年鱼鳞坑蔗糖酶和脲酶活性、1年鱼鳞坑过氧化氢酶活性最高外，其他均为封育草地土壤酶活性最高。草地封育后，土壤表层植被覆盖层增加，拦蓄降水增多，蒸发减少，土壤酶活性得到一定程度的提高（邱莉萍等，2007）。在本研究中，水平沟和鱼鳞坑措施下，由于整地将原生植被回填，原生植被遗体分布于不同土层，虽然经过多年恢复，但植被仍没有恢复到原来的状况，致使蔗糖酶、蛋白酶、磷酸酶和脲酶活性低于相同恢复年限的封育草地，且随着整地年限的延长呈现升高—下降—升高的变化趋势。随着恢复年限延长，封育措施下土壤蔗糖酶、蛋白酶、磷酸酶和脲酶活性表现为不断增加，水平沟和鱼鳞坑措施下呈先上升后下降再上升变化，而过氧化氢酶活性的变化规律与其他4种酶不尽一致，这与过氧化氢酶活性的高低表征了土壤解毒能力的强弱，其活性高低与土壤产生过氧化氢气体的多少有关（徐华勤等，2010）。

参 考 文 献

郭明英, 朝克图, 尤金成, 等. 2012. 不同利用方式下草地土壤微生物及土壤呼吸特性. 草地学报, 20(1): 42-48.

黄靖宇, 宋长春, 宋艳宇, 等. 2008. 湿地垦殖对土壤微生物量及土壤溶解有机碳、氮的影响. 环境科学, 29(5): 1380-1387.

贾伟, 周怀平, 解文艳, 等. 2008. 长期有机无机肥配施对褐土微生物生物量碳、氮及酶活性的影响. 植物营养与肥料学报, 14(4): 700-705.

邱莉萍, 张兴昌, 程积民. 2007. 坡向坡位和撂荒地对云雾山草地土壤酶活性的影响. 草业学报, 16(1): 87-93.

盛海彦, 李松龄, 曹广民. 2008. 放牧对祁连山高寒金露梅灌丛草甸土壤微生物的影响. 生态环境, 17(6): 2319-2324.

汪文霞, 周建斌, 严德翼, 等. 2006. 黄土区不同类型土壤微生物量碳、氮和可溶性有机碳、氮的含量及其关系. 水土保持学报, 20(6): 103-106.

王光华, 金剑, 韩晓增, 等. 2007. 不同土地管理方式对黑土土壤微生物量碳和酶活性的影响. 应用生态学报, 18(6): 1275-1280.

王晓龙, 胡锋, 李辉信, 等. 2006. 红壤小流域不同土地利用方式对土壤微生物量碳氮的影响.

农业环境科学学报, 1(1): 143-147.

文都日乐, 张静妮, 李刚, 等. 2010. 放牧干扰对贝加尔针茅草原土壤微生物与土壤酶活性的影响. 草地学报, 18(4): 517-522.

吴建国, 艾丽. 2008. 祁连山 3 种典型生态系统土壤微生物活性和生物量碳氮含量. 植物生态学报, 32(2): 465-476.

向泽宇, 王长庭, 宋文彪, 等. 2011. 草地生态系统土壤酶活性研究进展. 草业科学, 28(10): 1801-1806.

徐华勤, 章家恩, 冯丽芳, 等. 2009. 广东省不同土地利用方式对土壤微生物量碳氮的影响. 生态学报, 29(8): 4112-4118.

徐华勤, 章家恩, 冯丽芳, 等. 2010. 广东省典型土壤类型和土地利用方式对土壤酶活性的影响. 植物营养与肥料学报, 16(6): 1464-1471.

张成霞, 南志标. 2010. 放牧对草地土壤微生物影响的研究述评. 草业科学, 27(1): 65-70.

张海燕, 肖延华, 张旭东, 等. 2006. 土壤微生物量作为土壤肥力指标的探讨. 土壤通报, 37(30): 422-425.

赵彤, 闫浩, 蒋跃利, 等. 2013. 黄土丘陵区植被类型对土壤微生物量碳氮磷的影响. 生态学报, 33(18): 5615-5622.

Jangid K, Williams M A, Franzluebbers A J, et al. 2008. Relative impacts of land-use, management intensity and fertilization upon soil microbial community structure in agricultural systems. Soil Biology & Biochemistry, 40(11): 2843-2853.

Smith J L, Paul E L, Lefroy R D B, et al. 1990. The significance of soil microbial biomass estimations. *In*: Bollag J M, Stotzky G. Soil Biochemistry. New York: Dekker Limited: 357-386.

第 9 章 人工修复过程中草原土壤水分特征

水分是半干旱黄土高原丘陵区生态环境建设中恢复植被的重要限制因子。在水平沟、鱼鳞坑整地措施的影响下,土壤水分运动参数、水分动态、循环和平衡特征发生了很大变化。因此,研究鱼鳞坑、水平沟整地和封育下草地土壤水分运动参数、水分变化和平衡具有重要意义。

9.1 土壤水分运动参数

土壤水分特征曲线、导水率、扩散率等是土壤重要的水分物理性质和非饱和水运动参数。土壤水分入渗是降雨-径流循环中的关键一环,是降水、地表水、土壤水和地下水相互转化过程中的一个重要环节。在黄土高原丘陵区实施的鱼鳞坑、水平沟整地措施对原状土进行了不同程度的扰动,影响了土壤水分入渗性能。

9.1.1 土壤水分有效性

不同措施下土壤水分的有效性见表 9-1,从表中可以看出,各措施下有效水范围的下限(凋萎含水率)非常接近,上限的差异主要是田间持水量的差异,总体

表 9-1 不同措施下土壤水分的有效性(%)

措施	土层	田间持水量	最大吸湿水	凋萎含水率	有效水	观测期土壤平均含水率	观测期土壤最低含水率
鱼鳞坑	0～10cm	26.13	3.63	4.90	4.90～26.13	10.13	14.55
	10～20cm	25.26	3.98	5.38	5.38～25.26	10.13	5.93
	20～30cm	25.23	3.97	5.36	5.36～25.23	10.19	5.22
	30～40cm	25.24	3.81	5.14	5.14～25.24	9.75	5.46
	40～50cm	22.46	3.88	5.23	5.23～22.46	9.36	5.88
	50～60cm	22.90	3.70	5.00	5.00～22.90	9.16	5.03
	60～70cm	23.20	3.82	5.16	5.16～23.20	8.77	5.50
	70～80cm	23.64	3.52	4.75	4.75～23.64	7.95	5.65
	80～90cm	21.51	3.74	5.05	5.05～21.51	7.40	5.78
	90～100cm	22.32	3.55	4.79	4.79～23.32	7.37	6.04
	0～40cm	25.46	3.85	5.19	5.19～25.46	10.05	7.79
	40～100cm	22.67	3.70	5.00	5.00～22.67	8.33	5.65
	0～100cm	23.79	3.76	5.07	5.07～23.79	9.02	6.51

续表

措施	土层	田间持水量	最大吸湿水	凋萎含水率	有效水	观测期土壤平均含水率	观测期土壤最低含水率
水平沟	0～10cm	26.29	3.95	5.34	5.34～26.29	10.59	15.11
	10～20cm	22.70	3.90	5.27	5.27～22.70	10.55	6.85
	20～30cm	25.49	4.18	5.64	5.64～25.49	10.59	6.46
	30～40cm	22.81	3.86	5.21	5.21～22.81	10.45	5.16
	40～50cm	25.14	3.81	5.14	5.14～25.14	9.70	6.03
	50～60cm	25.21	3.65	4.93	4.93～25.21	9.39	6.07
	60～70cm	24.39	3.82	5.16	5.16～24.39	9.03	6.33
	70～80cm	22.47	3.71	5.01	5.01～22.47	8.33	6.40
	80～90cm	23.85	3.53	4.76	4.76～23.85	7.88	6.49
	90～100cm	23.41	3.63	4.90	4.90～23.41	7.49	6.75
	0～40cm	24.32	3.97	5.36	5.36～24.32	10.55	8.39
	40～100cm	24.08	3.69	4.98	4.98～24.08	8.64	6.34
	0～100cm	24.18	3.80	5.13	5.13～24.18	9.40	7.16
封育	0～10cm	27.25	3.68	4.97	4.97～27.25	10.07	15.77
	10～20cm	23.80	4.09	5.52	5.52～23.80	9.93	6.89
	20～30cm	24.86	4.25	5.74	5.74～24.86	9.91	6.37
	30～40cm	23.75	4.84	6.54	6.54～23.75	9.20	6.03
	40～50cm	24.74	4.16	5.62	5.62～24.74	8.80	5.49
	50～60cm	23.61	4.02	5.43	5.43～23.61	8.24	4.61
	60～70cm	26.76	3.83	5.17	5.17～26.76	7.68	4.30
	70～80cm	24.93	3.51	4.74	4.74～24.93	7.29	4.03
	80～90cm	23.98	3.74	5.05	5.05～23.98	7.02	3.81
	90～100cm	25.25	3.60	4.87	4.87～25.25	6.97	4.07
	0～40cm	24.92	4.22	5.69	5.69～24.92	9.78	8.77
	40～100cm	24.88	3.81	5.15	5.15～24.88	7.67	4.39
	0～100cm	24.89	3.97	5.36	5.36～24.89	8.51	6.14

上有效水范围基本接近。对 2006 年 3 月 20 日到 12 月 10 日土壤平均含水率进行分析,发现期间土壤含水率总体为有效水。如果对 3 月 20 日到 12 月 10 日土壤含水率最低日期(8 月 9 日)的含水率进行分析,发现鱼鳞坑措施下仅 20～30cm、水平沟措施下仅 30～40cm 为无效水,但封育措施下土层 30～100cm 均属无效水,植物不能利用。可见,鱼鳞坑和水平沟整地可增加土壤水分的有效性。

9.1.2　土壤水分扩散率

土壤水分扩散率反映了土壤水分在水平方向上的运动轨迹,非饱和土壤水分扩散率与土壤含水量有密切的关系。试验所测的不同措施下不同土层的非饱和土壤水分扩散率 $D(\theta)$ 与土壤含水量 θ 的关系符合 $D(\theta)=\alpha e^{\beta\theta}$ 经验公式,方差分析表明达到了显著水平，见表 9-2。

表 9-2　不同措施下土壤水分扩散率曲线拟合参数

处理	α	β	R	F 值
鱼鳞坑 0~40cm	0.027	15.033	0.9593	65.23**
鱼鳞坑 40~80cm	0.010	15.126	0.9697	7.26*
水平沟 0~40cm	0.009	17.923	0.9735	45.95**
水平沟 40~80cm	0.019	13.652	0.9766	31.72**
封育草地 0~40cm	0.020	14.395	0.9796	67.63**
封育草地 40~80cm	0.005	16.769	0.9709	15.95**

**差异极显著（$P<0.01$），*差异显著（$P<0.05$）

　　不同措施下土壤水分扩散率与土壤含水量的关系见图 9-1，可以看出，非饱和土壤水分扩散率在土壤含水量小于 0.3% 时，上升缓慢，在土壤含水量增大到 0.35% 以上时，随含水量的增加而迅速升高，土壤含水量高有利于扩散作用的进行。这是因为含水量高时，土壤中充水毛管数量增加和孔隙变大，扩散的曲折率变小，故扩散加快，扩散系数变大。在干燥的土壤段，水分以水汽形式运动，致使非饱和土壤水分扩散率与含水量的关系呈现随土壤含水量升高而缓慢增加的现象。

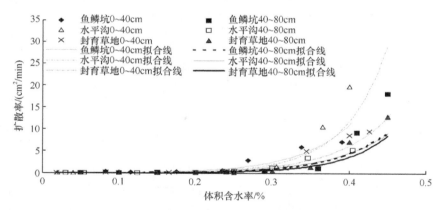

图 9-1　不同措施下土壤水分扩散率与土壤含水量的关系曲线

　　在相同含水量下，非饱和土壤水分扩散率因恢复措施的不同而不同，扩散率表现为鱼鳞坑 0~40cm>水平沟 0~40cm>封育草地 0~40cm>水平沟 40~80cm>鱼鳞坑 40~80cm>封育草地 40~80cm，这主要是由于鱼鳞坑 0~40cm 的容重较小，传导水分的大孔隙和毛管孔隙度的数量均较大，有利于水分的运动，水平沟和封育草地 0~40cm 的容重、非毛管孔隙度及总孔隙度次之，封育草地 40~80cm 的容重最大，非毛管孔隙及总孔隙度最小，故其扩散率最小。但经方差分析，各措施下土壤水分扩散率的拟合曲线参数之间差异不显著（$P>0.05$）。

9.1.3　土壤导水率

导水率是指单位水力梯度下的土壤水分通量，表示土壤水分的下渗性能，非饱和土壤水的导水率 $K(\theta)$（cm/min）可通过土壤水分特征曲线和非饱和土壤水分扩散率 $D(\theta)$ 来推求（雷自栋等，1988）。首先据土壤水分特征曲线的拟合公式 $\theta=aS^b$ 计算出比水容量 $C(\theta)$，$C(\theta)=-\mathrm{d}\theta/\mathrm{d}s$，再由关系式 $K(\theta)=C(\theta)\cdot D(\theta)$，便可得到非饱和土壤水的导水率 $K(\theta)$ 的关系式。本研究中，土壤水分特征曲线采用幂函数公式进行拟合时，非饱和土壤水分扩散率采用指数函数拟合时，其相关程度较高。因此，从这两个公式推导可得到形如 $K(\theta)=A\theta^B\mathrm{e}^{C\theta}$ 的非饱和土壤水的导水率公式，式中 $A=-aba^{1/b}$，$B=(b-1)/b$，$C=\beta$。经计算，其对应的拟合系数如表 9-3 所示。由于没有实测值，故没有对其进行检验，但推导的导水率公式表明了比水容量和非饱和土壤水分扩散率的关系。将此拟合公式绘制成图 9-2，可见，水平沟 0～40cm 的导水率最大，说明其在集水压力下，下渗最快，鱼鳞坑 0～40cm 次之，接下来是封育草地 0～40cm，水平沟 40～80cm 最小。

表 9-3　不同措施下土壤导水率公式系数

处理	鱼鳞坑 0～40cm	鱼鳞坑 40～80cm	水平沟 0～40cm	水平沟 40～80cm	封育草地 0～40cm	封育草地 40～80cm
A	0.0232	0.0156	0.0098	0.0293	0.0238	0.0085
B	2.2261	2.3217	2.2470	2.3023	2.2545	2.3687
C	15.0330	15.1260	17.9230	13.6520	14.3950	16.7690

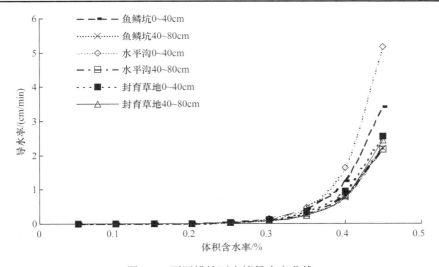

图 9-2　不同措施下土壤导水率曲线

9.1.4 草地土壤水分入渗特性

9.1.4.1 入渗方程的选择

目前，对土壤水分的入渗过程，可采用不同的公式进行描述，常用的公式有两类：一类是纯经验公式，即根据不同的研究目标，采用不同的试验手段和方法，取得实测数据，拟合成经验公式。另一类是半理论半经验公式，主要是以达西定律为基础，提出入渗模型，用试验取得参数，拟合成入渗公式。现在常用的有 Kostiakov 入渗经验公式、Horton 入渗经验公式（夏晓平等，2018）和 Philip 入渗公式等（雷自栋等，1988）。

Kostiakov 入渗经验公式形如

$$i(t)=Bt^{-a} \tag{9-1}$$

式中，i 为入渗量；t 为入渗时间；$i(t)$ 为时间 t 时的入渗量；B 和 a 为取决于土壤及入渗初始条件的经验常数，由试验拟合得出，本身无物理意义。此式表示，当 $t \to 0$ 时，$i(t) \to \infty$，入渗初期瞬间的入渗速率特别大；当 $t \to \infty$ 时，$i(t) \to 0$，最终入渗达到平衡，显然这种情况在垂直入渗过程中很难达到。

Horton 提出的入渗经验公式为

$$i(t)=i_c+(i_0-i_c)e^{-\beta t} \tag{9-2}$$

式中，i_c、i_0 和 β 均为经验参数。当 $t \to 0$ 时，$i(t)$ 不是趋于无穷大，而是为一有限值 i_0，此值可称为初渗率；当 $t \to \infty$ 时，$i(t) \to i_c$，此值即为稳渗率；β 值决定了由 i_0 转为 i_c 的速度。

Philip 对 Richards 方程

$$\vec{q} = -K(\theta)\nabla\varphi \tag{9-3}$$

进行了系统的研究，提出了方程的解析解

$$I(t) = \int_{\theta_i}^{\theta_0} z(\theta,t)\mathrm{d}\theta + K(\theta_i)t \tag{9-4}$$

式中，$I(t)$ 为累积入渗量；$z(\theta,t)$ 为土壤含水量；θ_i 为土壤初始含水量；θ_0 为土壤饱和含水量；$K(\theta_i)$ 为土壤在初始含水量时的导水率；t 为时间；$\vec{q}$ 为水流通量（矢量）；$K(\theta)$ 为导水率；$\nabla\varphi$ 为水势梯度。

式（9-4）可简化为

$$I(t) = St^{1/2} + At \tag{9-5}$$

对上式求导数，便可得到 Philip 入渗公式

$$i(t) = \frac{1}{2}St^{-1/2} + A \tag{9-6}$$

习惯上将参数 S 称为吸渗率，将 A 称为稳定入渗速率。该式得到了田间试验

资料的验证，具有重要的应用价值。但 Philip 公式是在半无限均质土壤、初始含水率分布均匀、有积水条件下求得的。因此，该式仅适于均质土壤一维垂直入渗的情况，对于非均质土壤，还需进一步研究和完善。

为了分析不同措施下土壤的入渗规律，本试验采用双环法在野外原状土条件下进行入渗试验，然后采用上述三个公式分别对试验结果进行拟合，拟合结果见表 9-4，从中看出，三种拟合曲线中，Philip 入渗公式拟合的精度高于 Kostiakov入渗经验公式和 Horton 入渗经验公式，Horton 入渗经验公式的拟合精度最低。由于试验采用双环法进行，有一定的积水层，且对于黄土丘陵区来说，一定深度内土壤质地和结构的差异也较小，故更适于用 Philip 入渗公式进行拟合。

表 9-4　不同措施下土壤入渗过程的拟合

入渗公式形式	措施	拟合公式	R	F 值
Philip 公式	鱼鳞坑	$i(t)=10.932t^{-1/2}+1.4714$	0.9621	436.22**
	水平沟	$i(t)=9.7796t^{-1/2}+0.8129$	0.9707	506.44**
	封育	$i(t)=6.3964t^{-1/2}+0.9293$	0.9717	541.62**
Kostiakov 公式	鱼鳞坑	$i(t)=10.444t^{-0.3131}$	0.9518	369.22**
	水平沟	$i(t)=8.0134t^{-0.3225}$	0.9372	138.61**
	封育	$i(t)=6.3786t^{-0.3157}$	0.9577	464.90**
Horton 公式	鱼鳞坑	$i(t)=2.0008+1.0517e^{-0.0166t}$	0.8496	12.69**
	水平沟	$i(t)=1.4111+0.8069e^{-0.0151t}$	0.8532	9.37**
	封育	$i(t)=1.2876+0.8714e^{-0.0272t}$	0.9272	14.22**

**差异极显著（$P<0.01$）

不同措施下土壤入渗速率实测值与计算值见图 9-3～图 9-5。可以看出，Philip入渗公式和 Kostiakov 入渗经验公式接近，尤其是在试验中期非常相近，而 Horton

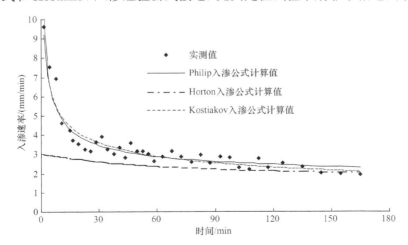

图 9-3　鱼鳞坑入渗速率实测值与计算值比较

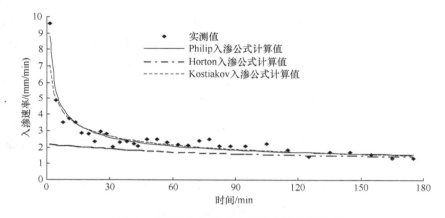

图 9-4　水平沟入渗速率实测值与计算值比较

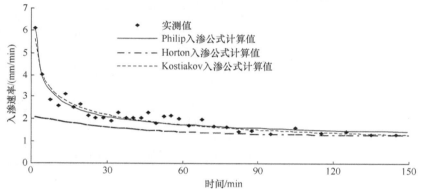

图 9-5　封育草地入渗速率实测值与计算值比较

入渗经验公式与此二者之间有一定的差距，在试验初期尤为明显，且与实测值的差距也较大。所以，在本试验条件下用 Horton 入渗经验公式进行拟合效果不好，尤其不能很好地拟合试验初期的情况。

9.1.4.2　土壤水分入渗速率

1）入渗速率随时间的变化

从入渗速率计算值和实测值比较图看出，三种措施下的土壤入渗速率均随时间而变化。初始的入渗速率最大，随着时间的推移，入渗速率逐渐减缓，并最终趋于稳定。但是在整个入渗过程中，入渗速率的变化并不是持续降低的，而是出现了上下波动的现象，出现这种情况的原因主要是水面的压力和水分在土壤内的流动使土体内部结构发生局部坍塌，堵塞了部分土壤孔隙，减少了水量的下渗，随后堵塞物在压力条件下被清除又使得水流再次通畅。

2）土壤水分入渗速率

土壤水分的入渗过程受到土壤植被、初始含水量、孔隙度、容重等各种因素的影响，根据试验所测得的入渗过程，可以发现（图 9-6），鱼鳞坑的入渗速率最大，水平沟次之，封育草地的入渗速率最小。将各措施下前 3min 的平均入渗速率作为初始入渗速率（表 9-5），可见水平沟的初始入渗速率最大，鱼鳞坑初始入渗速率次之，但两者之间差距较小，鱼鳞坑初始入渗速率为水平沟的 98.8%。封育草地的初始入渗速率最小，与前面两种措施的差距很大，其值为水平沟的 62.8%、为鱼鳞坑的 63.6%。土壤的稳定入渗速率和平均入渗速率表现为鱼鳞坑>水平沟>封育草地，见表 9-5。经方差分析和多重比较，发现鱼鳞坑和水平沟之间平均入渗速率差异不显著（$P>0.05$），但此两者与封育草地之间的差异却呈极显著水平（$P<0.01$）。

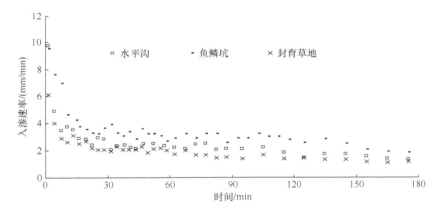

图 9-6　不同措施下土壤水分入渗速率比较

表 9-5　不同措施下土壤水分入渗速率方差分析

措施	初始入渗速率/ （mm/min）	稳定入渗速率/ （mm/min）	平均入渗速率/ （mm/min）	多重比较 （平均入渗速率）	F 值
鱼鳞坑	9.62	1.95	3.39	a	
水平沟	9.74	1.55	2.60	a	18.76**
封育	6.12	1.09	2.10	b	

注：同列数据后字母不同表示差异极显著（$P<0.01$**）

根据试验前测定的各措施下的土壤含水量（表 9-6），可见鱼鳞坑和水平沟的平均含水量（0~100cm）基本相同，但水平沟 0~10cm 的含水量稍低于鱼鳞坑 0~10cm 的含水量，导致水平沟前 3min 的平均入渗速率稍高于鱼鳞坑。封育草地的初始含水量小于鱼鳞坑和水平沟的初始含水量，且初始入渗速率也小于鱼鳞坑和水平沟，这主要是由于封育草地表结皮封堵了土壤水分入渗的通道，土壤的入渗能力减弱。可见，鱼鳞坑的容重比水平沟和封育草地小，非毛管孔隙和总孔隙度均比水平沟、封育草地大，故其土壤透水性强的大孔隙较多，所以表现为较大的入渗速率；水平沟次之，但其与鱼鳞坑的容重、孔隙状况相差较小，故其入渗速率与鱼鳞坑并无显著差异。封育草地的容重最大，非毛管孔隙和总孔隙度最小，加之地表存在"结皮"层，所以其入渗速率最小，与水平沟和鱼鳞坑整地方式相比，差异达到极显著（$P<0.01$）。这说明经人工整地干扰后的鱼鳞坑和水平沟入渗性能显著高于封育草地，更有助于二者入渗雨水。

表 9-6　入渗试验前土壤含水量

深度	鱼鳞坑含水量/%	水平沟含水量/%	封育草地含水量/%
0～10cm	23.61	20.39	14.46
10～20cm	16.52	15.78	14.55
20～30cm	13.62	13.46	15.60
30～40cm	15.01	14.29	13.89
40～50cm	15.61	13.82	14.74
50～60cm	14.69	14.04	9.88
60～70cm	14.51	14.46	7.63
70～80cm	12.64	13.48	7.48
80～90cm	12.01	13.77	7.80
90～100cm	8.61	12.85	6.93
平均值	14.68	14.63	11.30

9.2　土壤水分动态及变异

半干旱黄土高原丘陵区干旱与水土流失并存，降雨时空分配不均，水分是生态环境建设中恢复植被的重要限制因子。在水平沟和鱼鳞坑工程整地措施及植被的影响下，土壤水分及其分布发生了很大变化。

9.2.1　土壤水分季节动态

9.2.1.1　土壤水分季节动态特征

土壤水分的变化主要受降水和蒸散（发）过程影响，与土壤水分补给量和消耗量的大小密切相关。鱼鳞坑、水平沟和封育草地土壤水分季节变化特征见图9-7～图9-9。可以看出，三种措施下，土壤水分在2006年3月中旬到12月上旬变化特征具有相似性。3月中旬到6月底各措施下土壤含水率虽在降雨影响下有小幅波动，但总体上呈下降趋势，到6月底土壤含水率降到这段时间的最低点。3月中旬土壤解冻不久，受土层内部冻结时热毛管效应增加的水分含量和气温低的

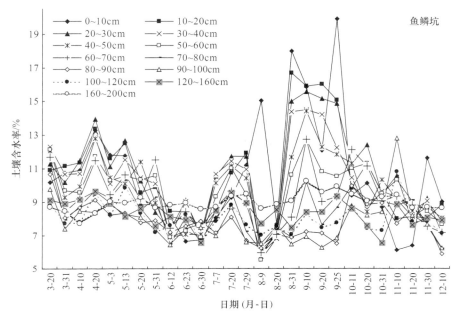

图 9-7　鱼鳞坑土壤水分季节动态

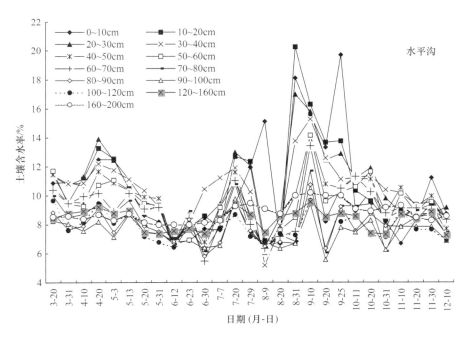

图 9-8　水平沟土壤水分季节动态

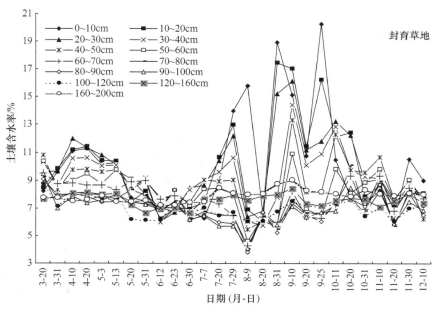

图 9-9　封育草地土壤水分季节动态

影响，蒸腾蒸发作用弱，所以土壤中有一定的水分含量。4 月中旬土壤含水率呈小幅上升与 4 月中旬有少量降雨和气温较 4 月上旬低有关。5 月和 6 月虽然降雨有所增加，但此时土壤气温上升，土壤水分蒸腾蒸发不断加剧，加上春季风力强，所以土壤含水率不断下降。此外，6 月下旬土壤含水量最低也与 6 月下旬降水较前期减少有关。7 月以来，降雨增加，到 8 月下旬降雨达到 2006 年的最高值。土壤含水率 7 月以来也呈明显上升，到 9 月上旬土壤含水量增加到测定期间的最大值，这与 8 月下旬到 9 月上旬降雨多、9 月以后气温下降，蒸腾蒸发减少有关。其间 8 月上旬没有降雨，加上气温高水分消耗量大，所以形成了 3～6 月土壤水分的最低点。9 月上旬以后，中旬和下旬的降雨引起了土壤浅层含水率的波动。进入 10 月以后，虽然气温明显下降，植物生长趋于停止，但是 10～12 月上旬降雨很少，所以土壤含水率仍表现为不断下降趋势，不过下降的幅度减小。从图中还可看出，虽然各层土壤水分变化幅度具有一定差异，但由于降雨入渗、再分布和土壤蒸发向深层传递的滞后性，总体上是随着深度的增加，土壤含水率波动变小。浅层土壤水分变化幅度明显大于较深层，其受降雨和蒸发等消耗的影响也相应较大。

　　根据土壤含水率的动态变化特征，结合试验期间降雨和水面蒸发量的季节变化规律，将 2006 年试验期间水分的变化分为三个阶段：3 月中旬至 6 月春季和夏初土壤水分强烈蒸发丢失期，其间土壤解冻、土壤水分毛管运动强烈，加上春季气温回升，风力较大，降雨较少，因而造成土壤水分强烈蒸发丢失；7～9 月夏秋土壤水分蓄积期，7～9 月是试验区雨季，为土壤蓄水的主要时期，其间可能出现降雨不均导致土壤水分暂时的降低；10～12 月上旬秋末冬初土壤水分缓慢蒸发期，这个阶段气温逐渐降低，蒸腾蒸发不断下降，降雨稀少，土壤水分蒸发消耗减弱。

9.2.1.2　不同恢复措施下土壤水分季节动态

不同恢复措施下土壤水分季节动态见图 9-10 和图 9-11，方差分析见表 9-7。可以看出，不同措施下，2006 年 3～6 月，水平沟和鱼鳞坑土壤含水率显著高于封育草地（$P<0.01$）。7～9 月，水平沟土壤含水率最高，鱼鳞坑居中，封育草地最低，整体差异极显著（$P<0.01$）。10～12 月上旬仍然以水平沟土壤含水率高于鱼鳞坑和封育草地（$P<0.05$），鱼鳞坑和封育草地之间差异不显著（$P>0.05$）。整个试验期间（3 月中旬到 12 月上旬），土壤含水率以水平沟最高，鱼鳞坑居中，封育草地最低（$P<0.01$）。2005 年 7～9 月不同措施下含水率的变化与 2006 年 7～9 月相似，但各处理间差异更加明显（$P<0.01$），土壤含水率也总体高于 2006 年，这与两年降雨量差异较大和降雨对黄土高原土壤水分的补偿有关。可见，与封育相比，水平沟和鱼鳞坑措施可显著改善草地土壤水分条件。即使在欠水年（2006年）也显示出了集雨的优点，在降雨较多的年份（2005 年）和一年中降雨较多的时期体现得就更为明显。

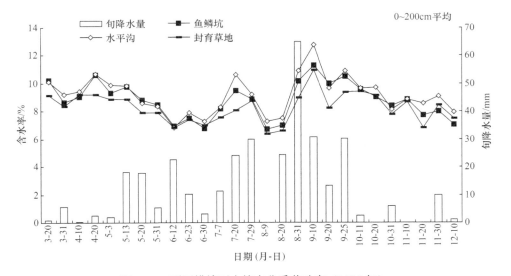

图 9-10　不同措施下土壤水分季节动态（2006 年）

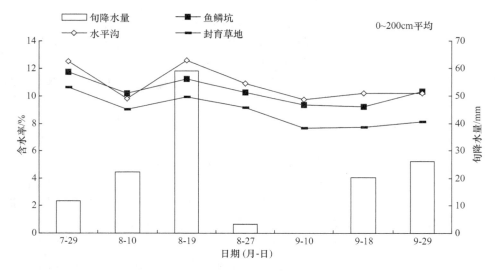

图 9-11 不同措施下土壤水分季节动态（2005 年）

表 9-7 不同措施下土壤含水率季节变化方差分析

措施	2005 年 7～9 月	2006 年 3～6 月	2006 年 7～9 月	2006 年 10～12 月	2006 年 3～12 月
鱼鳞坑/%	10.31b	8.74a	9.13b	8.39b	8.78b
水平沟/%	10.83a	8.92a	9.68a	8.86a	9.16a
封育/%	8.89c	8.25b	8.33c	8.26b	8.28c
F 值	47.22**	39.47**	41.03**	12.91*	26.76**

注：同列数据后字母不同表示差异显著（$P<0.05$*）或极显著（$P<0.01$**）

9.2.2 土壤水分垂直变化

9.2.2.1 土壤水分垂直变异特征

表 9-8～表 9-10 分别为鱼鳞坑、水平沟和封育草地 2006 年土壤水分垂直变异统计特征值，变异系数反映了特性参数的空间变异程度，揭示变量的离散程度。

表 9-8 鱼鳞坑不同深度土壤水分统计特征值

深度/cm	样本数	土壤含水率/%					标准差	变异系数/%
		最大值	最小值	平均数	中值	变幅		
0～10	26	19.44	5.66	10.13	9.67	13.78	3.44	33.95
10～20	26	16.20	5.93	10.13	9.40	10.27	2.85	28.13
20～30	26	15.09	5.22	10.19	10.11	9.87	2.75	26.99
30～40	26	14.04	5.46	9.75	9.97	8.58	2.30	23.60

续表

深度/cm	样本数	土壤含水率/%					标准差	变异系数/%
		最大值	最小值	平均数	中值	变幅		
40~50	26	13.94	5.88	9.36	9.60	8.05	2.06	22.03
50~60	26	12.28	5.03	9.16	9.80	7.25	1.80	19.67
60~70	26	12.29	5.50	8.77	8.60	6.79	1.70	19.41
70~80	26	10.85	5.65	7.95	8.19	5.20	1.34	16.79
80~90	26	10.20	5.40	7.40	7.35	4.79	1.08	14.59
90~100	26	12.36	5.78	7.37	7.22	6.57	1.36	18.43
100~120	26	10.34	6.08	7.54	7.34	4.26	0.93	12.39
120~160	26	9.15	6.09	7.85	7.93	3.06	0.80	10.19
160~200	26	9.79	7.22	8.51	8.46	2.57	0.53	6.18

表 9-9　水平沟不同深度土壤水分统计特征值

深度/cm	样本数	土壤含水率/%					标准差	变异系数/%
		最大值	最小值	平均数	中值	变幅		
0~10	26	19.69	6.66	10.59	10.32	13.03	3.43	32.42
10~20	26	20.26	6.80	10.55	9.62	13.46	3.11	29.46
20~30	26	16.98	6.30	10.59	9.79	10.68	2.57	24.27
30~40	26	15.29	5.16	10.45	10.85	10.12	2.09	19.98
40~50	26	14.17	6.03	9.70	9.89	8.14	1.80	18.55
50~60	26	14.13	6.07	9.39	9.42	8.07	1.83	19.46
60~70	26	13.43	5.46	9.03	9.08	7.97	1.68	18.57
70~80	26	11.70	6.06	8.33	8.52	5.64	1.46	17.55
80~90	26	10.72	5.82	7.88	7.86	4.90	1.12	14.26
90~100	26	9.76	5.58	7.49	7.52	4.18	0.95	12.72
100~120	26	9.67	6.42	7.88	7.68	3.26	0.89	11.31
120~160	26	9.55	7.28	8.35	8.56	2.27	0.71	8.54
160~200	26	10.18	7.98	8.82	8.67	2.20	0.67	7.54

从表中可以看出，不同措施下，土壤水分变异均表现为随深度的增加逐渐变小，土壤水分含量最大变异值出现在土壤表层，这与植被根系消耗、土壤蒸发和 2006 年降雨少且小雨多有关。

三种措施下土壤水分含量在垂直剖面方向上变异大小存在差异，0~40cm 土壤含水率变幅以封育草地最大，鱼鳞坑次之，水平沟最小；40~100cm 土壤含水率变异系数以鱼鳞坑最高，封育草地次之，水平沟最低；100~200cm 变异系数以鱼鳞坑最高，水平沟居中，封育草地最低。产生这样的结果除与植被根系吸水消耗有关外，还与鱼鳞坑和水平沟整地使降雨和径流在土壤剖面上的入渗情况不同有关。

表 9-10　封育草地不同深度土壤水分统计特征值

深度/cm	样本数	土壤含水率/%					标准差	变异系数/%
		最大值	最小值	平均数	中值	变幅		
0~10	26	20.22	6.13	10.07	8.97	14.10	3.77	37.43
10~20	26	17.45	6.03	9.93	8.67	11.42	3.20	32.22
20~30	26	16.12	6.03	9.91	9.61	10.10	2.56	25.83
30~40	26	14.40	5.76	9.20	9.18	8.64	1.95	21.23
40~50	26	13.29	5.49	8.80	8.97	7.80	1.81	20.59
50~60	26	10.90	4.61	8.24	8.39	6.30	1.44	17.49
60~70	26	9.53	4.30	7.68	7.71	5.23	1.28	16.65
70~80	26	10.10	4.03	7.29	7.49	6.07	1.24	17.03
80~90	26	9.06	3.81	7.02	7.33	5.25	1.14	16.23
90~100	26	9.47	4.07	6.97	6.98	5.40	1.05	15.06
100~120	26	8.73	6.04	7.01	7.10	2.69	0.71	10.11
120~160	26	8.44	6.64	7.59	7.63	1.79	0.45	5.95
160~200	26	9.03	7.22	7.90	7.89	1.81	0.43	5.49

9.2.2.2　土壤水分垂直分布

图 9-12 表示三种措施下不同时间内土壤水分垂直变化情况, 可见, 2005 年 7~9 月土壤垂直剖面上水分以 10~30cm 较高, 100cm 左右最低, 整体差异极显

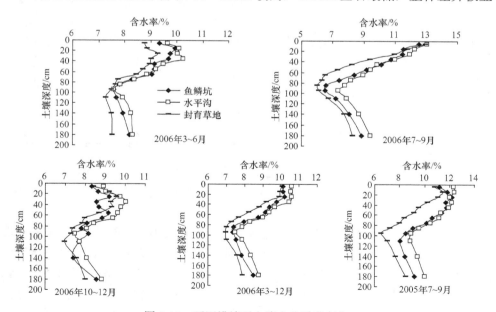

图 9-12　不同措施下土壤水分垂直变化

著（$P<0.01$）。2006 年 3～6 月、10～12 月上旬土壤水分垂直变化具有相似性，总体上表现出随深度的增加含水率呈上升—下降—缓慢上升的变化规律。3～6 月虽有一定降雨，但水分消耗作用加强，上层土壤失墒较多，含水率下降。10～12 月降雨稀少，土壤水分缓慢蒸发，导致上层土壤水分下降。2006 年 7～9 月虽然是雨季，但降雨偏少，加上气温高，水分消耗严重，所以 0～100cm 整体上表现出了随深度的增加含水率呈下降趋势。从 2006 年 3～12 月平均值看，土壤垂直剖面上水分最多层出现在土壤表层，最低出现在 100cm 左右。各措施下不同深度土壤含水率达到极显著差异（$P<0.01$）。各个时间段内，100cm 以下土壤均保持着一定的含水率，且变动较小，这与土壤 100cm 以下植物根系耗水较少，受上层土壤含水率影响较小有关。

由表 9-11 可见，2006 年各个时段内，各措施下 0～40cm 土壤水分含量与 40～100cm 的差异在 7～9 月最为明显。2005 年 7～9 月各措施下 0～40cm 土壤水分含量与 40～100cm 的差异小于 2006 年同期。同时，两年间的 7～9 月，0～40cm 土壤水分含量与 40～100cm 的差异均表现为封育草地最大。土壤水分垂直变化出现上述特征主要与降雨和土壤水分消耗有关。2005 年降雨较多，土壤下层获得的降雨补偿较多而产生上下层差异变小。2006 年降雨少，径流少，深层土壤不能得到更多的水分补给，致使深层土壤水分不断消耗，上下层差异变大。水平沟和鱼鳞坑措施下，土壤在 7～9 月得到了不同深度的降雨和径流补给，所以上下层差异较

表 9-11　不同措施下土壤水分垂直变化方差分析

深度	2005 年			2006 年		
	鱼鳞坑	水平沟	封育草地	鱼鳞坑	水平沟	封育草地
0～10cm	11.19ab	12.36a	10.81ab	10.13a	10.59a	10.07a
10～20cm	11.81a	12.40a	11.47a	10.13a	10.55a	9.93a
20～30cm	12.19a	12.01ab	11.04ab	10.19a	10.59a	9.91a
30～40cm	11.70ab	12.20a	10.24abc	9.75ab	10.45ab	9.20ab
40～50cm	11.75a	11.97ab	9.55abcd	9.36abc	9.70bc	8.80bc
50～60cm	11.37ab	11.30abc	9.16bcde	9.16bc	9.39cd	8.24cd
60～70cm	10.63abc	11.18abc	8.37cdef	8.77cd	9.03cde	7.68de
70～80cm	10.13bc	10.49abcd	8.01def	7.95def	8.33ef	7.29de
80～90cm	9.10cd	9.55cd	7.21ef	7.40f	7.88fg	7.02e
90～100cm	8.47d	8.96d	6.49f	7.37f	7.49g	6.97e
100～120cm	8.06d	8.88d	7.04f	7.54f	7.88fg	7.01e
120～160cm	8.40d	9.49cd	7.63def	7.85ef	8.35ef	7.59de
160～200cm	9.23cd	10.02bcd	8.49cdef	8.51cde	8.82de	7.90cde
F 值	8.72**	4.12**	6.39**	13.36**	17.42**	13.89**

注：同列数据后字母不同表示差异极显著（$P<0.01$**）

封育草地小，其他时间段内没有径流补给，所以上下层差异接近封育草地。上述特征表明，鱼鳞坑和水平沟增加土壤水分的主要时间在雨季，而且对深层土壤的改善主要与降雨和拦截径流多少有关。

9.2.3 不同坡位土壤水分变化

不同坡位土壤水分变化见图 9-13，方差分析见表 9-12，可以看出，鱼鳞坑措施下，2005 年 7～9 月土壤含水率表现为中坡>上坡>下坡，2006 年表现为中坡和下坡均高于上坡（$P<0.05$）。水平沟措施下，2005 年表现为中坡>上坡>下坡，中

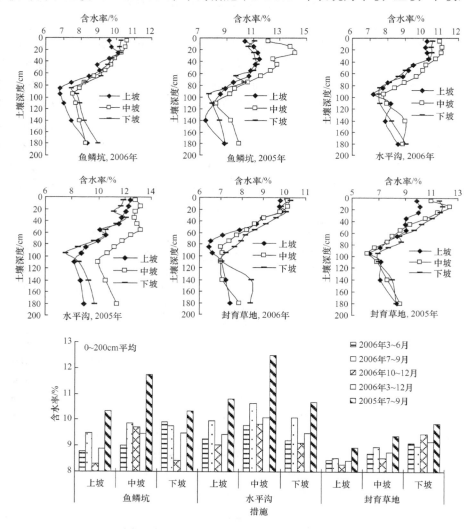

图 9-13　不同坡位土壤水分（含水率）变化

表 9-12　不同坡位土壤水分变化方差分析

坡位	2005 年			2006 年		
	鱼鳞坑	水平沟	封育草地	鱼鳞坑	水平沟	封育草地
上坡	9.87b	10.44b	8.36b	8.39b	8.92b	7.94c
中坡	11.30a	11.96a	8.85b	8.97a	9.58a	8.24b
下坡	9.76b	10.10b	9.45a	8.97a	8.98b	8.65a
F 值	5.41*	5.46**	7.81**	5.10*	10.02**	20.83**

注：同列数据后字母不同表示差异显著（$P<0.05^*$）或极显著（$P<0.01^{**}$）

坡与上、下坡之间差异极显著（$P<0.01$），但上、下坡之间无明显差异（$P>0.05$），2006 年表现为中坡最高，上坡最低，总体达到极显著差异（$P<0.01$），上、下坡间差异不显著。封育措施下，2005 年和 2006 年草地土壤含水率均为下坡最高，中坡居中，三个坡位间差异极显著（$P<0.01$），产生这样的结果除与各处理样地的地形特征有关外，还与试验区坡面特征有关。

9.3　水分循环特征

在严重土壤侵蚀和频繁干旱并存的黄土高原地区，如何有效拦蓄径流、促进降雨入渗是该地区生态环境建设和农业可持续发展的关键。水平沟整地能够有效地拦蓄草地径流，提高降雨的利用率，拦蓄径流后在水势梯度和重力等因素的作用下土壤水分再分布会发生变化。因此，研究拦蓄径流后水平沟土壤水分的再分布具有重要意义，研究不仅可摸清水平沟土壤水分雨后的运动和消耗情况，还可揭示水平沟土壤水分对其上下两侧附近草地土壤水分的补给情况。

9.3.1　草地降雨产流

9.3.1.1　坡面降雨量、降雨强度和降雨均匀度系数

1）天然降雨坡面降雨量和降雨强度

在考虑风的影响时，坡面降雨量（蒋定生等，1987）为

$$P_a = P \cos\alpha \sin\beta \tag{9-7}$$

式中，P_a 为降落在坡面的雨量（mm）；P 为降落在平坦地面上的雨量（mm）；α 为坡度（°）；β 为雨点着地轨迹线与水平面夹角（°）。

因此，坡面降雨（承雨）强度为

$$I_a = I \cos\alpha \sin\beta \quad 或 \quad I_a = \frac{P_a}{t} \tag{9-8}$$

式中，I_a 为坡面降雨（承雨）强度（mm/min 或 mm/h）；I 为降雨强度（mm/min 或 mm/h）；t 为降雨时间（min 或 h）。具体计算中，为了计算方便，忽略了风的影响，所以坡面降雨量公式简化为

$$P_a = P\cos\alpha \tag{9-9}$$

2）人工降雨坡面降雨量、降雨强度和降雨均匀度系数

人工模拟降雨时在径流小区地面均匀放置 9 个自制的量雨筒，开始降雨并计时。降雨结束后，测量每个量雨筒中的水量（w），按下列公式计算降雨量和降雨强度（郭元裕，1997）：

$$\text{降雨量：} \quad P = \frac{\sum_{i=1}^{n}(\frac{10W_i}{S_i})}{n} \tag{9-10}$$

$$\text{降雨强度：} \quad I = \frac{\sum_{i=1}^{n} I_i}{n}, \quad \text{其中} I_i = \frac{10W_i}{tS_i} \tag{9-11}$$

式中，P 为降雨量（mm）；W_i 为第 i 个量雨筒承接的水量（cm³）；S_i 为第 i 个量雨筒上部开敞口面积（cm²）；n 为量雨筒的数目；I 为平均降雨强度（mm/min 或 mm/h）；I_i 为第 i 个量雨筒所在点的降雨强度（mm/min 或 mm/h）；t 为降雨持续时间（min 或 h）。

降雨均匀度系数按下式计算（郭元裕，1997）：

$$K(\%) = 100 \times \left(1 - \frac{|\Delta I|}{I}\right), \quad \text{其中} |\Delta I| = \frac{\sum_{i=1}^{n}|I_i - I|}{n} \tag{9-12}$$

式中，K 为降雨均匀度系数（%）；$|\Delta I|$ 为降雨强度平均偏差，其他含义同式（9-11）。如果降雨面积上水量分布得越均匀，K 值越大，K 值一般要求不应低于 70%。

9.3.1.2 草地降雨产流

1）不同降雨情况下的径流量和径流系数

2005 年试验区全年降水量 478.9mm，2006 年降水量 354.5mm，仅占多年平均降水量（442.7mm）的 80.08%。试验期间（2005 年 8～9 月，2006 年 3～12 月）天然降雨共有 5 次产生径流，2006 年 9 月 17 日和 19 日在径流小区进行了 3 次人工模拟降雨，其中 2 次用于径流量的测定，1 次用于土壤水分再分布的测定，所以试验期间共测定了 7 次降雨的产流量，计算了各次的径流系数，详见表 9-13。

表 9-13　试验期间草地降雨产流情况

日期（月-日）	2005 年	2006 年					
	8-11	7-15	7-22	8-25	8-27	9-17	9-19
降雨量/mm	23.50	13.60	25.90	16.80	15.80	51.63	51.80
坡度/(°)	24.20	24.20	24.20	24.20	24.20	24.20	24.20
坡面降雨量/mm	21.45	12.41	23.64	15.33	14.42	47.12	47.28
降雨历时/h	2.04	2.78	10.43	0.28	7.16	2.00	2.00
降雨强度/(mm/h)	10.51	4.47	2.27	54.76	2.01	23.56	23.64
降雨均匀度系数/%	—	—	—	—	—	71.40	76.10
雨前 0～20cm 土壤含水率/%	14.07	11.84	11.56	6.31	12.52	12.34	15.24
径流量/mm	3.97	0.45	0.08	10.49	2.44	17.14	21.62
径流系数/%	18.51	3.63	0.34	68.41	16.92	36.38	45.73
备注	天然降雨	天然降雨	天然降雨	天然降雨	天然降雨	人工模拟降雨	人工模拟降雨

　　径流系数是指某一时段的径流深度与相应的降水深度的比值。从表 9-13 可以看出，坡地产流情况下，草地降雨的 0.33%～68.41%不能入渗，成为径流流失。可见，在干旱严重的黄土高原丘陵草地，如能有效拦蓄径流、促进降雨入渗，对改善草地生态系统的水分条件有重要意义。7 次坡地径流情况下，径流量和径流系数差异很大。径流量最高的降雨为 2006 年 9 月 19 日的人工模拟降雨，径流量为 21.62mm，径流系数为 45.73%，径流量最低的降雨是 2006 年 7 月 22 日降雨，径流量仅为 0.08mm，径流系数为 0.34%。降雨量较低的 8 月 25 日降雨，其径流系数却最高，达到 68.41%。可见，坡地产流量和径流系数变异较大，这与二者受多个因素的影响有关。

　　2）影响草地径流量和径流系数的因素

　　根据流域系统水量平衡方程，坡地降雨径流量（王礼先和朱金兆；2005）可表述为

$$R=P\cos\alpha-\mathrm{ET}-S-C \tag{9-13}$$

式中，R 为径流量（mm）；P 为降雨量（mm）；α 为坡度（°）；ET 为蒸散量（mm）；S 为入渗量（mm）；C 为植被截留量（mm）。

　　在降雨过程中，雨期蒸散量可以忽略不计。同时径流小区植被为草本，截留量少，加之径流产生时，植被截留量接近饱和，所以径流产生后，植被截留也可忽略。因此式（9-13）可简化为

$$R=P\cos\alpha-S \tag{9-14}$$

　　根据径流系数定义，径流系数（A）可表述为

$$A=R/P\cos\alpha=(P\cos\alpha-S)/P\cos\alpha=1-S/P\cos\alpha \tag{9-15}$$

　　从式（9-14）和式（9-15）可以看出，降雨量、入渗量和坡度影响着径流量

的多少及径流系数的大小。入渗量受降雨强度、土壤初始含水率、地形、土壤质地、上方来水等多因素的影响。在本试验中，7 次径流均在同一径流小区测定，坡度、地形和土壤质地一致，加上水平沟间距仅为 5m（径流小区在上下水平沟间布置），所以本研究忽略了坡度、地形、土壤质地和上方来水对径流量及径流系数的影响，主要分析降雨量、降雨强度、土壤初始含水率对径流量和径流系数的影响。

对比 7 月 22 日和 8 月 25 日降雨产流可以发现，8 月 25 日降雨量低于 7 月 22 日，比 7 月 22 日降雨少 9.1mm，雨前土壤含水率（0～20cm）也比 7 月 22 日低 5.25 个百分点，但是径流量和径流系数分别是 7 月 22 日的 131.13 倍和 201.21 倍，详见表 9-13。产生这样的现象，主要原因是 8 月 25 日降雨强度为 54.76mm/h，是 7 月 22 日的 24.12 倍，显然，降雨强度影响径流量和径流系数的大小。这与降雨强度主要在地表开始出现积水前影响湿润峰的运移速度和雨强对地表结皮的影响有关（沈冰和王文焰，1992）。

分析表 9-13 中 9 月 17 日和 9 月 19 日降雨产流情况发现，在降雨量、降雨强度相近的情况下，9 月 19 日雨前土壤表层（0～20cm）含水率高于 9 月 17 日，是 9 月 17 日的 1.24 倍，径流量和径流系数分别是 9 月 17 日的 1.26 倍和 1.26 倍，可见，雨前土壤表层含水率的高低也是影响径流量和径流系数大小的一个因素。在其他条件一致的情况下，雨前土壤表层含水率越高，径流量和径流系数就会越大。

由于试验没有测定到降雨量与径流量和径流系数的关系，为了进一步探讨径流量、径流系数和降雨强度，0～20cm 土壤含水率以及降雨量的关系，试验选择了坡面降雨量 X_1（mm）、降雨强度 X_2（mm/h）和雨前 0～20cm 土壤含水率 X_3（%）分别与径流量 Y_1（mm）和径流系数 Y_2（%）进行多元回归分析，经过逐步回归，得出以下方程：

径流量：$Y_1 = -38.9010 + 0.5421X_2 + 3.2317X_3$，相关系数 $R = 0.9805$，$F = 37.34$，$P < 0.01$

径流系数：$Y_2 = -30.5487 + 1.4708X_2 + 2.7485X_3$，相关系数 $R = 0.9786$，$F = 33.89$，$P < 0.01$

从上述方程可以看出，在坡面降雨量、降雨强度和 0～20cm 土壤含水率 3 个因子中，径流量和径流系数两个逐步回归方程均选出了降雨强度和 0～20cm 土壤含水率两个因子，这两个因子均与径流量和径流系数呈正相关，且以 0～20cm 土壤含水率对径流量和径流系数的影响最大。可见，在坡度、土壤质地、地形等因素一定的情况下，草地径流多少和径流系数的大小与降雨强度和土壤表层含水率存在明显的正相关，与坡面降雨量关系不明显，这与贺康宁等（1997）对晋西黄土残塬沟壑区水土保持林坡面产流规律的研究结论一致。

9.3.2　水平沟对草地径流的拦蓄

9.3.2.1　水平沟对草地径流的拦蓄作用

水平沟对草地径流的拦蓄作用见表 9-14，可以看出，在同等降雨量的情况下，水平沟由于地形特征，本身就可获得比封育草地较多的降雨量，当有径流产生时，水平沟又可拦蓄来自上方的径流，增加自身的入渗雨量。以径流量最小的 7 月 22 日降雨为例，在 25.90mm 的降雨量下，封育草地坡面降雨量为 23.64mm，减去径流失去的水分，封育草地的入渗量为 23.56mm。水平沟除获得 25.90mm 的全部降雨外，还拦蓄了 0.32mm 的径流量，获得的入渗量为 26.22mm，是封育草地的 1.11 倍。在径流量最大的 9 月 19 日降雨中，水平沟雨水入渗量为 138.26mm，封育草地仅入渗了 25.66mm，水平沟获得的水分是封育草地的 5.39 倍。可见，水平沟能够有效拦截坡地径流，减少坡地因径流而导致的降雨损失，提高了雨水的利用率。如果水平沟拦蓄径流的能力足够大时，其拦蓄径流的量也就随坡地径流的增加而增加。水平沟的这种特性对地处干旱半干旱地区、以降水为主要水分补给的黄土丘陵区具有十分重要的意义。

表 9-14　水平沟对坡地径流的拦蓄作用

日期（月-日）	2005 年	2006 年					
	8-11	7-15	7-22	8-25	8-27	9-17	9-19
降雨量/mm	23.50	13.60	25.90	16.80	15.80	51.63	51.80
坡面降雨量/mm	21.45	12.41	23.64	15.33	14.42	47.12	47.28
径流量/mm	3.97	0.45	0.08	10.49	2.44	17.14	21.62
草地入渗量/mm	17.48	11.96	23.56	4.84	11.98	29.98	25.66
水平沟降雨量/mm	23.50	13.60	25.90	16.80	15.80	51.63	51.80
水平沟拦蓄径流量/mm	15.88	1.80	0.32	41.95	9.76	68.55	86.46
水平沟入渗量/mm	39.38	15.40	26.22	58.75	25.56	120.17	138.26
$\dfrac{\text{水平沟入渗量}}{\text{草地入渗量}}$	2.25	1.29	1.11	12.13	2.13	4.01	5.39
备注	天然降雨	天然降雨	天然降雨	天然降雨	天然降雨	人工模拟降雨	人工模拟降雨

9.3.2.2　影响水平沟拦蓄径流量的因素

假设水平沟有足够容量能够拦蓄坡地最大径流量，忽略降雨期间的蒸散量，则水平沟增加的水分主要来自径流和降雨，可表述为

$$Q=RL/W+P=PAL\cos\alpha/W+P=P\ (1+AL\cos\alpha/W) \tag{9-16}$$

式中，Q 为水平沟入渗的总水分（mm）；P 为降雨量（mm）；A 为径流系数（%）；

R 为坡地径流量（mm）；L 为水平沟集雨坡宽（m）；W 为水平沟宽度（m）；α 为集雨坡坡度（°）。

从式（9-16）可以看出，水平沟入渗的总水分主要与降雨量、径流系数、水平沟集雨坡宽、水平沟宽度和集雨坡坡度有关。

本试验条件下，水平沟宽度、集雨坡坡度和集雨坡宽已经固定，水平沟入渗的总水分大小主要与降雨量、集雨坡径流系数有关。结合前文对草地径流系数影响因素的分析，可以认为，本试验条件下，水平沟总水分的增加量主要受降雨量、降雨强度、集雨坡地土壤表层含水率的影响。

9.3.3 拦蓄径流后水平沟土壤水分再分布

9.3.3.1 水平沟中心土壤水分变化

图 9-14A 和图 9-14B 分别为 10.49mm 和 17.14mm 径流量情况下雨后水平沟中心土壤含水率变化情况，图 9-14C 和图 9-14D 分别是这两次降雨后对照（封育草地）土壤水分变化情况，可以看出，在径流量 10.49mm 的情况下，水平沟雨后 0h 土壤水分的增加主要在 0~30cm，且以 0~10cm 土壤含水率最高。雨后 2h，0~10cm 土壤含水率明显下降，而 10~40cm 土壤含水率有不同程度的上升，比雨后 0h 增加 7.3mm。雨后 15h，0~20cm 土壤含水率均低于雨后 2h，而 30~50cm 土层含水率有稍许增加，显然下层土壤水分的增加是上层土壤水分下渗的结果。到雨后 39h，除 50~60cm 含水率有轻微增加外，其余各层土壤含水率均表现为下降或基本稳定，说明水分下渗的现象已不明显。雨后 2h，0~100cm 土壤含水率由雨后 0h 的 11.40% 降低为 10.91%，已经有 11.54% 的入渗水分损失于蒸腾蒸发和侧渗消耗，雨后 2h 后水分损失开始变慢。到雨后 144h 时水分已消耗到雨前含水量水平，土壤 0~100cm 含水量仅为雨后 0h 的 65%，整个土壤水分主要在 0~60cm

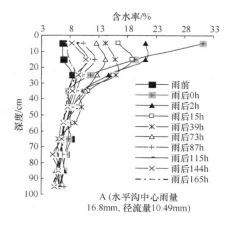

A（水平沟中心雨量
16.8mm，径流量10.49mm）

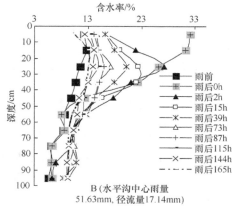

B（水平沟中心雨量
51.63mm，径流量17.14mm）

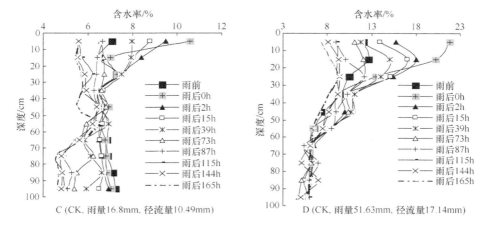

图 9-14　雨后水平沟中心土壤水分变化

变化。同等降雨情况下，封育草地土壤水分下渗的深度主要在 20～30cm，且在雨后 15h 时下渗现象已不明显。封育草地雨后 2h 消耗了入渗水分的 12.33%，到雨后 15h 时 0～100cm 土壤水分由雨后 0h 的 6.75%降低为 6.59%，整个土壤水分主要在 0～30cm 变化。

在径流量 17.14mm 的情况下，由于水平沟拦蓄的径流量增加，雨后 0～50cm 土壤水分均有不同程度的增加，上层土壤增加的水分高于下层土壤。雨后 0～73h 上层土壤水分不断下渗，到雨后 73h 时下渗深度达到 90～100cm，90～100cm 含水率由降雨前的 5.58%增加到 9.28%，增加了 66.31%。雨后 2h，0～100cm 土壤含水率由雨后 0h 的 15.94%降低为 15.05%，已经有 13.21%的入渗水分损失于蒸腾蒸发和侧渗过程，雨后 2h 后水分损失开始变慢。到雨后 165h 时，0～100cm 土壤含水率为 10.73%，比雨后 0h 低 32.68%，但仍比雨前土壤含水率（9.15%）高 1.58 个百分点。与此同时，封育草地在雨后 0～15h 时 40～60cm 土壤也得到了不同程度的水分下渗补给。雨后 2h 消耗了入渗水分的 8.95%，到雨后 87h 时 0～100cm 土壤水分已接近降雨前土壤含水率，比雨后 0h 下降了 20.17%。

9.3.3.2　距水平沟上埂 10cm 处土壤水分变化

由图 9-15A 和 9-15B 可见，在 10.49mm 径流量的情况下，雨后 0h 土壤水分的变化主要在 0～20cm 和 60～70cm 土层，0h 以后上层土壤的水分变化与封育草地类似。60～70cm 处含水率由雨前的 6.94%增加为 7.85%，比其上层土壤（50～60cm）含水率高 29.11%，比其下层土壤（70～80cm）高 14.10%，这主要与水平沟雨水的侧渗补给有关。雨后 0h 封育草地降雨入渗的水分为 4.30mm（图 9-14C），而距水平沟上埂 10cm 处土壤 0～100cm 水分增加 6.68mm，比对照（封育草地）多 2.38mm，这也表明上埂 10cm 处得到了水平沟因土壤水势高而侧渗的水分，而

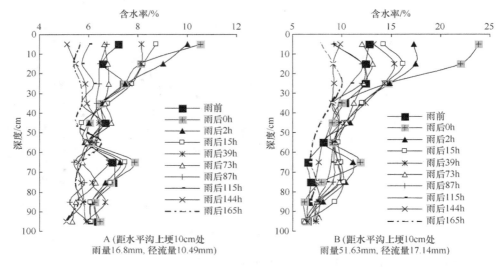

图 9-15 雨后距水平沟上埂 10cm 处土壤水分变化

且侧渗在水平沟雨水入渗时就开始发生。雨后 2h 时，60~70cm 含水率为 7.25%，0~100cm 土壤水分仍比雨前增加 5.25mm，高于对照降雨入渗的水分，说明水平沟侧渗对土壤水分增加的效果仍然存在。60~70cm 土壤在雨后 0h 到 15h 一直保持着比其上下土层含水率高的情形，到雨后 39h 后逐渐减弱。

在径流量 17.14mm 的情况下，上埂 10cm 处雨后 0~30cm 和 60~80cm 土壤水分均有不同程度的增加。60~80cm 处含水率比雨前增加 48.20%，比其上层 50~60cm 土壤含水率高 10.12%，比其下层土壤 90~100cm 高 58.94%。同等降雨情况下，封育草地降雨入渗的水分为 27.13mm（图 9-14D），比上埂 10cm 处土壤水分少 10.76mm，这表明水平沟在其雨水入渗量增加时，向上埂侧渗的水分量也在增加。雨后 2h 时，由侧渗引起的土层含水率增加的情况由先前的 60~80cm 扩大到 60~90cm，0~100cm 土壤水分比雨前高 32.12mm，说明侧渗补给水分的效果仍然明显。到雨后 15h，侧渗引起的土壤水分增加层不再明显，这主要是由于上层土壤水分也垂直下渗到 60cm 左右。

9.3.3.3 距水平沟下埂 10cm 处土壤水分变化

从图 9-16A 和图 9-16B 看出，在 10.49mm 径流量的情况下，雨后 0h 土壤获得的侧渗主要在 30~40cm，30~40cm 处含水率由雨前的 5.36% 上升为 7.37%，比其上层土壤含水率高 20.42%，比其下层土壤高 27.07%。封育草地降雨入渗的水分为 4.30mm（图 9-14C），而水平沟下埂 10cm 处雨后 0h 土壤 0~100cm 水分为 8.88mm，比对照（封育草地）多 4.58mm，这也表明下埂 10cm 处得到了比上埂 10cm 处更多的侧渗水分，这是水平沟土壤水势高和土壤水分在重力作用下沿

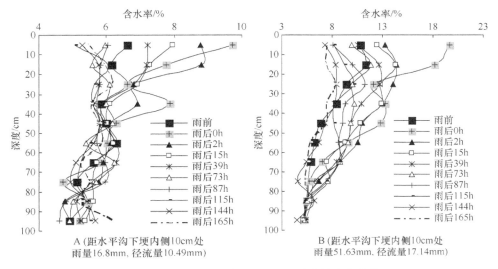

图 9-16　雨后距水平沟下埂 10cm 处土壤水分变化

坡向下运移的双重结果。雨后 2h 时，30～40cm 含水率为 6.41%，仍高于其上层和下层，0～100cm 土壤水分比雨前高 8.15mm，高于对照降雨入渗的水分，说明水平沟侧渗对土壤水分增加的效果仍然存在。雨后 15h，由于上层水分的下渗，30～40cm 土层侧渗含水率高于上层土壤的现象不再明显。

在 17.14mm 径流量的情况下，雨后 0h 距下埂 10cm 处土壤获得的侧渗主要在 30～50cm，较 10.49mm 径流量下侧渗深度加深。30～50cm 处土壤含水率由雨前的 7.67% 增加为 13.07%，比其上层（20～30cm）土壤含水率高 8.11%，比其下层（50～60cm）土壤高 37.00%。雨后 0h，对照降雨入渗的水分为 27.13mm（图 9-14D），而水平沟下埂 10cm 处土壤 0～100cm 水分为 43.08mm，比对照多 15.95mm，这也表明随着水平沟雨水入渗量的增加其对下埂补充水分的量也在加大。雨后 2h，由于上层土壤水分的垂直下渗，30～50cm 土层含水率高于 20～30cm 的现象不再明显，但是到雨后 15h 时，0～100cm 土壤水分仍比雨前高 30.21mm，高于对照降雨入渗的水分，说明雨后 15h 时水平沟侧渗对距下埂 10cm 处土壤水分增加的效果还较明显。

9.3.3.4　距水平沟上埂 20cm 处土壤水分变化

图 9-17A 和 9-17B 分别为 10.49mm 和 17.14mm 径流量情况下雨后距水平沟上埂 20cm 处土壤含水率变化情况。在 10.49mm 径流量的情况下，雨后 0h 土壤水分的变化主要在 0～20cm，与封育草地类似。雨后 0h 土壤水分的增加量为 4.87mm，与对照接近，说明上埂 20cm 在雨后 0h 时没有得到水平沟水分侧渗的补给。在径流量 17.14mm 的情况下，雨后 0h 土壤水分的变化主要在 0～30cm 土层，土壤水

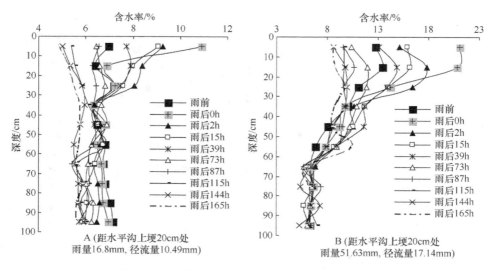

图 9-17　雨后距水平沟上埂 20cm 处土壤水分变化

分雨后增加 26.73mm，稍低于对照（封育草地）降雨入渗的水分，说明在此降雨条件下，上埂 20cm 处雨后仍然没有获得侧渗补给。在以后的观测时段内，没有发现上埂 20cm 处 0～100cm 土层深处含水量增加的现象，说明水平沟土壤水分再分布的过程中，不能侧渗到距上埂 20cm 处的 0～100cm 土层内。

9.3.3.5　距水平沟下埂 20cm 处土壤水分变化

图 9-18A 和 9-18B 分别为 10.49mm 和 17.14mm 径流量情况下雨后距水平沟下埂 20cm 处土壤含水率变化情况。在 10.49mm 径流量的情况下，雨后 0h 土壤

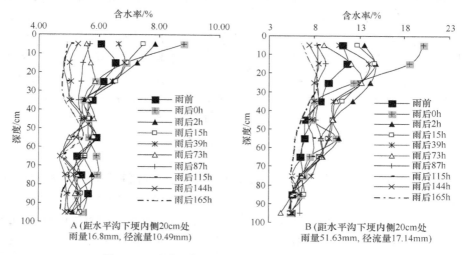

图 9-18　雨后距水平沟上埂 20cm 处土壤水分变化

水分的变化主要在 0～20cm，与封育草地类似。雨后 0h 土壤水分的增加数为 4.07mm，稍低于对照，说明下埂 20cm 处在雨后 0h 时没有得到水平沟水分侧渗的补给。在以后的观测时段内，没有发现 0～100cm 土层深处含水量增加的现象，这说明在此降雨和径流条件下，水平沟土壤水分不能侧渗到距下埂 20cm 处的 0～100cm 土层。

在径流量 17.14mm 的情况下，雨后 0h 土壤水分的变化主要在 0～30cm 和 50～60cm 土层。雨后 0h 时土壤 0～100cm 水分增加 31.36mm，高于对照（封育草地）降雨入渗量（27.13mm）。50～60cm 土层含水率比其上层土壤（40～50cm）高 17.93%，比下层（60～70cm）高 58.73%，比雨前增加 50.29%，说明此降雨条件下，水平沟水分在雨后 0h 能够侧渗到下埂 20cm 处，侧渗发生的深度在 50～60cm 土层。雨后 2h，由于上层土壤水分的下渗，50～60cm 土壤含水率高于其上下层土壤含水率的情形已消失，但此时 0～100cm 土壤水分比雨前增加 29.97mm，高于对照获得的降雨入渗，说明水平沟侧渗对水分的补给效果仍然明显。

9.4　水分平衡特征

一些地区采用的鱼鳞坑、水平沟工程整地措施与灌草立体配置模式，调蓄了土壤水分、促进了灌草植被的恢复，但也打破了原来的水平衡。由于试验没有测定鱼鳞坑对径流的拦蓄量，因此本研究主要分析封育草地和水平沟土壤的水分平衡。

9.4.1　土壤水分盈亏评价

9.4.1.1　土壤水分盈亏评价方法

生长阻滞湿度一般为田间持水量的 65%～70%。在这里取 65% 的田间持水量为生长阻滞湿度，然后按照下列公式计算土壤蓄水量的盈亏状况。

当土壤湿度低于生长阻滞湿度时，利用式（9-17）计算出亏缺土壤蓄水量：

$$Q_1 = (W-65\%×W_0)×R×H×0.1 \tag{9-17}$$

式中，Q_1 为亏缺土壤蓄水量（mm），为负值；W_0 为田间持水量（%）；W 为实测土壤质量含水率（%）；R 为土壤容重（g/cm³）；H 为土层厚度（cm）。

当土壤湿度高于田间持水量时，利用式（9-18）计算出盈余土壤蓄水量：

$$Q_2 = (W-W_0)×R×H×0.1 \tag{9-18}$$

式中，Q_2 为盈余土壤蓄水量（mm），其余含义同式（9-17）。

当土壤湿度介于生长阻滞湿度与田间持水量之间时，不做计算，此时土壤蓄水量不存在盈亏问题。

9.4.1.2 不同措施下土壤水分盈亏状况

从表 9-15 和表 9-16 可以发现，2005 年虽然降雨量高于多年平均，但是土壤水分在 7～9 月仍然表现为亏缺，其中以 7 月降雨较多，所以亏缺较小，9 月降雨少而亏缺值大。2006 年土壤蓄水量均表现为亏缺，在植物生长季节以 5～6 月亏缺值较大，9 月亏缺值较小。不同深度方面，2005 年 7～9 月封育草地在 20～40cm 亏缺值最小，在 80～100cm 最大，而水平沟 0～40cm 土壤水分亏缺值较小，80～100cm 最大，鱼鳞坑水分亏缺较小的土层是 20～60cm，最大在 80～100cm 土层，这说明 2005 年的降雨对于下层土壤有一定的水分补偿。但是也可看出，即使在降雨较多的年份，黄土丘陵区深层土壤得到雨水补给的机会也仍然很少。2006 年总体表现为下层土壤水分比上层土壤水分亏缺严重，这与 2006 年降雨少且小雨多有关。

表 9-15　不同措施下土壤水分盈亏情况（2006 年）

措施	月份	0～20cm	20～40cm	40～60cm	60～80cm	80～100cm	0～100cm
鱼鳞坑	3 月	−15.93	−14.17	−11.29	−15.02	−15.01	−14.24
	4 月	−12.72	−12.68	−11.28	−15.55	−15.96	−13.57
	5 月	−17.23	−15.48	−12.53	−14.85	−17.70	−15.50
	6 月	−23.77	−22.47	−20.90	−21.04	−19.04	−21.40
	7 月	−17.95	−13.98	−12.66	−18.03	−19.20	−16.28
	8 月	−13.33	−18.83	−18.35	−22.63	−20.51	−18.63
	9 月	−3.41	−5.99	−7.91	−15.62	−20.57	−10.54
	10 月	−18.25	−16.10	−12.48	−14.36	−15.29	−15.27
	11 月	−22.61	−19.13	−15.96	−18.32	−15.37	−18.26
	12 月	−20.39	−23.05	−18.76	−23.02	−22.59	−21.49
	平均	−16.56	−16.19	−14.21	−17.84	−18.12	−16.52
水平沟	3 月	−12.24	−12.81	−14.80	−14.52	−18.56	−14.58
	4 月	−9.41	−9.10	−14.83	−15.21	−19.34	−13.54
	5 月	−16.26	−14.06	−16.49	−16.23	−19.18	−16.46
	6 月	−20.95	−19.39	−24.08	−21.13	−21.76	−21.49
	7 月	−13.87	−11.05	−16.92	−16.34	−19.28	−15.49
	8 月	−8.94	−14.89	−22.05	−21.34	−22.63	−17.92
	9 月	−1.31	−5.89	−12.20	−13.75	−18.58	−10.26
	10 月	−16.36	−11.89	−15.75	−15.52	−19.83	−15.88
	11 月	−17.61	−16.31	−16.69	−15.99	−18.84	−17.12
	12 月	−18.22	−17.37	−21.13	−18.84	−21.45	−19.42
	平均	−13.52	−13.28	−17.50	−16.89	−19.94	−16.22

措施	月份	0～20cm	20～40cm	40～60cm	60～80cm	80～100cm	0～100cm
封育	3 月	−18.61	−15.88	−15.91	−20.65	−20.16	−18.24
	4 月	−13.96	−12.50	−16.31	−21.75	−21.97	−17.24
	5 月	−19.65	−16.77	−17.31	−21.80	−22.45	−19.59
	6 月	−24.04	−22.13	−20.95	−24.97	−23.75	−23.18
	7 月	−16.14	−14.56	−18.22	−25.61	−26.28	−20.09
	8 月	−11.44	−19.84	−25.85	−29.46	−28.01	−22.79
	9 月	−3.63	−8.60	−17.37	−25.35	−24.57	−15.73
	10 月	−17.34	−12.14	−15.47	−22.87	−22.46	−18.02
	11 月	−20.77	−18.64	−17.43	−22.91	−22.80	−20.51
	12 月	−19.83	−21.02	−22.66	−23.33	−24.58	−22.26
	平均	−16.54	−16.21	−18.75	−23.87	−23.70	−19.76

表 9-16　不同措施下土壤水分盈亏情况（2005 年）

措施	月份	0～20cm	20～40cm	40～60cm	60～80cm	80～100cm	0～100cm
鱼鳞坑	7 月	−9.44	−6.71	−4.65	−9.08	−8.56	−7.66
	8 月	−9.81	−8.61	−7.16	−11.72	−16.11	−10.60
	9 月	−17.12	−14.65	−10.21	−14.16	−14.28	−14.06
	平均	−12.12	−9.99	−7.34	−11.65	−12.98	−10.77
水平沟	7 月	−0.68	−2.54	−6.94	−6.80	−13.49	−6.03
	8 月	−5.21	−6.62	−10.86	−11.34	−17.31	−10.22
	9 月	−14.97	−13.58	−14.87	−12.76	−15.08	−14.28
	平均	−6.95	−7.58	−10.89	−10.30	−15.29	−10.18
封育	7 月	−9.08	−6.42	−10.70	−16.07	−19.39	−12.25
	8 月	−7.38	−9.44	−15.36	−22.89	−25.25	−15.93
	9 月	−20.88	−18.99	−19.36	−23.57	−24.67	−21.48
	平均	−12.45	−11.62	−15.14	−20.84	−23.10	−16.55

不同措施下，水平沟土壤的亏缺值最小，鱼鳞坑居中，封育草地最大，这表明了水平沟和鱼鳞坑措施能够改善土壤的水分条件，减少土壤水分的亏缺，而且这种改善土壤水分的优势在径流较多的 7～9 月体现得更为明显。

9.4.2　土壤水分平衡

9.4.2.1　平衡方程的确定

土壤含水量是降水、冠层截留、植物蒸腾、土壤蒸发、地表径流、地下渗漏等多种因素综合作用的结果（史长莹等，2009）。对于一个特定的土壤水分循环系统，从水分的量上分析，水分的输出主要取决于水分的输入及其在系统中的动态变化，水分输入主要是降雨、灌溉水量，输出主要包括径流、蒸腾、蒸发以及深层渗漏等。在黄土高原地区，由于地下水较深，一般不参与土壤水分循环，因此土壤水分平衡模型（杨文治和邵明安，2000）为

$$\Delta W=P-R-I-E-S \tag{9-19}$$

式中，ΔW 为测定期始、末土壤储水量的增减（mm）；P 为降雨量（mm）；R 为地表径流量（mm）；I 为冠层截留量（mm）；E 为蒸散（发）量（mm）；S 为土壤水分侧渗引起的水分支出和收入的差（mm，正值或负值）。

试验区草地植被植株低矮，所以忽略植物冠层降雨的截留，所以式（9-19）简化为

$$\Delta W=P-R-E-S \tag{9-20}$$

对于坡度 α（°）的封育草地，一些研究发现存在水分沿坡侧向下流（蒋定生和黄国俊，1986），沿坡侧向水流速度为 2～5mm/d（沈冰和王文焰，1992），毛管引力和重力作用是产生侧向沿坡下流的主要原因（Philip，1991）。而另一些研究认为黄土坡地由于土壤容重比较均一，壤中流可忽略不计（沈冰和王文焰，1992），而只有各向异性较大的土壤才会产生侧向沿坡向下的非饱和流（Jackson，1992）。基于前人研究和试验区土壤质地较为均一的情况，对于封育草地，忽略土壤水分沿坡侧向下流，所以土壤水分平衡模型为

$$\Delta W=P\cos\alpha-R-E \tag{9-21}$$

水平沟地势平坦，试验期间没有出现溢流情况，能够拦蓄封育草地降雨产生的径流，而且向上、下埂附近侧渗现象明显，所以土壤水分平衡模型为

$$\Delta W=P+R-E-S \tag{9-22}$$

考虑到水平沟水分蒸腾蒸发和侧渗均为水平沟水分支出，故将二者统一，用 ES 表示，所以水平沟土壤水分平衡模型变为

$$\Delta W=P+R-ES \tag{9-23}$$

9.4.2.2 封育和水平沟措施下土壤水分平衡

从表 9-17 可以看出，不同措施下各个时段内土壤（0～130cm）水分收支情况不尽相同。2005 年 8～9 月土壤水分形成了负平衡，且以水平沟负平衡较明显。2006 年 3 月 20 日至 6 月，水平沟和封育草地土壤水分蒸散量分别为 135.28mm 和 114.30mm，分别为同期水分收入的 1.53 倍和 1.41 倍。10 月到 12 月 10 日，水平沟和封育草地水分平衡情况与 3～6 月类似，仍以水平沟负平衡较高，只不过 10～12 月土壤水分负平衡小于 3～6 月。这也说明水平沟在 3～6 月和 10～12 月水分循环强度高于封育草地。在 2006 年 7～9 月天然降雨的情况下，封育草地和水平沟水分均为正平衡，说明土壤水分得到了短期的恢复。7～9 月有人工降雨补充的

表 9-17　不同措施下土壤水分平衡（0～130cm）

降雨条件	时间	措施	初期储水量/mm	末期储水量/mm	土壤水分增减/mm	降雨量/mm	径流量/mm	拦蓄径流量/mm	E 或 ES/mm	$\frac{E$ 或 $ES}{水分收入}$
天然降雨（2005 年）	8～9 月	封育	166.04	158.84	-7.20	98.05	3.97	0.00	101.28	1.08
		水平沟	185.4	171.27	-14.13	107.50	0.00	15.88	137.51	1.11
天然降雨（2006 年）	3 月 20 日至 6 月	封育	157.38	123.89	-33.49	80.81	0.00	0.00	114.30	1.41
		水平沟	166.26	119.58	-46.68	88.60	0.00	0.00	135.28	1.53
	7～9 月	封育	123.89	153.9	30.01	199.84	13.46	0.00	156.37	0.84
		水平沟	119.58	170.27	50.69	219.10	0.00	53.83	222.24	0.81
	10～12 月 10 日	封育	153.9	126.18	-27.72	26.64	0.00	0.00	54.36	2.04
		水平沟	170.27	133.73	-36.54	31.40	0.00	0.00	67.94	2.16
	3 月 20 日至 12 月 10 日	封育	157.38	126.18	-31.20	307.29	13.46	0.00	325.03	1.11
		水平沟	166.26	133.73	-32.53	339.10	0.00	53.83	425.46	1.08
有人工降雨（2006 年）	7～9 月	封育	123.89	165.14	41.25	256.18	30.60	0.00	184.33	0.82
		水平沟	119.58	229.56	109.98	280.83	0.00	122.38	293.23	0.73

情况下，水平沟水分消耗比例明显低于封育草地，水分循环强度降低。从 2006 年天然降雨情况下全年水分平衡情况来看，封育草地和水平沟均为水分负平衡状态，其中封育草地水分循环强度更高一些。

9.4.2.3　影响土壤水分平衡的因素

1）降雨及产流

分析表 9-18 可见，2005 年全年降水量 478.9mm，比多年平均降水量 442.7mm 高 36.2mm，2006 年全年降水量 356.1mm，比多年平均低 86.6mm，属于欠水年。2005 年 8～9 月降水中多为 <5mm 的降雨，占期间总降雨次数的 73.68%，>5mm

表 9-18　试验期间降水量及产流统计表

雨量分级		<5mm	5～10mm	10～20mm	20～30mm	>5mm	>10mm
2005 年 8～9 月	降雨次数	14	1	3	1	5	4
	降雨量/mm	23.1	8.4	52.5	23.5	84.40	76.00
	占总降雨量比例/%	21.49	7.81	48.84	21.86	78.51	70.70
	封育草地产流量/mm	0.00	0.00	0.00	3.97	3.97	3.97
	水平沟拦蓄径流量/mm	0.00	0.00	0.00	15.88	15.88	15.88
2006 年 3 月 20 日至 12 月 10 日	降雨次数	59	12	10	1	23	11
	降雨量/mm	90.8	80.10	139.50	25.90	245.50	165.40
	占总降雨量比例/%	27.00	23.82	41.48	7.70	73.00	49.18
	草地产流量/mm	0.00	0.00	13.38	0.08	13.46	13.46
	水平沟拦蓄径流量/mm	0.00	0.00	53.51	0.32	53.83	53.83

的降雨仅 5 次,>10cm 的降雨才 4 次。2006 年降水中 71.95%的降水都是<5mm 降水,其降水量占期间总降水量的 27.00%,>5mm 的降水 23 次,>10cm 的降水 11 次。若以小于 10mm 的降水为无效降水(杨文治和邵明安,2000),试验期间虽降水次数较多,但对土壤水分亏缺补偿和恢复真正有意义的有效降水次数并不多。因此,试验期间封育草地和水平沟土壤水分大多时间处在负平衡状态。

2005 年 7 月由于降雨较多,初期土壤储水量较高,而 8~9 月降雨较 7 月有所减少,因此土壤水分形成了负平衡。其间,水平沟虽然拦蓄到一次少量的径流,但其水分消耗较封育草地多,所以水分消耗占收入的比例比封育草地还高。2006 年 3 月 20 日至 6 月,由于降雨少,春季和夏初蒸腾蒸发强烈,水分消耗高于支出,水分负平衡较为突出。10 月至 12 月 10 日水分负平衡最为突出,这与秋末和冬初降雨稀少、土壤一直没有封冻、水分消耗仍然较强有关。在 7~9 月天然降雨的情况下,由于降雨多,封育草地和水平沟土壤水分消耗小于补给,土壤水分得到了短期的恢复。其间水平沟虽然获得了比封育草地多 86.55mm 的雨水量,但其水分消耗也远高于封育草地,所以其水分消耗比例仅稍低于封育草地。7~9 月有人工降雨补充的情况下,水平沟获得的雨水量比封育草地高 177.68mm,这时其水分消耗比例才明显低于封育草地。

2)降雨补给

在无径流情况下,水平沟和封育草地雨水入渗量差异不大,所以本研究主要分析有径流情况下二者雨水补给的差异。图 9-19A 和 9-19B 分别为 10.49mm 和 17.14mm 径流量情况下雨后水平沟中心土壤含水率变化情况,图 9-19C 和 9-19D 分别是这两次降雨后封育草地土壤水分变化情况。可以看出,在径流量 10.49mm 的情况下,水平沟中心雨后 0~100cm 土壤增加水分 50.61mm,含水率由雨前的 7.38%增加到 11.40%,增加了 54.47%。土壤含水率变化主要在 0~30cm 土层,0~30cm 土层土壤含水率增加 182.62%。相同降雨条件下,封育草地仅入渗 4.3mm 雨量,0~100cm 土层含水率由雨前的 6.41%增加到 6.75%。土壤含水率主要在 0~10cm 土层变化,0~10cm 土层含水率由雨前的 6.59%增加到 10.07%。本次降雨下封育草地增加的水分仅为水平沟的 8.50%。在径流量 17.14mm 的情况下,由于拦蓄径流量增加,水平沟中心雨后 0~100cm 水分增加 86.90mm,土壤含水率由雨前的 9.15%增加到 15.94%,增加了 74.21%。土壤含水率变化主要在 0~50cm 土层,0~50cm 土层土壤含水率比雨前增加 164.87%。此时封育草地仅将 27.13mm 降雨转化为土壤水,0~100cm 土层含水率由雨前的 8.29%增加到 10.41%。土壤水分的增加主要集中在 0~30cm 土层,0~30cm 土层含水率由雨前的 11.71%增加到 18.48%。本次降雨下封育草地增加的水分占水平沟的 31.23%。

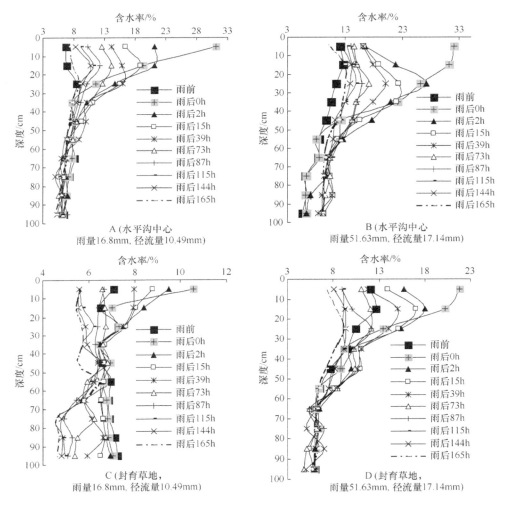

图 9-19　雨后水平沟和封育草地土壤水分变化

从图中还可看出，在径流量 10.49mm 的情况下，水平沟雨后 0～39h 土壤水分不断下渗，但是到雨后 39h 时，除 50～60cm 含水率有所增加外，其余各层土壤含水率均表现为下降或基本稳定，说明水分下渗的现象已不明显。同等降雨情况下，封育草地土壤表层水分下渗的深度主要在 20～30cm，且在雨后 15h 时下渗现象已不明显。在径流量 17.14mm 的情况下，水平沟雨后 0～73h 上层土壤水分不断下渗，到雨后 73h 时下渗深度达到 90～100cm，90～100cm 含水率由降雨前的 5.58% 增加到 9.28%，增加了 66.31%。与此同时，封育草地在雨后 0～15h，40～60cm 土壤也得到了不同程度的水分下渗补给。

从两次雨后封育草地和水平沟土壤水分差异可以看出，在有径流产生的情况下，水平沟能够比封育草地给予土壤更多的水分补给。当降雨强度增加、径流系数变大时，这种差异就更为明显。降雨产流后，封育草地和水平沟水分的补偿深度与降雨大小和径流量密切相关，但是由于强烈的蒸散和水平沟的侧渗，一次雨水补给深度较浅，即使在降雨和径流量较大的雨后，水平沟的补给深度也仅为100cm左右，封育草地就更浅。因此，正常降雨年份下，黄土高原土壤获得的降雨补给深度远远小于其蒸散作用的深度（8～10m），容易导致深层土壤水分循环负平衡。除非遇到特大丰水年，否则土壤深层干燥不易得到缓解。

3）土壤储水量

从表 9-17 可见，水平沟和封育草地 2005 年 8～9 月、2006 年 3 月下旬至 6 月和 10～12 月上旬土壤储水量一直处于负补偿状态，尤其以 2006 年 3 月下旬至 6 月土壤水分减少最多。土壤水分的增加主要在雨季，2006 年 7～9 月天然降雨和有人工降雨补充的情况下土壤水分均有不同程度增加，水平沟由于具有拦蓄径流的优势而增加较多，封育草地增加较少。在无人工降雨的情况下，2006 年 3 月下旬至 12 月上旬封育草地和水平沟土壤储水量均处于负补偿状态，且以水平沟土壤含水量减少为多，这也与 2006 年降雨较少有关。

4）蒸散（侧渗）

仍然以图 9-19 来说明水平沟和封育草地水循环中蒸散（侧渗）的支出。在降雨量 16.80mm 的情况下，雨后 2h，水平沟 0～100cm 土壤含水率由雨后 0h 的 11.40%降低为 10.91%，已经有 11.54%的入渗水分损失于蒸腾蒸发和侧渗过程中，雨后 2h 后水分损失开始变慢。到雨后 144h 时水分已消耗到雨前含水率水平，土壤 0～100cm 含水率仅为雨后 0h 的 65%。同等降雨情况下，封育草地雨后 2h 消耗了入渗水分的 12.33%，到雨后 15h 时 0～100cm 土壤水分由雨后 0h 的 6.75%降低为 6.59%，已接近降雨前土壤含水率水平。

在径流量 17.14mm 的情况下，雨后 2h，水平沟 0～100cm 土壤含水率由雨后 0h 的 15.94%降低为 15.05%，已经有 13.21%的入渗水分损失于蒸腾蒸发和侧渗过程中，雨后 2h 后水分损失开始变慢。到雨后 165h 时，0～100cm 土壤含水率为 10.73%，比雨后 0h 低 32.68%，但仍比雨前土壤含水率 9.15%高 1.58 个百分点。与此同时，封育草地雨后 2h 消耗了入渗水分的 8.95%，到雨后 87h 时 0～100cm 土壤水分已接近降雨前土壤含水率，比雨后 0h 下降了 20.17%。

分析雨后土壤含水率变化，结果表明（结合表 9-17），蒸腾蒸发（侧渗）损失随水分补给的增加而增加。水平沟虽获得的雨水补给量高，但其蒸腾蒸发（侧渗）水分消耗也高于封育草地。一次降雨对土壤水分的改善持续的时间并不长，大部分补给的水分在很短时间内被消耗。因此，作为黄土高原土壤水分支出的主要途径，强烈的蒸散是封育草地和水平沟水分循环处于负平衡的一个主要原因。此外，侧渗也加剧了水平沟水分负平衡的形成。

9.5　小　　结

9.5.1　土壤水分有效性

　　土壤水分的有效性表明各措施下有效水范围基本接近。2006 年 3～9 月土壤含水率总体在有效水范围，但是在土壤含水率最低日期（8 月 9 日）封育草地 0～100cm 土层水分低于有效水下限的情况比鱼鳞坑和水平沟普遍，说明鱼鳞坑和水平沟整地可改善土壤水分的有效性。

9.5.2　土壤水分扩散率和导水率

　　非饱和土壤水分扩散率在土壤含水量小于 0.3%时，上升缓慢，当土壤含水量增大到 0.35%以上时，随含水量的增加而迅速升高。扩散率表现为鱼鳞坑 0～40cm>水平沟 0～40cm>封育草地 0～40cm>水平沟 40～80cm>鱼鳞坑 40～80cm>封育草地 40～80cm，但经方差分析，各措施下不同土层土壤水分扩散率的拟合曲线参数之间差异不显著（$P>0.05$）。土壤导水率表现为水平沟 0～40cm 最大，说明其在集水压力下，下渗最快，鱼鳞坑 0～40cm 次之，水平沟 40～80cm 最小，其余处理居中。

9.5.3　土壤水分入渗特性

　　（1）对双环法测定的土壤水分入渗数据拟合过程中，Philip 入渗公式拟合的精度高于 Kostiakov 入渗经验公式和 Horton 入渗经验公式，Horton 入渗经验公式的精度最低，且在试验初期与实测值之间的差距较大，不能很好地反映试验初期土壤水分入渗的情况。
　　（2）鱼鳞坑、水平沟和封育草地的土壤水分入渗速率随入渗时间而变化，均表现为初期最大，中间逐渐减缓，最终趋于稳定。
　　（3）目前测定土壤水分入渗速率的方法主要有双环法（注水法）、水文法和人工降雨法（赵西宁和吴发启，2004）。双环法测定土壤入渗时，因其具有一定的水层厚度，所以是一种有压入渗，反映土壤本身的入渗特性。试验考虑到鱼鳞坑和水平沟特殊的地形条件，双环法所测定的土壤入渗速率与人工降雨法测定的土壤入渗速率之间呈线性函数关系，且相关性较高（吴发启等，2003；蔡进军等，2005）。因此，试验采用了双环法测定草地土壤入渗速率，测定值虽然可能偏高，但仍能说明三种措施下土壤水分入渗性能的高低。试验表明水平沟土壤的初始入渗速率最大，鱼鳞坑次之，封育草地最小；鱼鳞坑的稳定入渗速率和平均入渗速率最大，水平沟次之，封育草地最小。经方差分析发现，鱼鳞坑和水平沟之间入渗速率差异不显著，二者均与封育草地入渗速率差异极显著，说明鱼鳞坑和水平沟整地后土壤水分入渗性能显著提高。

9.5.4 土壤水分动态和变异

（1）三种措施下，土壤水分在季节上的变化与降雨和蒸散密切相关。根据土壤水分的季节变化，可将 2006 年试验期间水分的变化分为三个阶段：3 月中旬至 6 月春季和夏初土壤水分强烈蒸发丢失期；7～9 月夏秋土壤水分蓄积期；10～12 月上旬秋末冬初土壤水分缓慢蒸发期。

（2）黄土高原土壤水分亏缺的补偿和恢复主要在雨季，暴雨和微雨对土壤水分的补给作用较小，只有降雨强度适中、历时长、雨量大的降雨过程才能有较多的降雨入渗补给土壤水分，土壤水分的恢复程度和深度又因各年降雨的丰欠与有效降雨的多寡而存在明显差异（杨文治和邵明安，2000）。2005 年降水量为 478.9mm，比 2006 年多 122.8mm，比多年平均降水量多 36.2mm，7～9 月比 2006 年同期高 21.5mm。2006 年试验区全年总降水量 354.5mm，仅占多年平均降水量（442.7mm）的 80.08%，且试验期间降水量多小于 5mm，所以各措施下土壤含水率较 2005 年低。不同措施下，土壤水分表现为水平沟含水率最高，鱼鳞坑居中，封育草地最低，这在降雨较多的时期差异更为明显。水平沟与鱼鳞坑土壤含水率高于封育草地的主要原因是这两种措施能够调控水分，拦蓄坡地径流。水平沟与鱼鳞坑土壤水分的差异可能与各自集雨坡的特点有关。可见，与封育相比，水平沟和鱼鳞坑措施可显著改善草地土壤水分条件，即使在欠水年（2006 年）也显示出了集雨的优点，在降雨较多的年份（2005 年）体现得就更为明显。

（3）三种措施下土壤水分含量在垂直剖面方向上变异大小存在差异，0～40cm 土壤含水率变幅以封育草地最大，鱼鳞坑次之，水平沟最小；40～100cm 土壤含水率变异系数以鱼鳞坑最高，封育草地次之，水平沟最低；100～200cm 变异系数以鱼鳞坑最高，水平沟居中，封育草地最低。三种措施下土壤含水率在不同深度上变异幅度不同是整地措施、植物利用和雨水入渗等因素的综合结果。0～40cm 土壤是草本植物根系的主要分布层，土壤水分受降水、蒸发及植物利用等因素的影响而变化剧烈，是水分变化不稳定的层次。40～100cm 是植物根系的分布层和吸水层，也是植物生长发育旺盛的主要供水源和贮水库，受植物根系的影响变化较大。100cm 以下是植物深层根系分布层，土壤含水量变化很小，其含水量一般高于上层，主要是调节上下层土壤水分的供给与积蓄，土壤水分除被根系直接吸收外，在正常条件下受上层水分变化的影响很小，成为土壤水分消耗和补充的源与汇，也就是通常所说的"土壤水库"（张玉斌等，2005）。2006 年试验区多为小雨，对表层土壤含水率影响较大，对深层土壤含水率影响不大，加上封育草地和鱼鳞坑植物生物量均高于水平沟，因而对 0～100cm 土壤水分消耗较多。鱼鳞坑和水平沟整地后引起土壤非毛细管孔隙增加，有利于降水向下渗透。同时，水平沟和鱼鳞坑具有拦蓄径流的特征，以及鱼鳞坑径流坡面的差异性会导致土壤水分发生不同变化。

（4）三种措施下不同时间段内土壤水分的垂直变化存在差异。2005 年 7～9 月土壤垂直剖面上水分以 10～30cm 较高，2006 年 3～6 月、10～12 月上旬土壤水分垂直变化总体上表现出随深度的增加呈上升—下降—缓慢上升的变化规律。7～9 月土壤 0～100cm 整体上表现出随深度的增加含水率呈下降趋势。2006 年，各措施下 0～40cm 土壤水分含量与 40～100cm 的差异在 7～9 月最明显，3～6 月和 10～12 月差异减弱。2005 年 7～9 月各措施下 0～40cm 土壤水分含量与 40～100cm 的差异小于 2006 年同期。同时，两年间的 7～9 月，0～40cm 土壤水分含量与 40～100cm 的差异均表现为封育草地最大，水平沟最小，这说明不同措施下土壤水分垂直变化主要与降雨和土壤水分消耗有关。

（5）封育草地土壤水分表现为下坡>中坡>上坡，鱼鳞坑和水平沟整体表现为中坡>上坡>下坡，但是水平沟、鱼鳞坑上坡土壤含水率与下坡无明显差异，产生这样的结果与试验区坡面特征有关。试验区坡面表现为下坡坡度较缓，而中上坡坡度较大。因此，降雨时下坡封育草地就能渗入更多的水分，产生较少的径流，而中上坡就会产生更多的径流流入鱼鳞坑或水平沟，从而导致土壤入渗水分减少。2005 年和 2006 年降雨产流情况、坡面水分侧向沿坡下流特征（蒋定生和黄国俊，1986）、随着坡位海拔上升风速增加引起水分消耗增加等因素可能引起水平沟、鱼鳞坑上坡土壤含水率在 2005 年仅稍高于下坡，在 2006 年则稍低于下坡。

9.5.5 水分循环

（1）不同降雨情况下封育草地径流量和径流系数差异很大。在坡度、土壤质地、地形等因素一定的情况下，径流多少和径流系数的大小与降雨强度和土壤表层含水率存在明显的正相关，与坡面降雨量关系不明显。

（2）水平沟能够有效拦截坡地径流，减少封育草地因径流而导致的降雨损失，提高了雨水的利用率。水平沟总水分的增加量主要与降雨量、降雨强度、集雨坡地土壤表层含水率有关。

（3）拦蓄径流后，水平沟蒸腾蒸发和侧渗水分损失与水分垂直下渗同时发生。由于蒸发和再分布向深层传递的滞后性，深层土壤出现的变化较小。水分垂直下渗的深度与土壤入渗的雨量密切相关，水分消耗随入渗雨量的增加而增加。雨后 0～2h 是整个雨后蒸腾蒸发等水分损失最为强烈的阶段，2h 后开始变慢。雨后一定时间内, 水平沟水分损失量高于封育草地, 其土壤水分变化幅度也高于封育草地。由于强烈的水分消耗, 封育草地水分只能得到短暂的补给, 相比而言, 水平沟入渗的雨量高于封育草地, 虽其损失水分较多, 但得到的水分补给时间仍长于封育草地。

(4) 在土壤水势梯度的作用下, 雨水入渗发生的同时, 水平沟土壤水分向上埂侧渗也在进行。由于坡地的坡度和水平沟的地形特征, 上埂 10cm 处获得的侧渗水分一般在 60cm 以下土层, 侧渗的深度主要与侧渗量的大小有关。与对照相比, 在侧渗的作用下, 上埂 10cm 处土壤含水率下降减慢, 比对照 (封育草地) 推迟达到雨前含水率。可见, 水平沟不仅能够拦蓄径流改善自身的土壤水分条件, 还将一部分水分通过侧渗来改善上埂深层土壤的水分条件。在 10.49mm 和 17.14mm 径流量情况下, 雨后 0~165h 距水平沟上埂 20cm 处 (0~100cm 土层) 没有获得水平沟侧渗补给的水分。这可能有两种情况, 一种是侧渗距离没有达到上埂 20cm 处, 另一种情况是侧渗到上埂 20cm 处的 100cm 以下土层, 这还有待于进一步研究。

(5) 在土壤水势梯度和重力的双重作用下, 雨水入渗的同时, 水平沟土壤水分向下埂的侧渗也在进行。其向下埂土壤侧渗的距离和侧渗水分的多少, 与水平沟降雨和拦蓄的入渗量有关, 还与水分在重力作用下发生的沿坡向下运移有关。由于坡地的坡度和水平沟的地形特征, 距下埂 10cm 处获得的水分侧渗深度在 30~50cm, 距下埂 20cm 处侧渗的深度一般在 50cm 土层以下, 侧渗补偿的深度较上埂相应位置浅, 但是侧渗量高。在侧渗的作用下, 下埂 10cm 处土壤含水率下降减慢, 比对照 (封育草地) 推迟达到雨前含水率。

9.5.6 土壤水分盈亏评价

2005 年 7~9 月和 2006 年 3~12 月各措施下土壤水分都表现为不同程度的亏缺, 2006 年植物生长季节以 5~6 月亏缺值较大, 9 月亏缺值较小。不同深度方面, 2006 年 7~9 月表层土壤水分亏缺值较小, 深层土壤较大, 但是 2005 年同期水分亏缺最小值基本出现在土壤表层以下。不同措施下, 水平沟土壤的亏缺值最小, 鱼鳞坑居中, 封育草地最大, 说明了水平沟和鱼鳞坑措施能够改善土壤的水分条件, 减少土壤水分的亏缺, 而且这种改善土壤水分的优势在径流较多的 7~9 月体现得更为明显。

本试验中, 不同处理下土壤水分均表现为亏缺, 即使在降雨最多的 7~9 月也没有出现土壤水分的盈余, 这与黄土高原降雨和蒸发蒸腾特征有关。黄土高原降雨少, 一般只能湿润土壤上部 1~3m, 而黄土高原地区蒸发蒸腾作用层深度可达 8~10m, 即使在丰水年, 其亏缺量也难以得到完全补充恢复 (李玉山, 1983, 2001)。

同时，黄土高原雨季主要在 6～9 月，此时气温高，植物生长旺盛，降雨主要被蒸发蒸腾所消耗，难以发挥补偿、恢复深层土壤水分的作用，易导致深层土壤的干燥化。

9.5.7　土壤水分平衡

土壤水分平衡主要受雨水入渗量和蒸腾蒸发等支出的影响。当土壤水分补给增加时，其消耗也在增加，土壤水分含量的增减主要取决于补给和消耗的净效应。水平沟对土壤水分的增加作用主要在雨季，除雨季外，一年中大多数时间水平沟和封育草地 0～130cm 土壤水分都处于负平衡。在降雨少、径流量小的情况下水平沟比封育草地更易形成负平衡，这与水平沟整地后，土壤变得比封育草地疏松，持水性下降有关。当径流量较大时，水平沟水分支出比例才低于封育草地。

（1）试验期虽然降雨次数多，但多为<10mm 的无效降雨，对土壤水分亏缺补偿和恢复真正有意义的有效降水次数并不多，因此试验期间封育草地和水平沟土壤水分亏缺严重。

（2）有径流产生后，水平沟能够比封育草地给予土壤更多的水分补给，径流量高时，这种差异就更为明显。由于强烈的蒸散和水平沟的侧渗，一次降雨补给深度较浅，即使在降雨和径流量较大的雨后，水平沟的补给深度也仅为 100cm 左右，封育草地就更浅。因此，正常降雨年份下，易导致深层土壤水分循环处于负平衡。

（3）土壤储水量方面，2005 年 8～9 月、2006 年 3 月下旬至 6 月和 10～12 月上旬土壤储水量一直处于负补偿状态，尤其以 2006 年 3 下旬至 6 月土壤水分减少最多。土壤水分的增加主要在雨季，2006 年 7～9 月天然降雨和有人工降雨补充的情况下土壤水分均有不同程度增加，水平沟增加较大，封育草地增加较小。2006 年 3 月下旬到 12 月上旬封育草地和水平沟土壤储水量均处于负补偿，且以水平沟土壤水量减少为多，这也与 2006 年降雨较少有关。

（4）蒸腾蒸发（侧渗）损失随水分补给的增加而增加。水平沟虽获得的雨水补给量高，但其水分消耗也高于封育草地。一次降雨对土壤水分的改善持续的时间并不长，大部分补给的水分在很短时间内被消耗。强烈的蒸散是封育草地和水平沟水分循环处于负平衡的一个主要原因。此外，侧渗也加剧了水平沟水分负平衡的形成。

参 考 文 献

蔡进军，张源润，王月玲，等. 2005. 坡地雨水资源潜力分析及径流侵蚀的动态变化. 水土保持学报，19(4): 44-46.

郭元裕. 1997. 农田水利学. 3 版. 北京: 中国水利水电出版社: 62-63.

贺康宁，张建军，朱金兆. 1997. 晋西黄土残塬沟壑区水土保持林坡面径流规律研究. 北京林业大学学报, 9(4): 2-6.

胡梦珺, 刘文兆, 赵姚阳. 2003. 黄土高原农、林、草地水量平衡异同比较分析. 干旱地区农业研究, 21(4): 113-116.

蒋定生, 黄国俊. 1986. 黄土高原土壤入渗速率的研究. 土壤学报, 23(4): 299-305.

蒋定生, 刘梅梅, 黄国俊. 1987. 降水在凸-凹形坡上再分配规律初探. 水土保持通报, 7(1): 45-50.

雷自栋, 杨诗秀, 谢森传. 1988. 土壤水动力学. 北京: 清华大学出版社: 19-24.

李玉山. 1983. 黄土区土壤水分循环特征及其对陆地水分循环的影响. 生态学报, 3(2): 91-101.

李玉山. 2001. 黄土高原森林植被对陆地水循环影响的研究. 自然资源学报, 16(5): 427-432.

沈冰, 王文焰. 1992. 降雨条件下黄土坡地表层土壤水分运动实验与数值模拟的研究. 水利学报, 23(6): 29-35.

史长莹, 李占斌, 李鹏, 等. 2009. 不同土地利用对黄土区小流域坡沟系统土壤水分变化及水盐的响应. 水土保持学报, 23(2): 42-46.

王健, 吴发启, 孟秦倩, 等. 2006. 不同利用类型土壤水分下渗特征试验研究. 干旱地区农业研究, 24(6): 159-162.

王礼先, 朱金兆. 2005. 水土保持学. 2 版. 北京: 中国林业出版社: 52.

吴发启, 赵西宁, 崔卫芳. 2003. 坡耕地土壤水分入渗测试方法对比研究. 水土保持通报, 23(3): 39-41.

吴钦孝, 韩冰, 李秧秧. 2004. 黄土丘陵区小流域土壤水分入渗特征研究. 中国水土保持科学, 2(2): 1-5.

夏晓平, 信忠保, 赵云杰, 等. 2018. 北京山区河岸植被的水土保持效益. 水土保持学报, 32(5): 71-77, 83.

杨文治, 邵明安. 2000. 黄土高原土壤水分研究. 北京: 科学出版社: 40-160.

张玉斌, 曹宁, 武敏, 等. 2005. 黄土高原南部水平梯田的土壤水分特征分析. 中国农学通报, 21(8): 215-220.

赵西宁, 吴发启. 2004. 土壤水分入渗的研究进展和评述. 西北林学院学报, 19(1): 42-45.

赵秀兰, 邹立尧. 2003. 黑龙江省农田土壤蓄水量盈亏值时空变化规律研究. 中国农业气象, 24(3): 44-48.

Jackson C R. 1992. Hillslope infiltration and lateral downslope unsaturated flow. Water Resources Research, 28(9): 2533-2539.

Philip J R. 1991. Hillslope infiltration: planar slopes. Water Resources Research, 27(1): 109-117.

第10章 人工修复过程中草地小气候和植物蒸腾变化

探讨鱼鳞坑、水平沟整地和封育措施对小气候和植物蒸腾蒸发的影响具有一定意义（容丽等，2006；张国盛，2000；张华等，2006），研究可摸清不同措施下小气候和植物蒸腾、棵间蒸发的差异程度，对分析土壤水分的变化特征具有一定的意义。

10.1 草地小气候变化

10.1.1 地上20cm处风速

10.1.1.1 不同措施下地上20cm处风速

从表10-1可见，三种措施下，凌晨2:00时各处理风速差异不显著（$P>0.05$）。8:00和20:00时封育草地风速最高，鱼鳞坑和水平沟较低（$P<0.05$）。14:00时仍以封育草地风速最大，鱼鳞坑次之，水平沟最小，总体达到极显著差异（$P<0.01$）。从一天的平均风速来看，封育草地的地上20cm处风速在三种措施下最大，鱼鳞坑措施风速居中，水平沟风速最低。三种措施下风速的差异主要与各自的地形特征有关，水平沟和鱼鳞坑措施对近地面风速的降低有明显作用，这对减少土壤水分散失具有一定意义。

表10-1 不同措施下地上20cm处风速

措施	2:00	8:00		14:00		20:00	
	风速/（m/s）	风速/（m/s）	多重比较	风速/（m/s）	多重比较	风速/（m/s）	多重比较
鱼鳞坑	0.34	0.47	b	0.60	b	0.37	b
水平沟	0.31	0.36	b	0.51	c	0.38	b
封育	0.35	0.63	a	0.79	a	0.45	a
F值	0.32NS	27.22*		83.62**		13.50*	

注：同列数据后字母不同表示差异显著（$P<0.05^{*}$）或极显著（$P<0.01^{**}$），NS为差异不显著，下同

10.1.1.2 不同坡位地上20cm处风速

相同措施不同坡位风速情况见表10-2，可以看出，水平沟和封育措施下，风

速虽表现出上坡>中坡>下坡的趋势，但各坡位间差异不显著。鱼鳞坑措施下，上坡风速显著大于中坡和下坡，中坡和下坡风速无显著差异（$P>0.05$），可能与鱼鳞坑上下坡地形特征不均一有关。

表 10-2 相同措施不同坡位地上 20cm 处风速

坡位	鱼鳞坑		水平沟	封育草地
	风速/（m/s）	多重比较	风速/（m/s）	风速/（m/s）
上坡	0.58	a	0.47	0.61
中坡	0.38	b	0.36	0.59
下坡	0.36	b	0.34	0.48
F 值	33.78**		9.39NS	3.26NS

10.1.2 地上 20cm 处气温

10.1.2.1 不同措施下地上 20cm 处气温

不同措施下 2:00、8:00、14:00 和 20:00 地上 20cm 处气温情况见表 10-3，从中可以看出，封育、水平沟、鱼鳞坑三种措施下 2:00 气温差异不显著（$P>0.05$）。8:00 时鱼鳞坑和水平沟气温较高，显著高于封育草地（$P<0.05$）。14:00 时水平沟气温最高，鱼鳞坑次之，封育草地最低，总体达到极显著差异（$P<0.01$）。20:00 时鱼鳞坑气温又显著高于水平沟和封育草地（$P<0.05$）。从一天的平均气温来看，水平沟措施下气温最高，鱼鳞坑措施气温居中，封育草地气温最低。

表 10-3 不同措施下不同时间地上 20cm 处气温

措施	2:00	8:00		14:00		20:00	
	气温/℃	气温/℃	多重比较	气温/℃	多重比较	气温/℃	多重比较
鱼鳞坑	20.38	22.28	a	30.27	b	23.62	a
水平沟	20.49	22.21	a	30.75	a	23.48	b
封育	20.35	22.08	b	29.93	c	23.43	b
F 值	8.59NS	23.91*		81.15**		30.18*	

10.1.2.2 不同坡位地上 20cm 处气温

相同措施不同坡位地上 20cm 处气温情况见表 10-4，可以看出，坡位对气温产生了明显的影响。鱼鳞坑措施下，气温从下坡到上坡明显降低，坡位间差异极显著（$P<0.01$）。水平沟和封育措施下，中坡和下坡气温无明显差异（$P>0.05$），但两种措施下均以上坡温度最低（$P<0.01$）。各处理中，气温最高的样地是中坡水平沟，最低的是下坡封育草地。

表 10-4　相同措施不同坡位地上 20cm 处气温

坡位	鱼鳞坑		水平沟		封育草地	
	气温/℃	多重比较	气温/℃	多重比较	气温/℃	多重比较
上坡	23.78	c	23.87	b	23.61	b
中坡	24.23	b	24.43	a	24.06	a
下坡	24.41	a	24.41	a	24.17	a
F 值	206.44**		71.94**		161.11**	

10.1.3　地上 20cm 处相对湿度

10.1.3.1　不同措施下地上 20cm 处空气湿度

不同措施下 2:00、8:00、14:00 和 20:00 地上 20cm 处空气湿度见表 10-5，可以看出，封育、水平沟、鱼鳞坑三种措施下 2:00 和 14:00 空气湿度差异不显著（$P>0.05$）。但是 8:00 时封育草地和水平沟空气湿度较高，极显著高于鱼鳞坑（$P<0.01$），到了 20:00 时水平沟空气湿度最高，封育草地次之，鱼鳞坑最低，总体达到极显著差异（$P<0.01$）。分析一天的平均空气湿度发现，封育措施下空气湿度最高，水平沟措施下空气湿度居中，鱼鳞坑措施下空气湿度最低。空气湿度在不同措施下 2:00 和 14:00 时无差异与这个时段空气湿度都达到（接近）了一天中的最小或最大值有关。

表 10-5　不同措施下不同时间地上 20cm 处空气湿度

措施	2:00	8:00		14:00	20:00	
	湿度/%	湿度/%	多重比较	湿度/%	湿度/%	多重比较
鱼鳞坑	87.22	79.73	b	54.94	75.20	c
水平沟	87.75	80.67	a	54.03	76.13	a
封育	87.56	80.73	a	55.43	75.64	b
F 值	7.35NS	44.40**		6.28NS	181.72**	

10.1.3.2　不同坡位地上 20cm 处空气湿度

鱼鳞坑措施下，上坡、中坡、下坡空气湿度无显著差异（$P>0.05$），这可能与鱼鳞坑自身低洼的地形特征有关。水平沟和封育草地不同坡位空气湿度有较大差异，见表 10-6。水平沟中坡空气湿度较低（$P<0.05$），上坡和下坡差异不显著（$P>0.05$）。封育草地以上坡空气湿度最高，下坡次之，中坡最低，差异达到极显著（$P<0.01$）。水平沟和封育草地空气湿度在不同坡位的差异总体与其气温高低有关。

表 10-6　不同坡位地上 20cm 处空气湿度

坡位	鱼鳞坑	水平沟		封育草地	
	湿度/%	湿度/%	多重比较	湿度/%	多重比较
上坡	74.15	75.44	a	75.51	a
中坡	74.63	73.77	b	74.05	c
下坡	74.03	74.73	a	74.96	b
F 值	4.20NS	25.02*		69.35**	

10.2　地温变化

10.2.1　不同措施下地温变化

地温的日变化主要取决于太阳辐射和地面反射的平衡。从图 10-1（A、B、C 和 D）地温日变化情况可以看出，三种措施下地表、地下 5cm、地下 15cm 和 0～15cm 温度在一天中的变化规律基本一致，但是相同措施下，地表温度和地下温度一天中变化规律不尽相同。地表温度在 2:00 时较低，到 14:00 时较高。地下 5cm 和

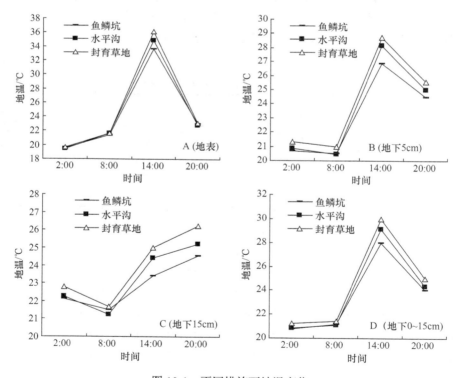

图 10-1　不同措施下地温变化

15cm 在 8:00 时较低，到 14:00（地下 5cm 处）或 20:00（地下 15cm 处）温度较高。显然，随着深度的增加，最高温或最低温出现的时间有明显的延后性。三种处理措施下，不同深度的土壤温度均表现为封育草地>水平沟>鱼鳞坑，这在土层温度达到较高值时体现得更为明显。将 0～15cm 地温平均后发现，2:00 时鱼鳞坑、水平沟和封育草地的地温分别为 20.78℃、20.84℃和 21.25℃，到了 14:00 时分别为 27.98℃、29.17℃、29.97℃，鱼鳞坑和水平沟分别比封育草地低 1.99℃和 0.8℃。同时也可看出，在 0～15cm 土壤中，越接近下层土壤温度差异越明显。可见，鱼鳞坑和水平沟措施能够降低夏季高温期的土壤温度，减缓土壤水分运动。造成鱼鳞坑与水平沟地温较封育草地低的主要原因可能是鱼鳞坑和水平沟埂的遮阴作用。

10.2.2　不同坡位地温变化

不同坡位地温变化情况见图 10-2，可以看出，封育草地在各坡位下总体上表现为中坡地温最高，鱼鳞坑和水平沟各坡位下不同深度地温变化无明显规律性，这可能与随着深度的增加最高温或最低温出现的延后性、不同坡位获得的日照长短不同等有关。

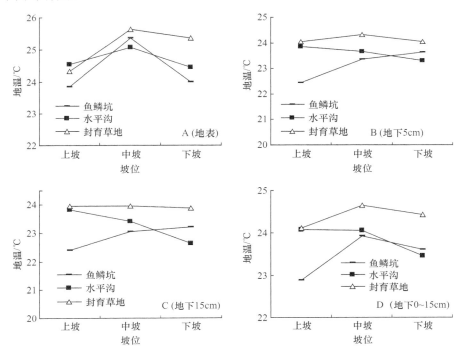

图 10-2　不同坡位地温变化

10.3 草地蒸散变化

10.3.1 棵间蒸发

10.3.1.1 棵间蒸发量

不同措施下棵间蒸发量见图 10-3，不同坡位棵间蒸发量方差分析见表 10-7。不同措施下，棵间蒸发量虽表现为水平沟>鱼鳞坑>封育草地的趋势，但经方差分析发现，各措施下差异不显著（$P>0.05$）。

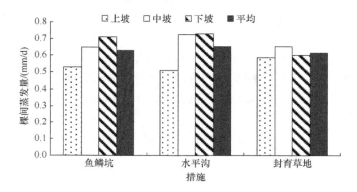

图 10-3　不同措施下棵间蒸发量

表 10-7　不同坡位棵间蒸发量方差分析

坡位	鱼鳞坑		水平沟		封育草地
	蒸发量/（mm/d）	多重比较	蒸发量/（mm/d）	多重比较	蒸发量/（mm/d）
上坡	0.53	b	0.51	b	0.59
中坡	0.65	a	0.72	a	0.65
下坡	0.71	a	0.73	a	0.60
F 值	29.12*		27.38*		1.48NS

注：同列数据后字母不同表示差异显著（$P<0.05$*），NS 为差异不显著

不同坡位下，鱼鳞坑和水平沟下坡棵间蒸发量最高，中坡居中，上坡最低，总体达到显著差异（$P<0.05$），但下坡和中坡差异不显著（$P>0.05$）。封育情况下，各坡位棵间蒸发量虽有差异，但差异不显著（$P>0.05$）。

10.3.1.2 棵间蒸发量和小气候的关系

棵间蒸发受多个环境因子的影响，为了进一步探讨本试验条件下棵间蒸发量与环境因子的关系，试验选择 0～15cm 地温 X_1（℃）、地上 20cm 风速 X_2（m/s）、地上

20cm 空气湿度 X_3（%）、地上 20cm 气温 X_4（℃）和 0～40cm 土壤含水率 X_5（%）与棵间蒸发量 Y（mm/d）进行多元回归分析，经过逐步回归，得到以下方程：

$$Y=-4.4804+0.2023X_4+0.0206X_5 \qquad 相关系数\ R=0.8608，F=8.58，P<0.05$$

从方程可以看出，在各因子的相互作用下，逐步回归共选出了 2 个因子，分别是地上 20cm 处气温和 0～40cm 土壤含水率。因此，本试验条件下，棵间蒸发量与上述 2 个因子关系较明显，且都呈正相关。选出的 2 个因子中，以地上 20cm 处气温对棵间蒸发的影响较大，0～40cm 土壤含水率影响较小。其余因子在本试验情况下与棵间蒸发量的关系不明显。

10.3.2　5 种主要牧草蒸腾速率

10.3.2.1　不同措施下 5 种主要牧草的蒸腾速率

试验采用英国产 CIRAF-1 型便携式光合测定系统和离体快速称重法两种方法测定牧草蒸腾速率，但是从测定结果看，CIRAF-1 型便携式光合测定系统测定的蒸腾速率极不稳定，平行样之间的数据差异很大。这可能是因为所选的 CIRAF-1型便携式光合测定系统为固定叶室，大部分牧草叶片较小，在实际测定中很难将数片叶子均匀无间隙地平铺于叶室中，造成测定结果变动较大。离体快速称重法测定的值较为稳定，因此本试验采用离体快速称重法的测定结果进行分析。

从图 10-4 可以看出，5 种主要牧草在不同措施下蒸腾速率差异较大，整体上长芒草在三种措施下蒸腾速率较低，蒸腾速率为 0.528～0.869g/（h·g DM），达乌里胡枝子蒸腾速率较高，为 1.180～1.474g/（h·g DM），其他牧草蒸腾速率介于这两种牧草之间。相同措施下，不同牧草蒸腾速率的差异主要与牧草本身的生物学特性有关。

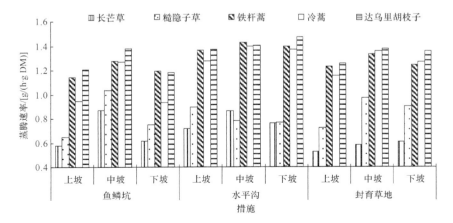

图 10-4　不同措施下 5 种主要牧草的蒸腾速率

将相同措施下 5 种主要牧草的蒸腾速率予以平均，结果发现三种措施下水平沟措施的牧草平均蒸腾速率最大，为 1.151g/（h·g DM），封育草地次之，为 1.052g/（h·g DM），鱼鳞坑最小，为 1.001g/（h·g DM）。可见，水平沟通过蒸腾消耗的水分高于封育和鱼鳞坑。

蒸腾速率在不同坡位上也有一定差异，鱼鳞坑措施下，5 种牧草均表现为中坡蒸腾速率最高，上坡和下坡较低。水平沟措施下，糙隐子草表现为从上坡到下坡逐渐下降，而达乌里胡枝子表现为逐渐上升，其他三种牧草表现为中坡蒸腾速率最高，上、下坡较低。封育草地样地中，除达乌里胡枝子表现为随坡位的下降蒸腾速率增加外，其余 4 种牧草随坡位增加均呈现先上升后下降的变化规律。不同坡位牧草蒸腾速率变化的差异除与牧草本身特性有关外，还与各坡位气温、风速、土壤含水率等因子有关。

10.3.2.2 蒸腾速率和小气候的关系

蒸腾速率受多个环境因子的影响，为了进一步探讨本试验条件下蒸腾速率与环境因子的关系，试验分别对鱼鳞坑、水平沟和封育草地 0～15cm 地温 X_1（℃）、地上 20cm 风速 X_2（m/s）、地上 20cm 空气湿度 X_3（%）、地上 20cm 气温 X_4（℃）和 0～40cm 土壤含水率 X_5（%）与各自样地中 5 种主要牧草的平均蒸腾速率 Y[g/（h·g DM）]进行多元回归分析，经过逐步回归，得出下列方程：

鱼鳞坑：$Y = -2.2556 + 0.2942X_5$　　相关系数 $R = 0.9986$，$F = 344.34$，$P < 0.05$
水平沟：$Y = 0.7907 + 0.0297X_5$　　相关系数 $R = 0.9974$，$F = 195.27$，$P < 0.05$
封育草地：$Y = -5.7592 + 0.2796X_1$　　相关系数 $R = 0.9981$，$F = 265.87$，$P < 0.05$

从上述方程可以看出，在 5 个因子的相互作用下，各措施下逐步回归仅选出了 1 个因子。鱼鳞坑和水平沟措施下，蒸腾速率与 0～40cm 土壤含水率关系最为密切，而封育措施下，蒸腾速率与 0～15cm 的地温关系最密切，且呈正相关。

将三种措施下蒸腾速率与上述各因子整体进行多元逐步回归，得到以下方程：

$Y = -1.9085 + 0.0692X_1 + 0.1154X_5$　　相关系数 $R = 0.8663$，$F = 9.02$，$P < 0.05$

可见，本试验条件下，0～15cm 土壤温度和 0～40cm 土壤含水率与植物的蒸腾速率密切相关，且呈正相关。在 0～15cm 土壤温度和 0～40cm 土壤含水率 2 个因子中，又以土壤含水率与蒸腾速率关系更为密切。因此，蒸腾作为水分消耗的主要途径，当土壤含水率高时，土壤通过蒸腾途径消耗的水分也就升高。

10.4　小　　结

（1）地上 20cm 处一天中封育草地的风速最大，鱼鳞坑措施风速居中，水平沟风速最低。水平沟和封育措施下，风速在各坡位间差异不显著。鱼鳞坑措施下，上坡风速显著大于中坡和下坡，中坡和下坡风速无显著差异。

（2）水平沟措施下一天中地上 20cm 处平均气温最高，鱼鳞坑措施居中，封育草地最低。鱼鳞坑措施下，气温从下坡到上坡明显降低，水平沟和封育措施下，中坡和下坡气温无明显差异，均以上坡温度最低。

（3）一天中地上 20cm 处空气湿度以封育草地最高，水平沟居中，鱼鳞坑措施最低。鱼鳞坑措施下上坡、中坡、下坡空气湿度无显著差异。水平沟措施下中坡空气湿度较低，上坡和下坡差异不显著。封育草地以上坡空气湿度最高，下坡次之，中坡最低。

（4）三种措施下，土壤 0～15cm 温度表现为封育草地>水平沟>鱼鳞坑，这在土层温度达到较高值时体现得更为明显，而且在 0～15cm 土层越接近下层土壤温度差异越明显。可见，鱼鳞坑和水平沟措施能够降低夏季高温期的土壤温度，减缓土壤水分运动。坡位方面，封育草地以中坡地温最高，鱼鳞坑和水平沟各坡位不同深度地温变化无明显的规律性。

（5）棵间蒸发量在各措施下差异不显著。鱼鳞坑和水平沟措施下，下坡最高，中坡居中，上坡最低，封育草地各坡位棵间蒸发量差异不显著。通过多元回归分析发现，本试验条件下，棵间蒸发量与地上 20cm 处气温和 0～40cm 土壤含水率关系密切。

（6）三种措施下，水平沟中的牧草平均蒸腾速率最大，封育草地次之，鱼鳞坑最低。可见，水平沟通过蒸腾消耗的水分高于封育和鱼鳞坑。鱼鳞坑措施下，牧草均表现为中坡蒸腾速率最高，上坡和下坡较低。水平沟和封育草地样地中，多数牧草蒸腾速率在坡位上的变化与鱼鳞坑样地类似。经过多元回归分析发现，本试验条件下，鱼鳞坑和水平沟措施下蒸腾速率与 0～40cm 土壤含水率关系最为密切，而封育措施下蒸腾速率与 0～15cm 地温关系最密切。整体上看，0～15cm 土壤温度和 0～40cm 土壤含水率与植物的蒸腾速率呈明显的正相关。

参 考 文 献

容丽, 王世杰, 杜雪莲. 2006. 喀斯特低热河谷石漠化区环境梯度的小气候效应: 以贵州花江峡谷区小流域为例. 生态学杂志, 25(9): 1038-1043.
张国盛. 2000. 干旱、半干旱地区乔灌木树种耐旱性及林地水分动态研究进展. 中国沙漠, 20(4): 363-368.
张华, 王百田, 郑培龙. 2006. 黄土半干旱区不同土壤水分条件下刺槐蒸腾速率的研究. 水土保持学报, 20(2): 122-125.

第 11 章　生态修复效应评价

11.1　各修复措施下不同恢复年限土壤质量评价

11.1.1　评价体系构建

为更直观地表明不同措施对土壤性质的综合影响，本研究采用隶属函数结合主成分分析法将各指标进行归一化处理，计算得到一个无量纲的综合指数——土壤质量评分（SQAV）（周贵尧等，2015；贡璐等，2012），用于比较不同措施对土壤质量的影响。首先参考李志刚和谢应忠（2015）通过式（11-1）和式（11-2）将土壤各指标利用隶属函数进行标准化，得到各指标的隶属度。然后把标准化后的数据进行因子分析得到特征值、方差贡献率、累计贡献率和各因子得分，通过式（11-3）计算不同恢复措施下土壤质量评分（SQAV），具体公式如下：

$$F\left(X_{ij}\right)=\left(X_{ij}-X_{\min}\right)/\left(X_{\max}-X_{\min}\right) \tag{11-1}$$

$$F\left(X_{ij}\right)=1-\left(X_{ij}-X_{\min}\right)/\left(X_{\max}-X_{\min}\right) \tag{11-2}$$

$$\mathrm{SQAV}=\sum a_i z_i \tag{11-3}$$

式中，X_{ij} 为 i 处理的 j 指标，即各处理下土壤性状指标；$X_{\max}$ 和 $X_{\min}$ 分别为所有处理中 j 指标的最大值和最小值；$F(X_{ij})$ 为 i 处理的 j 指标的隶属函数值；如果某个指标与土壤功能呈正相关则采用式（11-1），反之采用式（11-2）；SQAV 为土壤质量评价分值；a_i 为第 i 个因子的方差贡献率；z_i 为第 i 个因子的得分。

11.1.1.1　土壤性状与植被特征的相关性

土壤各因子与植被间密切相关（表 11-1）。整体上，植被盖度与地上生物量、有机质和速效氮含量呈极显著正相关（$P<0.01$），与全氮和微生物总量呈显著正相关（$P<0.05$），与容重呈显著负相关（$P<0.05$）；生物量与有机质和速效氮含量呈显著正相关（$P<0.05$），与容重呈显著负相关；土壤黏粒与除土壤容重外的其他指标呈负相关，但不显著（$P>0.05$）；土壤粉粒与土壤容重呈极显著负相关（$P<0.01$），与其他指标呈极显著正相关（$P<0.01$）；容重与其他指标呈极显著负相关（$P<0.01$），与速效钾呈显著负相关（$P<0.05$）。

表 11-1 土壤因子与植被相关性

相关系数	盖度	生物量	黏粒	粉粒	容重	毛管孔隙度	全氮	有机质	全磷	速效钾	速效氮
生物量	0.79**										
黏粒	-0.04	0.03									
粉粒	0.45	0.28	-0.22								
容重	-0.51*	-0.54*	0.12	-0.85**							
毛管孔隙度	0.28	0.32	-0.17	0.84**	-0.93**						
全氮	0.54*	0.38	-0.3	0.79**	-0.78**	0.72**					
有机质	0.65**	0.56*	-0.27	0.80**	-0.82**	0.73**	0.96**				
全磷	0.46	0.24	-0.28	0.82**	-0.81**	0.81**	0.92**	0.89**			
速效钾	0.46	0.13	-0.26	0.81**	-0.61*	0.63**	0.87**	0.81**	0.86**		
速效氮	0.68**	0.56*	-0.26	0.81**	-0.83**	0.72**	0.94**	0.99**	0.88**	0.80**	
微生物总量	0.61*	0.49	-0.15	0.74**	-0.80**	0.65**	0.89**	0.89**	0.81**	0.70**	0.88**

*表示差异显著（$P<0.05$），**表示差异极显著（$P<0.01$）

11.1.1.2 土壤质量评价指标的选择

评价指标的选择是土壤质量评价的首要问题，一般认为评价指标应该具有代表性、灵敏性、通用性和经济性，应该包括土壤物理、化学和生物学三方面的性状，能够反映特定地区土壤健康状况。因此，结合前人评价实践，本研究将 22 项土壤指标作为土壤质量评价的被筛选指标。其中包括黏粒、粉粒、砂粒、土壤容重、田间持水量和毛管孔隙度 6 项物理性状，有机质、全氮、全磷、速效钾和速效氮 5 项化学性状，微生物总量、细菌、真菌、放线菌、微生物生物量碳（MBC）和微生物生物量氮（MBN）、蔗糖酶活性（SA）、蛋白酶、过氧化氢酶、磷酸酶和脲酶活性（UA）11 项生物学性状。

由于各土壤性状对土壤质量的影响不同，为确保每个指标对土壤质量的评价具有科学性，需对被筛选指标进行标准化处理，形成范围在 0～1 的统一的无量纲数值。利用隶属度的计算公式计算出各指标的隶属度。

11.1.2 不同恢复年限的生态效应评价

对标准化后的数据进行主成分分析，得到的各因子特征值、方差贡献率、累计贡献率和因子载荷矩阵见表 11-2。将特征值大于 1 的主成分保留下来，表现为特征值因子 1>因子 2>因子 3>因子 4，且前 4 个因子的累计贡献率达到 87.84%，可以代表原来的 22 个指标。

从表 11-2 可见，与因子 1 相关性较高的指标有 X_4、X_7、X_{11}，包括容重、有机质、速效氮；因子 2 与 X_{13} 和 X_{16} 相关性较高，为细菌数量和微生物生物量碳；因子 3 与 X_1 相关性较高，为土壤黏粒；因子 4 与 X_{20} 相关性较高，为过氧化氢酶活性。因此，最终确定土壤容重、有机质、速效氮、细菌数量、微生物生物量碳、土壤黏粒、过氧化氢酶活性 7 个土壤性状为研究区草地土壤质量评价指标。

表 11-2　各因子特征值、方差贡献率、累计贡献率及因子载荷矩阵

指标		因子 1	因子 2	因子 3	因子 4
黏粒	X_1	−0.04	0.39	0.47	−0.11
粉粒	X_2	0.24	−0.18	0.22	−0.08
砂粒	X_3	0.24	−0.14	0.27	−0.09
容重	X_4	0.25	0.00	0.14	0.03
田间持水量	X_5	0.23	−0.08	0.24	0.04
毛管孔隙度	X_6	0.22	−0.16	0.24	−0.02
有机质	X_7	0.25	−0.06	−0.17	−0.08
全氮	X_8	0.24	−0.13	−0.20	−0.13
全磷	X_9	0.23	−0.17	−0.06	−0.29
速效钾	X_{10}	0.20	−0.27	−0.02	−0.23
速效氮	X_{11}	0.25	−0.05	−0.17	−0.12
微生物总量	X_{12}	0.24	0.08	−0.21	−0.16
细菌数量	X_{13}	0.14	0.46	−0.08	−0.08
放线菌数量	X_{14}	0.24	0.02	−0.22	−0.16
真菌数量	X_{15}	0.20	0.12	0.26	0.10
微生物生物量碳	X_{16}	0.17	0.41	−0.20	−0.04
微生物生物量氮	X_{17}	0.21	0.28	−0.16	0.06
蔗糖酶活性	X_{18}	0.23	0.14	−0.15	0.21
蛋白酶活性	X_{19}	0.22	−0.02	0.21	0.21
过氧化氢酶活性	X_{20}	0.09	−0.21	−0.29	0.67
磷酸酶活性	X_{21}	0.21	−0.07	0.19	0.37
脲酶活性	X_{22}	0.20	0.30	0.08	0.22
特征值		14.28	2.49	1.38	1.18
方差贡献率/%		64.90	11.32	6.26	5.37
累计贡献率/%		64.90	76.21	82.48	87.84

通过因子得分矩阵得到前 4 个因子在不同恢复措施下的得分，然后由各因子得分和方差贡献率加权得到不同恢复措施下的土壤质量得分（表 11-3），土壤质量

综合得分结果表明，各措施下土壤质量得分呈现：F15>F10>S15>F6>Y15>F0>S3>Y3>F3>S10>Y10>S1>Y1>S6>Y6，其中封育措施下为：F15>F10>F6>F0>F3；水平沟措施下为：S15>S3>S10>S1>S6；鱼鳞坑措施下为：Y15>Y3>Y10>Y1>Y6。相同恢复年限下土壤质量总体表现为：封育>水平沟>鱼鳞坑。

表 11-3　三种修复措施下不同恢复年限土壤质量评价

处理	因子 1 得分	因子 2 得分	因子 3 得分	因子 4 得分	综合评价	排序
F0	2.14	−3.60	−0.62	−1.85	0.84	6
F3	0.22	−2.72	1.87	0.73	−0.01	9
F6	2.14	−1.14	0.16	0.17	1.28	4
F10	4.26	0.07	0.39	0.84	2.84	2
F15	8.79	1.24	−1.99	1.20	5.79	1
S1	−3.21	−0.27	0.41	1.03	−2.03	12
S3	0.14	0.01	0.38	0.93	0.16	7
S6	−4.83	−1.21	−0.51	1.92	−3.20	14
S10	−2.62	2.08	−0.42	0.31	−1.47	10
S15	3.11	2.44	3.04	−0.70	2.45	3
Y1	−3.95	0.43	−0.62	−1.01	−2.60	13
Y3	0.31	0.41	−1.27	−0.57	0.13	8
Y6	−5.52	1.11	−0.70	−0.32	−3.52	15
Y10	−3.02	0.78	0.19	−0.91	−1.91	11
Y15	2.03	0.37	−0.32	−1.76	1.25	5

11.2　不同修复措施下土壤质量评价

11.2.1　评价体系构建

11.2.1.1　总数据集、最小数据集和修订后最小数据集的确定

本节采用不同土壤质量指数（soil quality index，SQI）对恢复 15 年后的封育草地、水平沟草地和鱼鳞坑草地进行土壤质量评价，选择出最适合该地计算 SQI 的数据集及线性模型。

本节选择了 18 个土壤指标，包括土壤容重、GMD、MWD、田间持水量、毛管孔隙度和总孔隙度等 6 个土壤物理指标，土壤有机碳、全氮、全磷、速效钾和速效氮等 5 个化学指标和土壤微生物生物量碳、微生物生物量氮、蔗糖酶活性、蛋白酶活性、过氧化氢酶活性、磷酸酶活性和脲酶活性等 7 个生物学特性。总数

据集（total data set，TDS）、最小数据集（minimum data set，MDS）和修订后最小数据集（revised minimum data set，RMDS）土壤指标选择方法用于确定合适的指标。首先，对每个土壤指标进行单因素方差分析（ANOVA），各恢复措施之间差异显著的土壤指标被选择为总数据集的组成因素（Yu et al.，2018a）。对数据进行标准化后，进行主成分分析并确定最小数据集（Andrews et al.，2002；Askari and Holden，2014；Yu et al.，2018a）。其次，对物理、化学和生物学指标分别进行主成分分析，选择至少包含一种物理、化学和生物学指标构建修订后的最小数据集。将特征值大于 1 的主成分保留下来（Andrews et al.，2002）。在每个主成分中选择指标时，Pearson 相关分析用于确定指标的冗余（Raiesi，2017）。如果指标不相关，那么所有指标都被保留在 MDS 中，否则，仅选择具有较高加权载荷的指标构建MDS（Yu et al.，2018b）。

11.2.1.2 指标评分

确定 TDS、MDS 和 RMDS 指标后，使用线性和非线性评分功能方法将每个土壤指标转化为 0～1 值（Andrews et al.，2002；Raiesi，2017）。如果土壤指标的水平随着土壤质量的提高而增加，则使用"越多越好"得分曲线[式（11-4）]。否则，则使用"越少越好"得分曲线[式（11-5）]，得分曲线公式如下：

$$SL = \frac{X}{X_{max}} \qquad (11\text{-}4)$$

$$SL = \frac{X_{min}}{X} \qquad (11\text{-}5)$$

式中，SL 为每个土壤指标的线性得分（0～1）；X 为测量值；X_{max} 为最大值；X_{min} 为本研究中 4 种恢复措施下土壤指标的最小值（Raiesi，2017；Yu et al.，2018b）。"S"形曲线用于标准化土壤指标[式（11-6）]：

$$SNL = \frac{a}{1 + \left(X/X_m\right)^b} \qquad (11\text{-}6)$$

式中，SNL 为每个土壤指标的非线性得分（0～1）；a 为最大值（本研究中 $a=1$）；X 为测量值；X_m 为每个土壤指标的平均值，在等式中始终使用平均值，是因为它在归一化值为 0.5 的曲线中为曲线中心；b 是斜率，其被设定为越多越好（–2.50）、越少越好（2.50）（Bastida et al.，2006）。

$$SQI = \sum_{i=1}^{n} W_i \times S_i \qquad (11\text{-}7)$$

式中，n 为三个数据集中变量的数值；W_i 为土壤指标的加权值；S_i 为 SL 或者 SNL（Raiesi，2017）。

使用两种评分方法和三种指标选择方法，本研究共比较 6 种 SQI，即线性评分-总数据集（SQI-LT）、线性评分-最小数据集（SQI-LM）、线性评分-修订后最小数据集（SQI-LRM）、非线性评分-总数据集（SQI-NLT）、非线性评分-最小数据集（SQI-NLM）和非线性评分-修订后最小数据集（SQI-NLRM）。较高的 SQI 值表示更好的土壤功能。SQI 反映了土壤恢复措施对土壤功能的影响（Raiesi，2017）。

11.2.2　土壤质量评价

11.2.2.1　总数据集、最小数据集和修订后最小数据集指标的选择

基于主成分（PC）分析，前三个 PC 解释了 98.18%的总数据集（表 11-4）。总数据集中的 MBC、MBN、SA 和 UA 在 PC1 中具有高载荷值。SA 具有最高的载荷值，并且与其他高载荷指标具有显著相关性（$P<0.01$）（表 11-4 和表 11-5）。因此，在 PC1 中，SA 被认为是最小数据集的唯一指标。PC2 解释了总方差的 38.13%，GMD、MWD、TPP 和 AK 具有高载荷值。MWD 具有最高的载荷值，并与其他高载荷指标具有显著相关性（$P<0.01$）。因此，选择 MWD 作为 PC2 中 MDS 的唯一指标。PC3 解释了 6.08%的总数据集，只有 PPA 具有高载荷值，因此选择 PPA 作为最小数据集的指标。综上所述，最小数据集最终由 SA、MWD 和 PPA 建立。

表 11-4　总数据集、最小数据集、修订后最小数据集的各因子特征值、累计贡献率及因子载荷矩阵

土壤指标	总数据集				物理指标			化学指标			生物学指标		
	PC1	PC2	PC3	COM	PC1	PC2	COM	PC1	PC2	COM	PC1	PC2	COM
BD	0.877	−0.406	−0.187	0.969	0.883	0.412	0.949						
GMD	0.004	**0.992**	0.056	0.988	−0.756	**0.653**	0.998						
MWD	−0.070	**0.994**	0.025	0.994	−0.807	0.590	0.999						
FWC	0.818	−0.519	−0.115	0.952	**0.938**	0.316	0.980						
TP	0.787	−0.495	0.116	0.877	**0.899**	0.344	0.926						
SOC	0.816	0.553	−0.164	0.998				**0.904**	−0.407	0.983			
TN	0.520	0.837	−0.155	0.996				**0.998**	−0.012	0.996			
TPP	0.025	**0.929**	−0.359	0.993				0.868	0.374	0.893			
AK	−0.191	**0.934**	0.292	0.994				0.642	**0.733**	0.949			
AN	0.804	0.498	−0.320	0.998				0.882	−0.471	0.999			
MBC	**0.927**	−0.325	−0.127	0.982							**0.898**	−0.434	0.995
MBN	**0.950**	−0.241	−0.184	0.995							**0.909**	−0.383	0.972

续表

土壤指标	总数据集				物理指标			化学指标			生物学指标		
	PC1	PC2	PC3	COM	PC1	PC2	COM	PC1	PC2	COM	PC1	PC2	COM
SA	**_0.991_**	0.044	−0.065	0.988							**_0.978_**	−0.086	0.963
PA	0.878	0.104	0.457	0.990							0.940	0.223	0.934
CA	0.688	0.722	0.063	0.998							0.708	**_0.601_**	0.863
PPA	0.787	0.289	**_0.541_**	0.995							0.859	0.446	0.937
UA	**0.941**	−0.240	0.204	0.985							**0.957**	−0.206	0.959
特征值	9.17	6.48	1.03		3.69	1.16		3.76	1.06		5.63	1.00	
贡献率/%	53.97	38.13	6.08		73.79	23.25		75.14	21.28		80.41	14.21	
累计贡献率/%	53.97	92.10	98.18		73.79	97.05		75.14	96.41		80.41	94.63	

注：COM. 公因子方差；粗体数据表示高权重土壤指标；粗体和下划线数据表示对应于最小数据集中包含的土壤指标。BD. 土壤容重；GMD. 几何平均直径；MWD. 平均重量直径；FWC. 田间持水量；TP. 总孔隙度；SOC. 土壤有机碳；TN. 全氮；TPP. 全磷；AK. 速效钾；AN. 速效氮；PA. 蛋白酶活性；CA. 过氧化氢酶活性；PPA. 磷酸酶活性；UA. 脲酶活性

物理指标的 PCA 结果表明，前两个 PC 解释了 97.05% 的差异。在 PC1 中，FWC 具有最高载荷值，且与 TP 显著相关。因此，选择 FWC 作为修订后最小数据集的物理指标。在 PC2 中，只有 GMD 的载荷值高，因此，GMD 被视为修订后最小数据集的物理指标。对于化学性质，前两个 PC 解释了 96.41% 的差异。在 PC1 中，SOC 具有最高载荷值，且与 TN 显著相关。因此，选择 TN 作为修订后最小数据集的化学指标。在 PC2 中，只有 AK 的载荷值高，因此，AK 被认为是修订后最小数据集的化学指标。对于生物学性质，前两个 PC 解释了 94.63% 的差异。在 PC1、MBC、MBN、SA、PA 和 UA 中具有高载荷值，并且彼此显著相关。因此，选择具有最高载荷值的 UA 作为唯一的指标。在 PC2 中，只有 CA 的载荷值高，因此，CA 被视为修订后最小数据集的生物学指标。综上所述，选择 FWC、GMD、TN、AK、UA 和 CA 来建立修订后最小数据集（表 11-4，表 11-5）。

11.2.2.2 土壤质量指数

线性和非线性评分方法用于转化 TDS、MDS 和 RMDS 中的土壤指标。非线性和线性方程的参数和 TDS、MDS 和 RMDS 的权重如表 11-6 所示。TDS、MDS 和 RMDS 的 SQI 可以表示为

$$\text{SQI-LT or SQI-NLT} = \text{BD} \times 0.058 + \text{GMD} \times 0.059 + \text{MWD} \times 0.060 + \text{FWC} \times 0.057 + \text{TP} \times 0.053 + \text{SOC} \times 0.060 + \text{TN} \times 0.060 + \text{TPP} \times 0.059 + \text{AK} \times 0.060 + \text{AN} \times 0.060 + \text{MBC} \times 0.059 + \text{MBN} \times 0.060 + \text{SA} \times 0.059 + \text{PA} \times 0.059 + \text{CA} \times 0.060 + \text{PPA} \times 0.060 + \text{UA} \times 0.059$$

表 11-5　相关分析

	BD	GMD	MWD	FWC	TP	SOC	TN	TPP	AK	AN	MBC	MBN	SA	PA	CA	PPA	UA
BD	1																
GMD	0.41	1															
MWD	0.46	0.99**	1														
FWC	-0.95**	-0.50	-0.57*	1													
TP	-0.88**	-0.44	-0.53	0.93**	1												
SOC	-0.52	0.54	0.49	0.39	0.33	1											
TN	-0.14	0.83**	0.79**	0.02	-0.01	0.91**	1										
TPP	0.30	0.90**	0.90**	-0.41	-0.46	0.57	0.83**	1									
AK	0.59*	0.95**	0.95**	-0.66*	-0.56*	0.31	0.65*	0.74**	1								
AN	-0.56*	0.48	0.43	0.42	0.33	0.99**	0.88**	0.58*	0.22	1							
MBC	-0.95**	-0.33	-0.39	0.92**	0.84**	0.60*	0.23	-0.25	-0.52	0.63*	1						
MBN	-0.96**	-0.24	-0.30	0.92**	0.83**	0.68*	0.32	-0.14	-0.46	0.71**	0.99**	1					
SA	-0.85**	0.04	-0.03	0.77**	0.72*	0.85**	0.56	0.07	-0.17	0.84**	0.93**	0.95**	1				
PA	-0.64*	0.13	0.05	0.59*	0.66*	0.70*	0.47	-0.09	0.06	0.61*	0.74**	0.73**	0.86**	1			
CA	0.30	-0.72**	-0.67*	-0.17	-0.17	-0.95**	-0.95**	-0.63*	-0.56*	-0.89**	-0.40	-0.47	-0.71**	-0.71**	1		
PPA	-0.48	0.32	0.24	0.43	0.53	0.71*	0.57	0.05	0.28	0.61*	0.57	0.58*	0.76*	0.97**	-0.79**	1	
UA	-0.87**	-0.22	-0.30	0.85**	0.87**	0.60*	0.25	-0.30	-0.35	0.57*	0.94**	0.92**	0.92**	0.90**	-0.48	0.78**	1

表 11-6　非线性和线性方程的参数、总数据集、最小数据集和修订后最小数据的权重

土壤指标	线性		非线性		权重		
	X_{max}	X_{min}	均值	斜率	总数据集	最小数据集	修订后最小数据集
BD[-]		0.96	1.04	2.50	0.058		
GMD[+]	1.15		0.67	−2.50	0.059	0.500	0.168
MWD[+]	3.73		2.33	−2.50	0.060		
FWC[+]	46.81		41.17	−2.50	0.057		0.165
TP[+]	59.77		57.66	−2.50	0.053		
SOC[+]	30.64		19.83	−2.50	0.060		
TN[+]	2.98		2.14	−2.50	0.060		0.171
TPP[+]	0.68		0.62	−2.50	0.059		
AK[+]	230.37		158.24	−2.50	0.060		0.162
AN[+]	162.13		110.11	−2.50	0.060		
MBC[+]	205.79		140.08	−2.50	0.059		
MBN[+]	66.89		47.21	−2.50	0.060		
SA[+]	373.83		228.25	−2.50	0.059	0.249	0.176
PA[+]	377.67		277.38	−2.50	0.059		
CA[-]		0.11	0.27	2.50	0.060		0.157
PPA[+]	38.33		28.73	−2.50	0.060	0.251	
UA[+]	82.70		61.23	−2.50	0.059		

注：+表示"越多越好"指标；−表示"越少越好"指标

SQI-LM or SQI-NLM = GMD × 0.500 + SA × 0.249 + PPA × 0.251

SQI-LRM or SQI-NLRM = GMD × 0.168 + FWC × 0.165 + TN × 0.171 + AK × 0.162 + SA × 0.176 + CA × 0.157

11.2.2.3　不同恢复措施下土壤质量

4 种不同恢复措施下的 SQI-LT、SQI-NLT、SQI-LM、SQI-NLM、SQI-LRM 和 SQI-NLRM 值分别为 0.54～0.82、0.39～0.65、0.35～0.74、0.26～0.66、0.45～0.78 和 0.34～0.67。FY 的 SQI 值均明显高于其他恢复措施。由于各恢复措施下线性评分的 SQI 有较高的 F 和变异系数（CV），因此，三种数据集下线性评分法的 SQI 值均比非线性评分法敏感（图 11-1）。

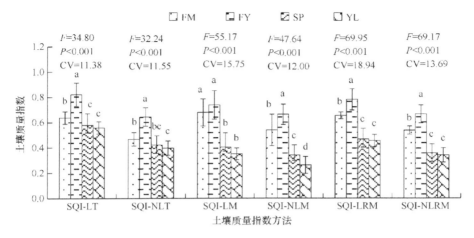

图 11-1　不同恢复措施下土壤质量指数的比较

FM. 放牧；FY. 封育；SP. 水平沟；YL. 鱼鳞坑

11.3　小　　结

　　土壤质量是土壤诸多物理、化学和生物学性质的综合反映（王雪梅等，2015）。影响土壤质量的因子很多，一个统一、无量纲的综合指标可更加直观地表现土壤质量总体情况（贡璐等，2012）。但是，目前土壤质量评价研究还处于相对薄弱领域，仍没有统一的评价标准，不同研究者评价的目的性和针对性不同，选用的评价方法和指标亦有差异（崔东等，2017）。本研究中，各措施下土壤性状变化并不一致，采用隶属函数结合主成分分析法筛选了容重、有机质、速效氮、黏粒、细菌数量、微生物生物量碳和过氧化氢酶活性 7 个指标，对黄土丘陵区典型草原土壤质量进行了评价尝试。从评价结果看，土壤质量以封育草地最高，与程光庆（2016）的研究结果具有相似性，亦与当地实际较为相符。这一评价为当地进行草原土壤质量评价提供了方法和指标的借鉴，评价结果对该区退化草地生态建设具有重要的实践指导意义。

　　本研究中，6 种 SQI 指数具有较高的相关性，均表现为鱼鳞坑措施下土壤质量得分最低，水平沟土壤质量得分次之，封育草地土壤质量得分最高，这与水平沟和鱼鳞坑整地时破坏了原有土层结构和地上植被使得土壤恢复速度减慢有关（黄宇等，2004）。水平沟和鱼鳞坑措施是实践中宁夏黄土丘陵区典型草原坡地广泛采取的一种草地生态恢复工程措施，一个重要原因是它们能够拦蓄一定的坡地径流、减少水土流失。因此，虽然本研究中土壤质量评价以封育草地最高，但是实践中应综合考虑当地坡度、降雨大小、水土流失发生难易等因素，因地制宜地实施封育、鱼鳞坑和水平沟措施。

参 考 文 献

程光庆. 2016. 渭北旱塬区土地利用类型及坡向对土壤质量的影响. 西北农林科技大学硕士学位论文.

崔东, 肖治国, 孙国军, 等. 2017. 伊犁河谷不同土地利用方式下土壤质量评价. 西北师范大学学报(自然科学版), 53(2): 112-117.

贡璐, 张雪妮, 吕光辉, 等. 2012. 塔里木河上游典型绿洲不同土地利用方式下土壤质量评价. 资源科学, 34(1): 120-127.

黄宇, 汪思龙, 冯宗炜, 等. 2004. 不同人工林生态系统林地土壤质量评价. 应用生态学报, 15(12): 2199-2205.

李志刚, 谢应忠. 2015. 翻埋与覆盖林木枝条改善宁夏沙化土壤性质. 农业工程学报, 31(10): 174-181.

王雪梅, 柴仲平, 毛东雷, 等. 2015. 不同土地利用方式下渭-库绿洲土壤质量评价. 水土保持通报, 35(4): 319-323.

周贵尧, 吴沿友, 张明明. 2015. 泉州湾洛阳江河口湿地土壤肥力质量特征分析. 土壤通报, 46(5): 1138-1144.

Andrews S S, Karlen D L, Mitchell J P. 2002. A comparison of soil quality indexing methods for vegetable production systems in Northern California. Agriculture Ecosystems & Environment, 90: 25-45.

Askari M S, Holden N M. 2014. Indices for quantitative evaluation of soil quality under grassland management. Geoderma, 230-231: 131-142.

Bastida F, Moreno J L, Hernández T, et al. 2006. Microbiological degradation index of soils in a semiarid climate. Soil Biology & Biochemistry, 38: 3463-3473.

Raiesi F. 2017. A minimum data set and soil quality index to quantify the effect of land use conversion on soil quality and degradation in native rangelands of upland arid and semiarid regions. Ecological Indicators, 75: 307-320.

Yu P J, Han D L, Liu S W, et al. 2018a. Soil quality assessment under different land uses in an alpine grassland. Catena, 171: 280-287.

Yu P J, Liu S W, Zhang L, et al. 2018b. Selecting the minimum data set and quantitative soil quality indexing of alkaline soils under different land uses in northeastern China. Science of Total Environment, 616-617: 564-571.

第 12 章　黄土丘陵区草地资源可持续发展

黄土高原在我国经济、国防建设中战略地位十分重要。但是，在长期的历史过程中，由于自然、社会经济的叠加影响，特别是不合理的砍伐、滥耕、过牧和单一的作物经营，该区的生态环境濒临崩溃的边缘。环境的恶化致使该区长期以来农业生产陷入困境，经济落后。因此，研究该区的生态环境建设和农业可持续发展具有深远的理论意义与重要的现实意义。

由于黄土高原地域辽阔，各地在自然条件、社会经济状况等方面存在差异。本研究仅针对面积最大、水土流失最为严重的斯太普（典型草原）草地农业系统进行了研究。

12.1　草地资源现状

斯太普草地农业系统的原生植被是以旱生多年生禾本科植物和杂类草为建群种和优势种的草地类型。本系统呈东北-西南向分布，主要分布在甘肃黄土高原的中部、陕西的北部、宁夏的南部以及山西的北部和中部的部分地区，面积约 190 111km²，占黄土高原总面积的 37.7%，是黄土高原面积最大的一个系统。现在几乎全部开垦为农田，是黄土高原水土流失最严重的地区，也是这次退耕还林草、生态环境治理的重点区域。该区气候温和干燥，年降水量一般为 350～450mm，局部地区可达 500mm，一般 7～9 月降水量占全年降水量的 50%～60%。降水年变率大，多暴雨，保证率低，常发生严重旱灾，年蒸发量 1600～2300mm。年均气温 4～9℃，≥0℃年积温 2300～3700℃，≥10℃年积温 2200～3200℃。无霜期 150～200d。该区地形复杂多样，山地丘陵多，占总土地的 90% 左右，由于水土流失严重，地貌千沟万壑。土壤主要有黑垆土、栗钙土和黄绵土。

12.1.1　环境恶化

长期以来，斯太普草地农业系统经济落后，农业生产陷入低产困境的原因是多方面的，如历史形成的原因、地理环境的恶劣等。但究其根源，主要是环境恶化所致。目前仅宁南山区水土流失面积就达 229 万 hm²，占该区土地面积的 75.2%，其中年侵蚀模数 0.5 万～1 万 t/km² 的严重水土流失区 83.24 万 hm²，占水土流失总面积的 36.3%。每年向黄河输入泥沙 9600 万 t，流失有机质 126 万 t，全磷

26.04 万 t，全氮 9.45 万 t（《中国农业全书•宁夏卷》，1998 年）；草地沙化面积约 80 万 hm²，占总草地面积的 31.4%，产草量下降 30%～50%。风蚀、水蚀使农田土壤退化，中低产田达到 2/3。

人类从自然中掠夺了财富，但也付出了沉重的代价。1949～1990 年，宁南山区共发生 32 次干旱，平均 1.3 年 1 次，90 年代后发生的频次和程度加剧（《宁夏农业自然灾害》，1992 年）。同时，该区沙尘暴发生频次每年呈上升趋势，强、特强沙尘暴由 50 年代的 5 次上升到 90 年代的 20 次以上。频繁来临的沙尘暴给人民和国家带来了严重的经济损失，每年造成的经济损失高达 541 亿元（孙凯，2000）。

肥水肥土流失了，留下的只有贫瘠和灾害。农业生产陷入"越垦越穷，越穷越垦"的恶性循环深渊而难以自拔。因此，改善该区的生态环境是实现农业可持续发展的关键和基础。

12.1.2 环境治理与社会经济发展长期失调

斯太普草地农业系统环境恶化到了如此地步，究其原因，除客观上存在的自然条件和生态条件较差外[该区是典型的生态脆弱带（ECOTONE）]，更主要的则是主观上长期的重社会经济发展而轻生态环境治理，致使农业系统不完善而破坏了生态平衡并形成了恶性循环，主要表现在以下几个方面。

一是农业系统中长期以来强调"以粮为纲"，致使"垦草毁林屯田"的思想长期以来一直笼罩着黄土高原。仅 20 世纪 60 年代，陕、甘、晋大规模开荒屯田就破坏了森林、草地百万公顷。宁南山区 1980～1992 年开耕草地 19.05 万 hm²，平均每年毁草 1.47 万 hm²。黄土高原的水土流失随着单一"辟土殖谷曰农"（《汉书•食货志》）的谷物农业系统的发展而愈演愈烈。

二是在土地利用上，农、林、牧用地比例失调，种植业结构中强调粮食生产而导致作物生产结构单一，从而在有限的水源下不能发挥绿肥牧草的改土保墒作用，加剧了土地的退化和水土流失。

宁夏斯太普草地农业系统包括固原市、海原县和西吉县的全部以及盐池县、同心县的大部分，总土地面积为 273.74 万 hm²，总耕地面积为 97.82 万 hm²，占土地面积的 35.74%。该区土地利用现状见表 12-1。2018 年总播种面积为86.52 万 hm²，其中粮食作物占 57.46%，经济作物占 32.28%，其他作物（青饲料、绿肥等）占 10.26%（图 12-1）。

从表 12-1 和图 12-1 可以看出该区农业系统的弊端：①农、林、牧用地比例失调。该区农、林、牧用地分别占总土地面积的 35.74%、24.42%和 33.54%，三项用地之间的比例为 1.46∶1∶1.37，林业用地比例较小，农田、草地在恶劣环境中失去应有的保护，生产力大幅度下降，为取得一定的总产量，扩大垦荒增加播

表 12-1　宁夏斯太普草地农业系统土地利用现状

县名	盐池/ 万 hm²	同心/ 万 hm²	固原/ 万 hm²	海原/ 万 hm²	西吉/ 万 hm²	合计/ 万 hm²	占总面积比例 /%
总面积	60.15	39.83	98.87	46.84	28.03	273.72	
农地面积	10.47	14.03	40.74	16.24	16.34	97.82	35.74
林地面积	9.08	5.76	38.02	7.03	6.94	66.83	24.42
牧地面积	38.11	17.48	12.64	20.94	2.64	91.81	33.54
其他	2.49	2.56	7.47	2.63	2.11	17.26	6.31

注：根据《宁夏回族自治区统计年鉴》（2018 年）的资料整理

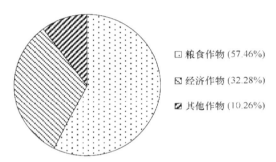

□ 粮食作物 (57.46%)

▨ 经济作物 (32.28%)

▧ 其他作物 (10.26%)

图 12-1　宁夏斯太普草地农业系统种植结构图（2018 年）

种面积是唯一出路，这就加剧了水土流失和土地沙化，土地利用陷入恶性循环。牧业用地虽然比例较高，但天然草地占绝对优势，草地生产力极低，进而限制了牧业的快速发展。②种植业结构中，粮食播种面积偏高，占 57.46%，经济作物与饲草料种植比例太小，这样不仅使土地利用率低，光、热、水资源白白浪费，而且人工草地的缺乏还直接导致了动物生产的转化量低。③土地经营粗放，用养失调，有机质下降，加剧了土地退化和水土流失。20 世纪 60～70 年代，宁夏海原县土壤有机质含量下降 5.5%，含氮量下降 11.2%～20.3%，反映在施化肥和粮食增产效应上，近 20 年由 1∶28 下降到 1∶12。

三是在草地的利用方面，许多地方对草地畜牧业的评价仍停留在"数字畜牧业"的水平上。家畜私有私养，而草地"管建用""责权利"并没有统一，加剧了草地沙化和水土流失，降低了草地的综合生产水平，使草畜俱伤。20 世纪 60 年代该区天然草地的综合生产力与国外同类草地相比无明显差异，而目前只有世界平均水平的 30%、澳大利亚的 10%、美国的 8%、荷兰的 2%。

四是在生态环境治理方面，长期以来不顾当地的自然条件，单纯强调造林治理而忽视种草治理（李毓堂，2000）。由于有些地方雨量不足和风沙危害，林木生长困难，多年后仍然是"小老头树"，发挥不了林业应有的生态效应和经济效益，使单纯"造林治理国土"的战略长期不能取得根本成效。

上述问题概括起来，在于斯太普草地农业系统的社会经济发展中违背了经济发展必须同生态环境治理协调平衡这一规律（马红彬，2000）。现代农业的理论和实践均已证明：只有农林牧有机结合，实现多元种植结构，才能建立稳定的农业系统，实现资源的高效利用和农业的可持续发展，而这一高产、稳产的农业系统就是草地农业系统。

12.2 可持续发展对策

12.2.1 发展草地农业的可行性

草地农业系统是在大农业系统中含有较大比重的草地与养殖业的复合系统，是更为优化的一种农业系统（图 12-2）。它是在农业系统中充分调动家畜、牧草（特别是豆科牧草）的作用，把土地、植物和家畜联系起来，进行构建土地-植物-动物-生物产品"四位一体"的农牧业生产体系（任继周，1995）。在该系统中，草地面积应不少于农业用地的 25%，由于动物与植物之间互惠共生的协同进化（Belsky et al.，1993），动物生产在农业产值中应不少于 50%，所以也称有畜农业。

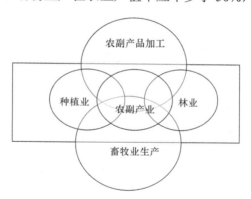

图 12-2　草地农业系统结构图

该系统农业人均耕地面积和可供饲草生产的非耕地资源很丰富，也是该区发展草地农业的优势所在。实践证明，草地农业具有以下特点和优势。

1）牧草能有效地防止土地荒漠化，控制水土流失

草地具有积累土壤有机质的优势，3 年内可使土壤有机质含量增加 24%，而土壤有机质含量的高低又决定着其持水力的高低和保水力的强弱。当土壤含水量低于 6%时，土地就易发生荒漠化。据中国科学院水利部西北水土保持研究所测定，种草的坡地在大雨的状态下可减少地面径流 47%，减少冲刷量 77%，保水能力比农田大数十倍。

若林地与草地相结合，则其总体生态效益会更佳。林木常形成空中绿化，地面缺乏覆盖物，土壤流失仍很严重。而覆盖在地面的牧草不但株体具有截流作用，而且牧草丛生型的生长可以减少径流，因而控制水土流失的作用也就十分显著。据报道（李毓堂，2000），生长 2 年的草地拦截地面径流和含沙能力分别比 3～8 年林地高 58.8%和 188.5%。

2）草地农业系统可实现土壤的改良和土地的合理利用

草地农业在农业系统中引入牧草，不但增加了土壤肥力，而且改变了现有的用地局面，使种植业形成由粮食作物、经济作物和饲料作物组成的三元结构。我们在海原县王塘村的测定表明：牧草特别是苜蓿，种植 4 年土壤有机质含量提高 21.3%，速效氮增加 27%。每公顷残留根茬累计增加土壤氮素 1310kg，相当于施 3000g 尿素，轮作粮食产量 3 年内平均增产 82%。种植优良牧草不但有效地改善了土壤的理化性质、提高了土地生产力，而且牧草种植的发展，必将带动畜牧业的发展，而畜牧业的发展，又可为种植业提供大量的有机肥，使农业生产迈向草多—畜多—粪多—粮多的良性发展道路。

3）牧草能有效地利用水、热等自然资源

黄土高原农业生产的主要限制因素是干旱，尤其是春旱。这主要是因为该区降水季节与农作物生育全程的需水量不能吻合。但牧草的耗水系数远低于其他所有作物，其生育全程的需水量与降水季节也能较好地吻合，故可使干旱地区有限而宝贵的降水资源最大量地转化为系统生产力。例如苜蓿，即使一次小于 5mm 的无效降水也能很好地利用。一些旱生和超旱生牧草与灌木可在年降水量 100mm 以下的干旱地方生长，具有很强的抗逆性。

粮食以收获籽实为主，而牧草以收获茎秆为主，故其对热量的适应性比籽实作物更为广泛。一般来讲，牧草的生长期要比农作物延长 70 天左右，光合作用的时间与效率也随之提高。据报道（任继周，1992），牧草填闲夏收作物可提高光能利用率 50%，填闲秋收作物可提高光能利用率 40%，全年栽培可提高 90%。

4）草地农业系统具有显著的经济效益和社会效益

草地农业系统是一个生态上靠自我维持，经济上有强大生命力的农业系统。它以植物生产和动物生产为核心，向前延伸为前植物层（景观农业），向后延伸为外生物生产层（生物产品的加工及流通）。该系统不仅是农、林、牧的产业结构，还是许多产业的循环系统。故只要在任何一个生产层插入中间环节，进行不同生态系统的耦合和物质能量的输入、输出和交换，就能不断取得更高的生态效益和经济效益。

（1）牧草不仅具有景观、生态价值，还可直接加工形成高蛋白的绿色饲料。苜蓿经加工后蛋白质含量为 20%以上，国内外市场需求量大（我国目前苜蓿产量只占未来需求量的 7%～12%）。国际市场苜蓿原料价格为 50 美元/t，加工价格为

120～240 美元/t，经济效益十分显著。我们在海原县王塘村（2000 年）调查研究发现，种植苜蓿比种植小麦每公顷增收 3360 元（表 12-2）。

表 12-2　种植苜蓿与种植小麦经济效益比较

品种	产量/（kg/hm²）	单价/（元/hm²）	总收入/（元/hm²）	支出/（元/hm²）	纯收入/（元/hm²）
小麦	1 500	1.20	1 800	825	975
苜蓿（鲜）	27 930	0.17	4 748.1	413.1	4 335
小麦与苜蓿比差					+3 360

（2）草地农业以家畜为杠杆，通过与植物生产层的耦合，效益将进一步放大。海原县王塘村自 1994 年起实施种植业结构调整，扩种以紫花苜蓿为主的牧草，其占有耕地面积的比例由 1993 年的 4.7%逐年增加到 1999 年的 39.1%，从而使该村牛饲养量达 400 余头，比 1994 年增长了 567%，羊只饲养量达 4200 余只，净增 213%，畜牧业商品率由原来的 31%提高到 83%。人均纯收入增长 180.27%，达到 1320.08 元，高于该县平均收入（780 元）的 69.24%，其中人均农业纯收入增长 195.57%，达到 1058.01 元，人均牧业纯收入由原来的 79.91 元增加到 500.13 元，增长 525.87%，人均牧业纯收入占农业收入比例由原来的 22.32%增至 47.27%，见表 12-3。

表 12-3　王塘村农业结构调整前后经济收入情况

项目	人均纯收入/（元/人）	人均农业纯收入/（元/人）	人均牧业纯收入/（元/人）	牧业收入占农业收入比例
调整前（1995 年）	471.00	357.96	79.91	22.32%
调整后（1999 年）	1320.08	1058.01	500.13	47.27%
增长	180.27%	195.57%	525.87%	24.95%

（3）草地农业系统功能的耦合放大，可有力地推动农业经济的发展。草地农业系统中不但植物、动物生产层的经济效益显著，而且其外生物生产层通过机械、生物等手段对前两个生产层的产品进行加工增值，从而实现不同生产层之间耦合-系统的纵向耦合，使生产力不断放大。同样，草地农业系统又可以将不同地带的农业系统加以耦合，以实现自由能的转移-系统的横向耦合，使生产水平进一步提高。同时，草地农业系统还可促进高效林业、水产业等产业的发展，使农业走上持续、高效的产业化发展道路。海原县王塘村村民每年从甘肃、内蒙古买进架子牛 400 余头、羊 100 余只，利用自家的人工草地（主要是苜蓿）进行短期育肥（一般 3 个月左右）。5 年来累积牧业纯收入 10 万元以上，年人均牧业收入 4000 元以上，占人均纯收入的 80%。在这位村民成功经验的鼓舞下，附近不少农户已开始

效仿他的做法。

　　以上对草地农业系统从不同角度进行了阐述，不难看出，草地农业应是斯太普草地农业实现可持续发展的有效手段。

12.2.2　斯太普草地农业系统建设的基本方略

　　该区在地貌上属于黄土高原丘陵区，坡耕地占总土地面积的 80%以上，除一些盆地和沟坝地等比较平坦，水热条件适中，适宜作为农田外，85%以上的坡耕地耕作粗放，土地产出率极低。严重的水土流失和低产贫困是该区土地利用中的突出问题（王宁，1992）。因此，我们以草地农业理论为指导，认为积极调整土地利用结构与农业生产结构是该地区农业实现可持续发展的关键所在，其农业发展的主要模式应是以草业为枢纽的草地生态农业（图 12-3）。

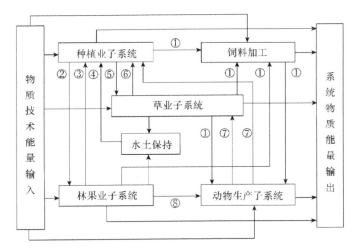

图 12-3　斯太普草地农业系统以草业为枢纽的草地生态农业模式
①提供饲草；②坡耕地退耕还林；③农田防护；④生态平衡；⑤坡耕地退耕还草；⑥轮作养地；⑦提供肥料；⑧林间放牧

12.2.2.1　发展草地农业系统应解决好的几个问题

　　一是要提高干部群众特别是领导干部对草地生态农业的认识高度；二是要建立有效的投入机制，对草地农业要进行物质的投入（Neil，1995），资金的投入不仅要"稳"，还要逐年增加；三是建立健全草地法规，严格执法，切实保护和科学建设、利用草地；四是加快草地有偿承包责任制的实施，彻底改变草地"吃大锅饭"的现象；五是要制定一些优惠政策，以推动其健康发展。

12.2.2.2 因地制宜，以草产业为枢纽，走综合治理与发展的道路

总体上，斯太普草地农业的发展应以草产业为枢纽，发挥地区草地资源优势和牧草品种资源优势，选择适宜该区的优良牧草（特别是豆科牧草），以种草为基础，草、灌、乔结合，改善治理该区的生态环境。在此基础上，大力发展牧草加工业、畜牧业、种植业及相关的林业、水产业等子产业，使农林牧有机结合，相互促进，走综合治理与发展的道路。

（1）调整农、林、牧土地利用结构。

依照自给性农业、保护性林业和商品性畜牧业的原则，该区农林牧优化用地结构为农地：林地：草地=2：2：6（此值参考中国科学院在宁南山区的研究结果），分别占总土地面积的 20%、20% 和 60%，从而使植被覆盖率保证在 80% 左右，这样既可改善系统生态条件，又可为畜牧业提供充足的饲草料和为社会提供一定的林果产品，增加农民收入。

（2）根据各地的自然条件和经济特征，因地制宜，调整草地农业系统中各子产业的比例，发展各具特色的草地农业系统。

①在草地草山区，应建立科学的合理利用草地的制度，以草定畜，防止过牧，对天然草地实行轮封轮牧制度，利用飞播或人工撒播改良退化的草地，发展季节畜牧业，加快家畜品种改良，同时大力兴建人工草地，推广家庭长期有偿草地承包制；②在林区，应积极开展林间种草，促进林业与牧业的共同繁荣；③在农区，应优化农业生产结构，将坡耕地退耕还林还草，粮田集中在川地，建立高标准基本农田，实行科学的草田轮作，尤其是要引入相当比例的多年生豆科牧草和禾本科牧草，改土增肥，改善生态条件，同时应增加永久性人工草地面积，发展舍饲牧业及农畜产品加工业；④在风蚀严重的地区，应大力增加旱生耐沙灌木和牧草的种植面积，制止土地荒漠化的扩展；⑤在水土流失严重的地区，应根据立地条件发展草灌为主、灌乔为主、乔木为主或草、灌、乔结合的植被类型，以发挥不同植被类型水土保持的高效益性（Wu et al., 1994），保障工、农、牧业的生产。

12.2.2.3 利用系统耦合原理，将该区建成具有全国意义的巨型畜牧业基地

黄土高原位于青藏高原、内蒙古高原和华北平原之间，扼欧亚大陆桥要冲，地处沿海向内陆、平原向高原的关键区域，有广泛开展外向型农业的可能。我们应该充分利用黄土高原的特殊区位优势，建立以黄土高原为核心的河西走廊-青藏高原-内蒙古高原-华北平原-黄土高原的农业耦合系统（图 12-4）。在这一耦合系统中，黄土高原应在谷物生产基本自给的基础上，以生产饲草料为主，西向和东向引入河西走廊、华北平原的精饲料，南向和北向引入内蒙古高原、青藏高原的家畜，建成具有全国意义的巨型畜牧业基地（任继周和王宁，2000）。这也正是孙中

山先生 80 年前提出的把我国西北建成大畜牧业基地设想的具体实现。

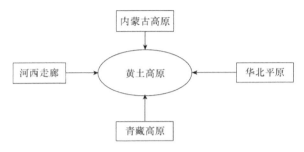

图 12-4　以黄土高原为中心的系统耦合示意图

12.3　小　　结

严重的水土流失成为制约斯太普草地系统农业经济持续发展的主要因素。土地利用结构不合理，林地、人工草地比例极小；种植业内部粮食比例过高，耕地用养失调，导致和加剧了该区的水土流失与土地退化。以草产业为枢纽的斯太普草地生态农业系统是该区农业实现可持续发展的有效途径，运用草地农业理论和系统耦合原理可将黄土高原建立成我国巨型的畜牧业基地，实现该区农业的可持续发展。

参 考 文 献

李毓堂. 2000. 大西北和黄河流域生态环境治理与经济发展新方略：以草产业为基础，草林牧农工商结合，综合治理发展. 草业学报, 1: 60-64.

马红彬. 2000. 草地农业系统和西部农业的可持续发展. 宁夏农学院学报, 3(增刊): 85-87.

宁夏农业志编审委员会办公室. 1992. 宁夏农业自然灾害(1949-1990). 银川：宁夏人民出版社.

任继周. 1992. 黄土高原草地的生态生产力特征//任继周. 黄土高原农业系统国际学术会议论文集. 兰州：甘肃科学技术出版社: 3-5.

任继周. 1995. 草地农业生态学. 北京：中国农业出版社.

任继周, 王宁. 2000. 草地农业应是黄土高原农业系统的主体. 黄河文化论坛. 北京：中国戏剧出版社: 143-163.

孙凯. 2000. 沙尘暴频频光顾河西走廊. 中国青年报[2000-4-17].

王宁, 尹长安, 郭文远, 等. 1992. 草地农业系统的建立与经济开发途径的研究的综合报告//王宁. 宁夏盐池草地农业系统研究. 兰州：甘肃科学技术出版社: 1-13.

《西海固反贫困农业建设研究》课题组. 1996. 走出贫苦：西海固反贫困战略研究. 银川：宁夏农业出版社.

《中国农业全书·宁夏卷》编辑委员会. 1998. 中国农业全书·宁夏卷. 北京：中国农业出版社.

Belsky A J, Carson W P, Jensen C L, et al. 1993. Overcompensation by plants: herbivore optimization or red herring? Evolutionary Ecology, 7: 109-121.

Neil W E. 1995. Rangelands in a sustainable biosphere, proceedings of the 5th I.R.C. Vol. 1, 2, 3. Society for Rang Management, Colorado 80206 U.S.A.

Wu Q X, Liu X D, Zhao H Y, et al. 1994. Soil water characteristics in mountain poplar stand and its benefits to soil and water conservation in loess hilly region. Environmental Sciences, 6(3): 347-354.